Kai-Markus Müller und Gabriele Rehbock

Das unsichtbare Spiel

REDLINE | VERLAG

DAS

DIE VERBORGENE PSYCHOLOGIE

UNSICHTBARE

VON VERHANDLUNGEN

SPIEL

UND KAUFENTSCHEIDUNGEN

GABRIELE REHBOCK
KAI-MARKUS MÜLLER

Bibliografische Information der Deutschen Nationalbibliothek:
Die Deutsche Nationalbibliothek verzeichnet diese Publikation in der Deutschen Nationalbibliografie; detaillierte bibliografische Daten sind im Internet über http://d-nb.de abrufbar.

Für Fragen und Anregungen:
info@redline-verlag.de

Aus Gründen der besseren Lesbarkeit wird auf die gleichzeitige Verwendung der Sprachformen männlich, weiblich und divers (m/w/d) verzichtet. Sämtliche Personenbezeichnungen gelten gleichermaßen für alle Geschlechter. Alle Namen und Personen sind frei erfunden. Ähnlichkeiten mit lebenden Personen wären rein zufällig.

Sollte diese Publikation Links auf Webseiten Dritter enthalten, so übernehmen wir für deren Inhalte keine Haftung, da wir uns diese nicht zu eigen machen, sondern lediglich auf deren Stand zum Zeitpunkt der Erstveröffentlichung hinweisen.

1. Auflage 2023

© 2023 by Redline Verlag, ein Imprint der Münchner Verlagsgruppe GmbH,
Türkenstraße 89
D-80799 München
Tel.: 089 651285-0
Fax: 089 652096

© 2023 by Kai-Markus Müller and Gabriele Rehbock
Die englische Originalausgabe erschien 2022 bei Wiley unter dem Titel *The Invisible Game*.

Redaktion: Christiane Otto
Umschlaggestaltung: Marc-Torben Fischer
Umschlagabbildung:
Copyright der »Haftnotizen«-Illustrationen © Luna Margherita Cardilli und Ljudmilla Socci, Black Fish Tank Ltd. 2022
Copyright Foto Kai-Markus Müller © SEVN Agentur GmbH
Copyrights Foto Gabriele Rehbock © Emma Gollor
Satz: ZeroSoft, Timisoara
Druck: GGP Media GmbH, Pößneck
Printed in Germany

ISBN Print 978-3-86881-932-8
ISBN E-Book (PDF) 978-3-96267-507-3
ISBN E-Book (EPUB, Mobi) 978-3-96267-508-0

Weitere Informationen zum Verlag finden Sie unter

www.redline-verlag.de

Beachten Sie auch unsere weiteren Verlage unter www.m-vg.de

Inhalt

Einleitung

Aus heiterem Himmel

»Ja, Jim, wir haben dieses Geschäft verloren, und ich habe keine Ahnung, warum.«

Ich hatte es mir gerade auf meinem Platz auf dem Flug von New York nach Frankfurt gemütlich gemacht und angefangen, in meinem Buch zu lesen, als dieser Satz durch das Flugzeug dröhnte. Ich versuchte, höflich zu sein und das Gespräch einfach zu ignorieren. Aber der Mitreisende telefonierte in einer Lautstärke, die mich spontan an die Verkäufer auf dem Hamburger Fischmarkt erinnerte, den ich vor ein paar Jahren besucht hatte.[1]*

»Ich habe gehört, dass ein Newcomer das Geschäft gewonnen hat«, sagte der Mann und rückte einen seiner Airpods zurecht. »An der Produktspezifikation hat sich wohl im Grunde nichts geändert … Ja, die liefern im Grunde das gleiche Produkt wie wir vorher, aber stell dir vor, angeblich haben sie sogar zu einem höheren Preis abgeschlossen. Und das bei einem Kunden, der sonst so auf seine Einkaufspreise achtet … Das muss mir erstmal jemand erklären.«

Als die Flugbegleiterin ihm ein Getränk reichte, hielt er einen Moment inne. Sie begrüßte den Mitreisenden mit »Mr. Henderson«. Er ge-

---

* Gaby berichtet über einen Erfolg im unsichtbaren Spiel.

hörte also offensichtlich zu den Vielfliegern und das war sicher nicht das erste Verhandlungsergebnis, über das er an seine Zentrale berichtete.

»Ich habe mich genau an das Kunden-Briefing gehalten«, sagte Henderson. »Keine Ahnung, wie das passieren konnte. Wir sind davon ausgegangen, dass die Vertragsverlängerung eine reine Formsache ist. Ja, diese Entscheidung gegen uns kommt aus heiterem Himmel. Ich bin total am Boden zerstört und enttäuscht.«

Ich konnte das spontan nachempfinden. Nach mehr als zwei Jahrzehnten an internationalen B2B-Verhandlungstischen konnte ich mich ebenfalls an so manche verlorene Ausschreibung erinnern. Und genau wie Henderson kannte ich Situationen, in denen ich mir nicht erklären konnte, warum eine Verhandlungsentscheidung zu meinen Ungunsten ausgefallen war.

Aber in diesem Flugzeug und an diesem Tag war ich glücklich und zufrieden, weil ich – im Gegensatz zu Henderson – mit einem großartigen Deal in der Tasche nach Hause fuhr. Mein Team und ich hatten eine wichtige Ausschreibung, bei der uns – zumindest auf dem Papier – anfänglich nur Außenseiterchancen eingeräumt worden waren, gewonnen!

Und schon wieder riss mich Hendersons Stimme aus meinen Gedanken: »Ja, ja. Das wird es sein. Aurelio wollte einfach eine Veränderung. Wir haben alles richtig gemacht. Aber gegen diese Entwicklung waren wir machtlos. Nichts, was wir getan oder nicht getan haben, hätte diese Entscheidung verhindert.«

Als der Name »Aurelio« fiel, war ich plötzlich hellwach und wie elektrisiert. Wie groß sind die Chancen, dass ein Einkaufsmanager namens Aurelio am selben Tag eine Entscheidung gegen einen Mr. Henderson trifft, an dem wir zu einem erfolgreichen Abschluss gekommen waren und das mit einem Einkaufsmanager namens ... Aurelio?

So langsam dämmerte mir, dass Henderson, der Mann zwei Reihen vor mir, seinem Chef über ein Geschäft berichtete, das er gerade an mein Team verloren hatte.

Während das Flugzeug abhob, konnte ich ein zufriedenes Schmunzeln nicht unterdrücken. Ich lehnte mich zurück und dachte darüber nach, wie wir Aurelio und sein Team davon überzeugt hatten, in Zukunft mit uns – dem Newcomer – zu arbeiten.

Warum *wir* gewonnen hatten?

Mir war klar, dass Henderson versuchte, sich seinem Chef gegenüber zu rechtfertigen. Trotzdem war seine Aussage, dass ein Kunde aus heiterem Himmel nach Veränderung suchen könnte, ein eklatanter Fehlschluss. Henderson hatte sich entweder noch nie mit den psychologischen Unwägbarkeiten, die Entscheidungen beeinflussen, befasst oder diese Gesetzmäßigkeiten zumindest in diesem konkreten Fall einfach außer Acht gelassen. Damit meine ich nicht nur die Art und Weise, wie professionelle Einkäufer entscheiden, welcher Lieferant einen Millionenauftrag erhält. Es geht um die Art und Weise, wie Menschen – ob im privaten oder im beruflichen Umfeld – generell zu Entscheidungen kommen.

Natürlich konnte ich nicht wissen, ob Henderson und sein Team sich dieser Komplexität von Entscheidungen überhaupt bewusst waren oder sich vielleicht nur in diesem einen konkreten Fall verschätzt hatten. Am Ende spielte das auch keine Rolle.

Henderson und sein Team hatten sicher viel in diesen Kunden investiert und sie hatten in diesem Wettbewerb sicher vieles richtig gemacht, aber *wir* hatten am Ende gewonnen.

Mein Team hatte sich durchgesetzt und ein Geschäft gewonnen, das oberflächlich betrachtet nichts anderes war als ein Wettbewerb zwischen *zwei gleichartigen* Produkten und zwei *verschiedenen* Lieferanten, ein für Aurelio berechenbarer Partner und eine unbekannte neue Alternative. Da Aurelio nicht wissen konnte, worauf er sich mit uns einließ, hatten wir darauf geachtet, dass die Mitglieder unseres Teams sich persönlich bei Aurelio und seinem Team bekannt machten. Wir ergänzten das Briefing um vertrauensbildende Maßnahmen, mit denen wir dem Kunden Sicherheit vermittelten. Und da wir auf keine gemeinsame Vergangenheit verweisen konnten, setzten wir auf das erzählerische Element des »Aufbruchs zu neuen Ufern« und bauten »vielversprechende Zukunftsaussichten« in unsere Geschichte ein.

Wir wussten nämlich um die Verhaltensweisen, die sich aus dem sogenannten *Besitztumseffekt* ergeben. Richard Thaler, der 2017 den Nobelpreis für Wirtschaftswissenschaften für seine Studien »über menschliches Verhalten in der realen Welt« erhielt, hatte hierfür bereits 1980 den Begriff *Endowment Effect* geprägt. Dieser beschreibt die Situation, in der Menschen viel mehr verlangen, um ein Objekt aufzugeben, als sie bereit sind, für den Erwerb zu zahlen.[2] Mein Team und ich würden deshalb nie unterschätzen, wie schwierig es sein konnte, irgendeinen Kunden, und das galt auch für Aurelio, dazu zu bewegen, sich von einem etablierten Lieferanten abzuwenden. Veränderung war wahrscheinlich das Letzte war, wonach Aurelio und seinem Team der Sinn stand.

In der gerade gewonnenen Ausschreibung setzte unsere Kommunikationsstrategie deshalb zunächst vor allem auf Kontinuität, Vertrauen und gemeinsame Unternehmenswerte. Unser Team konzentrierte sich darauf, Aurelios Team zu vermitteln, dass unser Unternehmen die Kapazitäten und die Erfahrungen für ein Geschäft ihrer Größe hatte, ihr Geschäft bei uns deshalb in verlässlichen Händen wäre und ein Wechsel kein Risiko für sie darstellte.

Da wir für den Kunden eine unbekannte Größe waren, suchten wir auf vielen Ebenen den persönlichen Kundenkontakt, um uns vorzustellen und »persönlich erlebbar« zu machen. Unsere Sprache, unsere Kleidung, unser gesamtes Auftreten zielten darauf ab, den Eindruck von Vertrautheit, von »Wir gehören zu euch« zu vermitteln. Und tatsächlich entdeckten wir in diesen Gesprächen immer mehr Gemeinsamkeiten, sodass wir glaubwürdig und authentisch auf unsere neuen Gesprächspartner wirkten.

Wir ließen uns von der vermeintlichen Übermacht des etablierten Wettbewerbers nicht einschüchtern und machten uns frühzeitig daran, den ursprünglich vom Einkauf gesetzten Rahmen, das *Spielfeld* dieser Verhandlung, zu erweitern. Natürlich wussten wir genau, dass wir im Grunde ein vergleichbares, ein Me-too-Produkt verkauften und versuchten gar nicht erst, dem Kunden etwas anderes vorzugaukeln. Stattdessen brachten wir die Idee der Co-Innovation auf, einer gemeinsamen Forschungs- und Entwicklungsinitiative, die dem Kunden neue Wachstumschancen eröffnen würde.

Und nicht zuletzt half uns auch unser Wissen über Choice Architectures (Entscheidungsarchitekturen), ein Angebot zu gestalten, das Aurelio und sein Team überzeugte. Unser Angebot stellte drei Alternativen vor. Aurelio entschied sich für die Variante mit einem etwas höheren Preis, die allerdings zu mehr Resilienz in seiner Lieferkette führen würde. Das war offensichtlich etwas, das unser Konkurrent nicht angeboten hatte oder nicht mit derselben Glaubwürdigkeit anbieten konnte.[3]

Als ich zu Hause angekommen war, rief ich meinen damaligen Berater, Kai, an, um ihm von unserem Erfolg und meinem Erlebnis im Flugzeug zu berichten.

Ich hatte Kai während meiner schwierigsten Zeit als Key-Account-Managerin kennengelernt. Das war in der Zeit nach der Finanzkrise, die die Amerikaner die Große Rezession nennen. Für mich war die Zeit zwischen 2008 und 2011 eine wirkliche Herausforderung. Einkaufsabteilungen, die sich vorher vornehmlich mit produktbezogenen Beschaffungsthemen befassten, wurden jetzt auf Kostenreduzierung getrimmt und beschäftigten sich vornehmlich damit, die Ausgaben ihres Unternehmens für Materialeinkäufe und externe Dienstleistungen zu drücken – jetzt sofort und ohne Rücksicht auf zukünftige Verwerfungen.

Das Instrumentarium an Verkaufstechniken, das ich über die Jahre erworben und verfeinert hatte, war dagegen eher auf beziehungsorientiertes Verkaufen und meine Verhandlungstechniken waren eher auf Langfristigkeit angelegt. Beides war in diesem neuen Umfeld plötzlich obsolet: Was hilft einem der edelste Hammer, wenn das Problem kein Nagel mehr ist?[4]

In dieser Zeit hatte ich viele schlaflose Nächte, in denen mich eine diffuse Angst vor dem Verlust meines Geschäftes wachhielt und ich nach Auswegen suchte, um den Margenverfall meines Geschäftes aufzuhalten. Mir wurde klar, dass ich mit meiner gewohnten Herangehensweise und meinen herkömmlichen Methoden bald keinen Blumentopf mehr gewinnen würde. Dieses neue Umfeld brauchte dringend neue Antworten.

In Kais erstem Buch *NeuroPricing*[5] stieß ich auf diese faszinierend neuen Ideen und seine Studien zum Thema Preisgestaltung samt B2C-Anwendungen. Als Kai und ich uns dann trafen, führte er mich in die Welt der Neurowissenschaften ein. Er zeigte mir, wie die Verhaltensökonomie dazu beitragen kann, besser zu verstehen, wie sich Menschen in Verhandlungen verhalten und auf welchem Wege man auf dieses Verhalten und damit auf ihre Entscheidungen einwirken kann.

Ich wusste sofort, dass hier Lösungen für meine Probleme zu finden waren.

Nach und nach habe ich dann diese Erkenntnisse in meine Arbeit integriert und zusammen mit meinen Teams viele Ideen im B2B-Kontext empirisch getestet. Es dauerte nicht lange, bis sich unsere Ergebnisse wieder verbesserten und ich mein Selbstvertrauen zurückgewann.

Diese ersten Erfolge machten mir Lust auf mehr.

Zeit ist Geld …, aber nicht so, wie Sie denken

Heureka-Momente entstehen in der Regel aus alltäglichen oder langweiligen Ereignissen, oft auch ganz einfach durch Zufall. Meiner* kam nicht aus einer verschimmelten Petrischale, in der Alexander Fleming das Penicillin entdeckte.[6] Auch habe ich nicht versehentlich eine Mischung aus Kautschuk und Schwefel auf eine heiße Herdplatte fallen lassen und so nebenbei vulkanisiertes Gummi erfunden, wie es Charles Goodyear tat.[7] Nein, meine Geschichte begann mit einer ziemlich nervigen Marktforschungsaufgabe, nämlich der elaborierten Befragung einer Expertin der Pharmaindustrie, die ich im Interesse aller Leser an dieser Stelle kürze und zusammenfasse.[8]

Nach zehn Jahren akademischer Grundlagenforschung hatte ich einen Doktortitel in den kognitiven Neurowissenschaften in der Tasche, mein Name stand auf mehreren wissenschaftlichen Studien, und ich hatte kurz

---

* Kai erzählt von seinem Heureka-Moment.

zuvor dahin gewechselt, was Akademiker die dunkle Seite nennen – in die reale Geschäftswelt. Ich arbeitete damals an einem Projekt, das einem Pharmaunternehmen bei der Festlegung des Preises für ein neues Medikament helfen sollte.

»Wäre ein Preis von, sagen wir, 1,50 Euro pro Tagessatz für dieses Medikament für Sie in Ordnung?«, fragte ich die Expertin.

»Auf jeden Fall«, sagte sie. Ich fuhr mit der Befragung fort.

»Und wie wäre es mit einem Tagessatz von 2,00 Euro?«

»Sicher.«

»Wäre ein Tagessatz für das Medikament von 2,50 Euro auch noch in Ordnung?«

Im Gegensatz zu vorher erhielt ich keine spontane Antwort mehr. Ihr Zögern war nur kurz, aber damals hat es mich doch stutzen lassen.

»Hmmm ... 2,50 Euro? Das ist eine schwierige Frage«, sagte sie. »Hmmm ... Wahrscheinlich nicht? Hmmm ... sagen wir mal nein, okay?«

Mein Fragebogen enthielt noch ein paar weitere Preispunkte, die über 2,50 Euro hinausgingen. Es war zwar klar, dass sie auch diese ablehnen würde, aber das Verfahren erforderte, sie trotzdem danach zu fragen. Dies geschah nicht nur, um die restlichen Zellen in meiner Excel-Tabelle zu füllen, sondern um zu beobachten, wie sie die Fragen im Detail beantworten würde.

»Nun gut, wie sähe es mit einem Tagessatz von 3,00 Euro aus?«

»Hmmm ... dieses Medikament hat einige beeindruckende Eigenschaften«, sagte sie. »Aber 3,00 Euro? Nun, ich habe bereits zu einem Preis von 2,50 Euro Nein gesagt, oder? Dann muss es also hier auch ein Nein sein.«

»Wie wäre es mit 3,50 Euro?«

»Nein!«, sagte sie sofort.

»Käme ein Euro-Preis von ...«

»Auf keinen Fall«, unterbrach sie mich, noch bevor ich meinen Satz beenden konnte.

Haben Sie die Veränderung im Antwortmuster der Befragten bemerkt? Wenn sie der Meinung war, der Preis sei zu niedrig oder zu hoch, antwortete die Expertin ohne zu zögern mit »Ja« oder »Nein«. Aber sie zögerte bei den Preisen von 2,50 Euro und 3,00 Euro.

Diese Erfahrung weckte meine Neugierde. Ich vermutete, dass die signifikante Verzögerung bei den Preispunkten von 2,50 Euro und 3,00 Euro etwas mit ihrer unterbewussten Entscheidungsfindung zu tun hatte. Ich fühlte mich schlagartig in mein erstes Studienjahr in der Psychologie an der Universität Tübingen zurückversetzt, als ich einen Kurs in Mentaler Chronometrie belegt hatte. In diesem Forschungsansatz wird Software eingesetzt, um bei bestimmten Aufgaben die Reaktionszeiten von Menschen zu messen. Diese werden dann mithilfe von mathematischen und statistischen Modellen analysiert, um daraus Rückschlüsse auf die Gehirntätigkeit zu ziehen. Vorlesungen zur Mentalen Chronometrie sind in den Universitäten sicher keine Veranstaltungen, die wegen Überfüllung geschlossen werden müssen, mich aber faszinierte das Thema so sehr, dass ich einen Studentenjob im Reaktionszeitlabor des Psychologischen Instituts annahm.

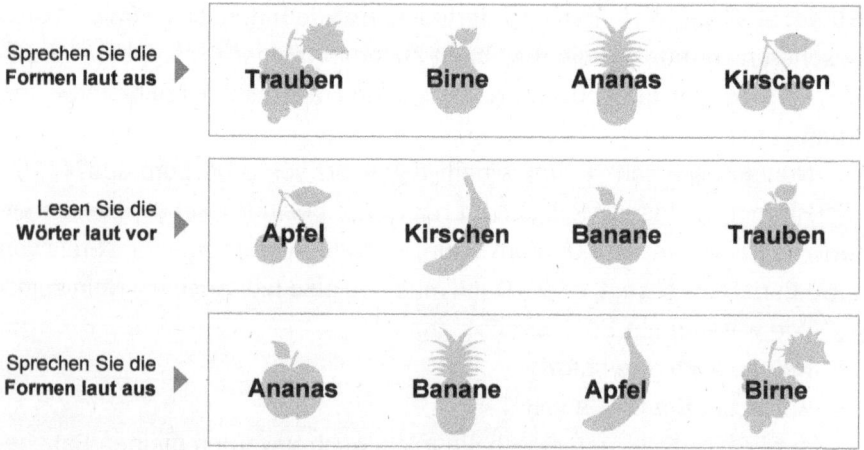

Abbildung 0.3 Drei unterschiedliche Aufgaben. Bitte laut vorlesen!

Um Ihnen eine Vorstellung davon zu geben, woran wir gearbeitet haben, wollen wir ein Experiment mit drei Aufgaben durchführen (siehe Abbildung 0.3).

Mit hoher Wahrscheinlichkeit mussten Sie sich bei der dritten Aufgabe bewusst bemühen, Ihren ersten Impuls, nämlich das Wort zu lesen, zu unterdrücken. Diese Anstrengung – zusammen mit dem Wechsel der Aufgabe vom Lesen eines Wortes zur Identifizierung eines Attributs – führt nicht nur zu längeren Antwortzeiten, sondern auch zu mehr Fehlern.[9] Generell gilt: Je schwieriger die mentale Aufgabe oder die Entscheidung, desto länger die Reaktionszeit. In seinem Bestseller *Schnelles Denken, langsames Denken* beschreibt der Nobelpreisträger Daniel Kahneman dies als einen Prozess, bei dem das analytische *System 2* unseres Geistes die automatisierte, schnelle Reaktion von *System 1* unterdrückt.[10]

Die Befragung der Pharma-Expertin war mein ganz persönlicher Heureka-Moment. Wenn man durch die Untersuchung der Antwortzeiten näher an die Wahrheit herankommen kann als durch die Untersuchung der expliziten Antworten einer Person auf eine Frage, dann sollte dies wertvolle praktische Anwendungsmöglichkeiten im Marketing bieten. Techniken aus der experimentellen Psychologie und der Hirnforschung könnten einem Unternehmen auf diese Weise dabei helfen, zwei der verwirrendsten und rätselhaftesten Fragen des Marketings zu beantworten: Welchen Wert messen Kunden einem Produkt bei und wie viel sind sie tatsächlich bereit, dafür zu zahlen?

In Bezug auf Preise bedeutet dies, dass, je näher man an den *Wohlfühlpreis* eines Käufers herankommt – also an den höchsten Preis, der immer noch eine angenehme, positive Reaktion bei ihm hervorruft –, desto länger wird er brauchen, um ein Urteil zu fällen (teuer, günstig und so weiter) und eine Kaufentscheidung zu treffen.

Mein persönlicher Heureka-Moment inspirierte mich dazu, tiefer in diese Schnittstelle zwischen Wissenschaft und Wirtschaft einzutauchen. Ich verließ die Unternehmensberatung und gründete mein eigenes Unternehmen mit dem Ziel, Neurotechnologie zur Untersuchung der Verbraucherwahrnehmung von Werbung, Produkten und Preisen einzusetzen. Im Laufe der Zeit wurden mein Ansatz und die von mir entwickelten Algorithmen und Analysen, die unter dem Namen NeuroPricing™ bekannt sind, zu einem wertvollen Marktforschungsinstrument, das von zahlreichen Unternehmen genutzt wird.[11]

Als Gaby und ich uns kennenlernten, war sie auf der Suche nach neuen B2B-Verkaufsstrategien und -techniken. Damals wurde Erkenntnisse aus der Verhaltensökonomie gerade zu einem beliebten und faszinierenden Thema in der Wirtschaft, was Bestseller (*Predictably Irrational, Nudge* und *Schnelles Denken, langsames Denken)* und ein Nobelpreis (Kahneman) belegen. Aber weder diese bahnbrechenden Ideen noch das aufstrebende Gebiet der Neurowissenschaften waren zu dem Zeitpunkt schon ein Gesprächsthema für die Millionen von Geschäftsleuten, die nach wie vor weltweit das Rückgrat vieler Branchen und Lieferketten bilden: B2B-Verkäufer wie Gaby.

Als wir uns kennenlernten, forderte Gaby mich mit einer dieser zentralen Fragen heraus, die bald zu unserer gemeinsamen Passion wurde: »Können wir diese Erkenntnisse und die sich immer weiter entwickelnden Forschungsergebnisse aus der Konsumentenforschung auf meine Welt, die riesige und vielfältige Welt des B2B-Verkaufs, übertragen?«

Meine klare Antwort: »Ja, das können wir!«

Das unsichtbare Spiel: wo Wirtschaft auf Wissenschaft trifft

Auch für einen Verkäufer ist es wichtig, in Kundengesprächen auf Zeitverzögerungen in der Reaktion seines Kunden zu achten. Erfolgsentscheidend aber ist, dass ein Verkäufer auch den Grund für diese Zeitverzögerung erkennt und Antworten auf die brennende Frage findet: Was geht im Kopf des Käufers vor? Worüber denkt er nach? Was beeinflusst sein Urteil?

Wir waren uns schnell darüber einig, dass das vorhandene Angebot an konventionellen Trainings für den professionellen Verkauf bestenfalls zu unvollständigen Antworten auf diese Fragen führen würde. Die klassische Ökonomie lehrt uns, dass professionelle Einkäufer alle Argumente, die für oder gegen eine Einkaufsentscheidung sprechen, objektiv gegeneinander abwägen. So funktioniert es doch, oder? Werden berufliche Kaufentscheidungen so getroffen? Sind Verkaufsverhandlungen wirklich nur ein simpler, seelenloser Austausch von Daten und Fakten, die bald jeder bessere Roboter und Algorithmus besser durchführen kann? Wägen Käufer wirklich so akribisch zwischen allen Angeboten ab? Immer?

Je mehr wir uns mit dem Hintergrund professioneller Verkaufsverhandlungen beschäftigten, desto mehr erkannten wir, dass Kaufentscheidungen weitaus vielschichtiger sind als das reine Abwägen von Zahlen, Daten und Fakten. Verkaufsverhandlungen laufen nämlich auf zwei sehr unterschiedlichen Ebenen gleichzeitig ab, und jede dieser beiden Ebenen hat ihre ganz eigenen Regeln. Wir sprechen von diesen zwei Ebenen als dem *sichtbaren Spiel* und dem *unsichtbaren Spiel*, um das Geschehen auf beiden Ebenen damit intuitiv zugänglich zu machen.

Beim bekannten sichtbaren Spiel legen Käufer und Verkäufer ihre Einsätze auf den Tisch, sodass jede Partei verschiedene Optionen anhand einer Reihe vordefinierter, eindeutiger Kriterien analysieren kann. Diese Vergleiche führen im besten Fall zu einer Entscheidung zugunsten der Option, die den Kaufkriterien am besten entspricht. Dies ist eine einfache und offensichtliche Wahl. In Ermangelung anderer Unterscheidungsmerkmale spielt der Preis oft eine wichtige Rolle als Entscheidungskriterium. Dies sind Entscheidungsprozesse, die sich gut automatisieren lassen, weil Algorithmen das menschliche Gehirn bei der Analyse großer Datenmengen übertreffen.

So einfach ist das leider nicht immer.

In der Regel machen Verkäufer schon früh in ihrem Berufsleben zwei wichtige Erfahrungen. Erstens: Die meisten Entscheidungen – vor allem im B2B-Bereich – lassen sich nicht auf ein simples Auswahlverfahren reduzieren. Es handelt sich nicht um Entscheidungen, die ein Unternehmen einfach automatisieren kann. Und zweitens lernen sie, dass der Versuch, Kunden mit immer mehr Informationen, immer mehr Zahlen, Daten, Fakten zu füttern, nicht automatisch zu einer schnellen Entscheidung führt.

Und was geschieht, wenn es komplex wird und sich keine einfache Wahl und keine offensichtliche Lösung anbietet? Der Mensch denkt nach. Er versucht in diesem Fall, alle aktuellen und zukünftigen Aspekte, die eine Rolle spielen könnten, zu bewerten, und trifft dann eine Ermessensentscheidung, weil das menschliche Gehirn von Natur aus nicht darauf ausgelegt ist, sich durch den Dschungel großer Datenmengen zu kämpfen. Im Gegenteil: Auf Komplexität reagiert es mit simplen Entscheidungsmechanismen und greift zugunsten schneller Entscheidungen auf Faustregeln und Standardrezepte zurück.

Eine Fülle von Theorien und Modellen versucht, zu erklären, wie solche Entscheidungen entstehen. Viele dieser Theorien und Modelle konzentrieren sich auf zwei Prozesse, die parallel ablaufen, wobei einige Autoren hierfür akademische Fachausdrücke verwenden, während andere bunte Metaphern benutzen. Chaiken[12] schlug die Unterscheidung zwischen heuristischer und systematischer Verarbeitung vor. Petty und Cacioppo erklärten in ihrem *Elaboration Likelihood Model*, dass Einstellungsänderungen auf zwei verschieden Wegen erreicht werden, dem zentralen und dem peripheren Weg.[13] Auf der einfacheren – und gleichzeitig eleganteren – Seite hat Jonathan Haidt die Metapher des Elefanten und des Reiters vorgeschlagen.[14] Das bekannteste Modell der letzten Jahre ist jedoch die Unterscheidung zwischen System 1 und System 2, zunächst von Stanovich und West vorgeschlagen, in der Folge aber von Kahneman populär gemacht und weiter ausgearbeitet.[15] System 1 und System 2 sind zu einer Grundlage für das Verständnis der Verhaltensökonomie geworden, weshalb wir uns in diesem Buch auch häufig auf dieses Modell beziehen.

Darüber hinaus haben zahlreiche Experimente gezeigt, wie tatsächliches Verhalten von dem abweicht, was man unter rein wirtschaftlichen Gesichtspunkten erwarten würde. All diese wissenschaftlich gut belegten Erkenntnisse bilden die Grundlage dieses Buches. Heuristiken, Verzerrungen und Denkfehler – zum Beispiel hyperbolische Diskontierung, der Sandwich-Effekt, Ankern, Ködern oder die Vernachlässigung der Basisrate – beschreiben, wie das Gehirns dem Drang nach Einfachheit, Schnelligkeit nachgibt und das eigene Überleben wortwörtlich oder metaphorisch allen anderem voranstellt. Falls Ihnen diese Fachbegriffe noch nicht geläufig sein sollten – keine Sorge! Wir kommen noch auf all die Begriffe zurück.

Willkommen im Dschungel der Ermessensentscheidungen

Der Begriff *Ermessensentscheidung* bedeutet, »nach eigenem Ermessen, nach eigenem Urteil zu entscheiden«, und bereits das Wort impliziert ein hohes Maß an Subjektivität. Und trotzdem haben auch diese subjektiven Entscheidungen einen starken, doch im Allgemeinen wenig beachteten, gemeinsamen Nenner, nämlich eine Reihe von Verhaltensweisen, die universeller sind, als es den meisten Menschen bewusst ist.

Für solche Ermessensentscheidungen greift das Gehirn zunächst auf seinen eigenen Erfahrungshorizont zurück. Dabei spielen evolutionäre Erfahrungen eine Rolle, aus denen sich Grundverhaltensweisen herausgebildet haben, die tief in unserer Spezies verankert sind. Der Impuls *Angriff oder Flucht* (*Fight or Flight*) ist vielleicht eine der bekanntesten dieser evolutionär geprägten situativen Reaktionen. Das Ziel dieser Millisekundenentscheidungen aus der Zeit der Säbelzahntiger ist, noch heute, das eigene Überleben zu sichern. Ein anderer starker universeller Antrieb unserer menschlichen Spezies ist das Bedürfnis nach sozialer Zugehörigkeit. Ergänzt werden diese evolutionären Erfahrungen durch unsere individuellen Lebenserfahrungen, die sehr persönlich sind und in unserem Gehirn mit den Attributen Erfolg oder Misserfolg versehen sind.

Zusammen bilden diese evolutionären Erfahrungswerte und die in unserem Gehirn verankerten universellen Denkmuster die Grundlage für die Ermessensentscheidungen, die unser Gehirn in Sekundenschnelle trifft und die für andere Mitspieler weitgehend unsichtbar bleiben.

Genau dort findet das unsichtbare Spiel statt. Verborgene, unterschwellige Verhaltensweisen wirken darauf ein, wie zwei oder mehr Menschen interagieren, die ein Geschäft abschließen oder eine Vereinbarung erzielen wollen. Im Takt von Millisekunden findet zwischen ihnen ein Wettstreit von Gedanken und Entscheidungen statt, den die meisten Spieler weder bewusst erkennen noch aktiv steuern können. Und doch entscheiden gerade diese Aktionen und Reaktionen oft über Sieg oder Niederlage in einer Verhandlung. Deshalb geht es im unsichtbaren Spiel darum, elegant »unter dem Radar« der anderen Spieler zu agieren und sich diese weitgehend unbekannten Effekte zunutze zu machen.

Doch warum haben wir den Begriff *unsichtbares Spiel* geprägt, anstatt einen etablierten Begriff aus der Verhaltensökonomie zu verwenden? Ganz einfach: Das unsichtbare Spiel bezieht zwar bedeutende Aspekte der Verhaltensökonomie ein, es unterscheidet sich aber durch eine ganze Reihe von Faktoren:

1. Das unsichtbare Spiel findet in einem professionellen Verkaufsumfeld statt, das gemeinhin auch unter dem Begriff B2B-Verkauf zusammengefasst wird. Es handelt sich also um eine strategische Anwendung, die aus wissenschaftlichen Erkenntnissen abgeleitet ist, und nicht um eine wissenschaftliche Theorie an sich.

2. Das unsichtbare Spiel verbindet etablierte Wissenschaftstheorien und jahrzehntelange praktische Verkaufserfahrung zu einer neuartigen Verkaufsstrategie und einem einzigartigen Handwerkskasten, in dem alle Strategien, Taktiken, Regeln und Techniken auf das unsichtbare Spiel ausgerichtet sind. In diesem Sinne handelt es sich weder um ein neues theoretisches Konstrukt wie System 1 oder System 2 noch um persönliche Memoiren mit anekdotenhaften Erfolgsgeschichten aus dem B2B-Verkauf.

3. Das unsichtbare Spiel greift auf psychologische und neuroökonomische Prinzipien zurück, die das Verhalten von Einzelpersonen untersucht haben. Diese Erkenntnisse werden auf reale Geschäftsbeziehungen und die Interaktion von mindestens zwei Spielern übertragen.

4. Das unsichtbare Spiel berücksichtigt neben den in allen Menschen verankerten Denkfehlern auch, dass alle Spieler ihre eigenen persönlichen Lern- und Erfahrungsgeschichten in ihre geschäftlichen Interaktionen einbringen. Alle Spieler, die auch diese Effekte verstehen, können und werden versuchen, daraus Nutzen zu ziehen.

5. Das unsichtbare Spiel beschreibt viele Spielzüge, die mit Erkenntnissen aus der menschlichen Evolutionsgeschichte begründet werden und eine enge Verbindung zur Evolutionspsychologie aufweisen. Denn unser Handeln wird auch heute noch durch archaische Reaktionen geprägt, die aus einer Zeit stammen, in der der Mensch noch Teil der Nahrungskette war. So gesehen sind wir »Steinzeitmenschen in Designerkleidung«.

6. Das unsichtbare Spiel kennt keine Unterbrechungen. Es findet immer statt. Bei jeder Verhandlung und jeder geschäftlichen Interaktion. Ob wir es wollen oder nicht. Ob wir aktiv mitspielen oder nicht.

Um das unsichtbare Spiel erfolgreich zu spielen, braucht man drei grundlegende Fähigkeiten. Die erste Fähigkeit ist ein geschultes *Situationsbewusstsein*. Das bedeutet, dass der Verkäufer sich der vielen Effekte bewusst ist, die die Verhaltensökonomie, Psychologie und Neurowissenschaften auf eine Verhandlung ausüben. Die zweite ist ein geschultes *Defensivverhalten*: Der Verkäufer kann die Taktik des Käufers kontern und lernt, sich gegen seine eigenen Denkfehler zu schützen. Die dritte Fähigkeit basiert auf einem guten Verständnis dafür, wie man erfolgreich in die *Offensive* geht: Der Verkäufer weiß, wie er dabei, ganz bewusst, den Verhandlungsrahmen gestaltet und aktiv Einfluss auf den Ausgang des unsichtbaren Spiels nehmen kann. Denn wenn es um die Verhandlungen der Zukunft geht, dann wird es nicht reichen, dass moderne Verkäufer die Technologien des digitalen Zeitalters beherrschen, die das sichtbare Spiel bestimmen. B2B-Verkäufer werden auch weiterhin in komplexen Verhandlungen, die Ermessensentscheidungen verlangen und ein hohes Maß an qualitativem Urteilsvermögen erfordern, die Nase vorn haben. Dafür müssen sie wissen, welchen Einfluss grundlegende menschliche Verhaltensweisen, die sich seit der letzten Eiszeit kaum weiterentwickelt haben, auf Verhandlungen haben, und wie sie diese Einflüsse im unsichtbaren Spiel beherrschen können.

Denn evolutionär betrachtet ist jeder Spieler in einer Verkaufsverhandlung im Grunde genommen immer noch ein Steinzeitmensch, dessen Entscheidungen starken, unbewussten Einflüssen unterliegen, egal wie schick seine Designeranzüge und wie ausgeklügelt die elektronischen Geräte, die er verwendet, sind oder wie sehr er sich mit Zahlen, Daten, Fakten bewaffnet.

Auf der Grundlage empirischer Wissenschaften ist *Das unsichtbare Spiel* ein praktischer Leitfaden für alle, die die Spielregeln dieser »Verhandlung auf zwei Ebenen« besser verstehen, insbesondere aber besser beherrschen wollen.

Erfolg im unsichtbaren Spiel

Das unsichtbare Spiel besteht aus drei Teilen, wobei jeder Teil auf den Erkenntnissen des vorhergehenden aufbaut.

- **Teil I: Situationsbewusstsein vom Feinsten**
  Im ersten Teil vermittelt das Buch Bewusstsein für und das Wissen über das unvermeidbare, unterschwellige, unsichtbare Spiel zwischen den Parteien, das bei jeder Verhandlung stattfindet. Denn am Ende eines jeden Verkaufsgesprächs, sei es ein kurzes Online-Meeting, ein E-Mail-Austausch oder ein längeres persönliches Treffen, hat ein Verkäufer Hunderte oder sogar Tausende von Eindrücken seiner Gesprächspartner aufgenommen und wahrscheinlich ebenso viele Eindrücke bei ihnen hinterlassen. Aber nur wenige Menschen können sich danach an ihre Wahrnehmungen erinnern – die meisten bleiben im Unbewussten verborgen.
  Der erste Teil des Buches legt den Grundstein dafür, dass Verkäufer ihr Situationsbewusstsein entwickeln können, um diese Informationen besser aufzunehmen und zu verarbeiten und dabei zu lernen, welche Auswirkungen sie auf ihr eigenes und das Verhalten der anderen Spieler haben. Wissenschaftliche Erkenntnisse aus den Neurowissenschaften, der Psychologie und Verhaltensökonomie werden in ihren wesentlichen Teilen erklärt und zeigen,

wie das Gehirn Entscheidungen trifft und wodurch Verhalten beeinflusst wird.

Für einen Verkäufer ist sein eigener Mindset – im wahrsten Sinne des Wortes – der entscheidende Schlüssel zum Erfolg.

- **Teil II: Das Defensivspiel und die Macht des »Nein!-Sagens«**

Warum sind Preise bei fast jeder Verhandlung ein so heikles Thema? Das liegt sicher nicht daran, dass Verkäufer nicht rechnen können. Es liegt daran, dass nur wenige Menschen erkennen – Verkäufer eingeschlossen –, dass Preise weit mehr als nur einen Geldbetrag darstellen. Preise erklären sich aus dem Zusammenhang, in dem sie auftauchen, und lösen bei Käufern und Verkäufern intensive sensorische und emotionale Erfahrungen aus. Das gilt für alle, egal ob Sie eine Tasse Kaffee, ein Glas Wein, eine Lkw-Ladung Industriegüter oder eine ganze Produktionsanlage kaufen oder verkaufen.

Der zweite Teil beschreibt, welchen Einfluss das unsichtbare Spiel auf das eigene Verhalten und damit auch auf die eigenen Verhandlungsergebnisse ausübt. Verkäufer erkennen ihre eigene Rolle im unsichtbaren Spiel und lernen, das eigene Verhalten und Denken (System 1) so zu trainieren, dass es den unsichtbaren, sowohl den zufälligen als auch den gesteuerten, Spieleinflüssen des Verhandlungsgegners gegenüber widerstandsfähiger wird.

- **Teil III: Offensiv spielen und die Kunst, Einfluss zu nehmen**

Wenn ein Verkäufer seine Preise anpassen oder erhöhen muss, basiert der Erfolg in der Regel eher auf seinem Einfluss auf das Geschehen als auf seinen Rechenkünsten. Wie stark sein Einfluss ist, hängt wiederum davon ab, welchen Heimvorteil er sich aufgebaut hat. Dafür braucht er persönliche Autorität genauso wie eine realistische Einschätzung seiner Marktposition. Es gibt buchstäblich Hunderte von Möglichkeiten für Verkäufer, diesen Einfluss geltend zu machen.

Der dritte Teil des Buches zeigt Verkäufern, wie sie selbst als Spielende im unsichtbaren Spiel aktiv werden und die Wahrnehmung ihrer Verhandlungspartner steuern können. Sie lernen, die Komplexität ihres Geschäftes zu ihrem Vorteil zu nutzen und den unsichtbaren Teil des Spiels durch ihr eigenes Verhalten aktiver und gezielter zu beeinflussen. Erkenntnisse aus der Verhaltensökonomie werden in praktische Handlungsempfehlungen umgesetzt und zeigen, wie Kaufentscheidungen durch ein entsprechendes Portfolio- und Angebotsdesign beeinflusst werden können.

Bevor Sie anfangen....

Bevor Sie jetzt weiterlesen, möchten wir Sie noch um Verständnis dafür bitten, dass wir der Einfachheit halber in diesem Buch, unabhängig vom Geschlecht, den Begriff »Verkäufer« als generischen Sammelbegriff für alle Personen verwenden, die ihre Waren und Dienstleistungen an ein anderes Unternehmen verkaufen oder versuchen, eine Verhandlung zu ihren Gunsten zu beeinflussen.

Und jetzt noch einige praktische Hinweise:

Wie immer, wenn es darum geht, etwas Neues zu lernen, geht es auch beim unsichtbaren Spiel darum, neue Einsichten zu gewinnen und dann durch Übung zu verstärken. Deshalb enthält unser Buch einige Elemente, die diesen Lernprozess anstoßen:

- **Auszeiten und kleine Quizspiele:** Wir werden in diesem Buch viel Neuland betreten und einige Abschnitte werden intensiver sein als andere. Deshalb werden wir Ihnen ab und an kleine mentale Verschnaufpausen gönnen. Manchmal handelt es sich dabei um reine Auszeiten, während wir bei anderen Gelegenheiten zum Beispiel ein kleines Quiz einbauen, um den Einstieg in ein neues Thema zu erleichtern.
- **Situationen:** *Das unsichtbare Spiel* enthält 14 Praxissituationen, die beispielhaft zeigen, wie sich die Ideen des Buches auf reale Verkaufssituationen, die viele Verkäufer aus eigenem Erleben kennen,

anwenden lassen. Ähnlichkeiten mit lebenden oder verstorbenen Personen wären dagegen rein zufällig und nicht beabsichtigt.

- **Haftnotizen:** Wir haben die wichtigsten neun Schlüsselideen aus dem Buch in Merksätzen zusammengefasst, auf Notizzetteln festgehalten und über das ganze Buch verteilt, um diese Ideen zu verstärken und einprägsamer zu machen. Wir laden Sie herzlich ein, unseren neun Merksätzen viele eigene Notizen hinzuzufügen.

Kommen wir nun noch zu einer weiteren Aufgabe, bei der wir Ihre eigenen Erfahrungen ansprechen möchten. Denken Sie nochmal an Gabys Flugzeuggeschichte mit Mr. Henderson zurück. Wir laden Sie ein, eine ähnliche Nachbesprechung durchzuführen. Wenn Sie ein B2B-Verkäufer sind, schlagen wir vor, dass Sie an ein paar Geschäftsabschlüsse denken, an denen Sie kürzlich beteiligt waren. Nehmen Sie sich bitte ein Blatt Papier und schreiben Sie auf, warum Sie gewonnen oder verloren haben. Notieren Sie auch, was Sie anders machen würden, wenn Sie die Verhandlung noch einmal neu aufrollen könnten. Wenn Sie dagegen noch neu im Verkauf sind oder wenn Verkaufen vielleicht nur ein kleiner Teil Ihrer Arbeit ist, dann schreiben Sie vielleicht einige Ihrer Fragen auf oder halten die Aspekte fest, die Sie derzeit besonders frustrierend finden. Vielleicht verwenden Sie diesen Zettel als Lesezeichen, um von Zeit zu Zeit einen Blick darauf zu werfen und zu sehen, wie sich Ihre Antworten verändern.

Teil I

Situationsbewusstsein vom Feinsten

Das Stadion tobt. Der Schiedsrichter hat auf Foulspiel entschieden. Auf den Rängen und vor den TV-Geräten wird seine Entscheidung heftig diskutiert. »Fehlentscheidung«, sagen die einen, »Vollkommen korrekt«, meinen die anderen. Beide Seiten sind überzeugt, die Situation auf dem Feld richtig gesehen zu haben. Selbst Zeitlupenaufnahmen und unterschiedlichste Perspektiven führen zunächst zu keiner eindeutigen Antwort. Sie befeuern die hitzigen Diskussionen nur noch mehr. Die Augenzeugen im Stadion und die Sportfans vor den Fernsehern beharren weiterhin auf ihrer persönlichen Einschätzung der Spielsituation. Diese Situation ist ein typisches Beispiel für individuelle Ermessensentscheidungen. Wenn solche Entscheidungen aber so starken subjektiven Einflüssen ausgesetzt sind, wie schaffen es dann professionelle Schiedsrichter, unter dem immensen Druck eines laufenden Spieles und in Sekundenbruchteilen doch überwiegend objektiv richtig zu entscheiden?

Bill Belichick, der als Cheftrainer der New England Patriots in der NFL, der höchsten Liga im American Football, mit seinem Team beeindruckende sechs Super Bowls gewonnen hat, bricht eine Lanze für die Schiedsrichter und deren Fähigkeiten, in dem er hervorhebt, dass die Zuschauer am Spielfeldrand stehen, sich die Wiederholungen ansehen und jede

Situation Millisekunde für Millisekunde analysieren, wonach dann jeder individuell für sich zu wissen glaubt, was passiert oder eben auch nicht passiert ist. »Doch die Schiedsrichter stehen draußen auf dem Platz und fällen ihre Entscheidungen live und in Echtzeit. Und sie treffen so viele erstaunlich richtige Entscheidungen. Dabei sind einige der Spielzüge so verdammt knapp: Es geht um wenige Zentimeter und manchmal nur um Sekundenbruchteile.«[16]

Was für American Football gilt, gilt auch für den Sport, der in Europa alles beherrscht: Fußball. Erinnern Sie sich noch an ein Ereignis, das im Juni 2004 international für Aufregung sorgte? Schauplatz war das Viertelfinale der Europameisterschaft in Lissabon. Eine Minute vor Ende der regulären Spielzeit stand es 1:1 zwischen England und Portugal.

Nach einem Foul entschied Urs Meier, der Schweizer Weltklasse-Schiedsrichter, auf Freistoß für England in der portugiesischen Hälfte. David Beckham schlug den Ball in den gegnerischen Strafraum, und sein Teamkollege Sol Campbell versenkte ihn im portugiesischen Netz.[17] Dieses Tor in der letzten Minute bescherte England den 2:1-Sieg und damit den Einzug ins Halbfinale.

So war es doch damals? Oder etwa doch nicht?

Was sich bei diesem Spiel in diesen wenigen Sekunden abspielte, war Situationsbewusstsein vom Feinsten. Meier musste in der Hitze des Gefechts eine Entscheidung treffen, inmitten des ohrenbetäubenden Lärms Zehntausender schreiender Fans im Stadion und vor den kritischen Augen von Millionen von Fernsehzuschauern weltweit. Vielleicht ahnte er zum damaligen Zeitpunkt sogar schon, dass man seinen Pfiff heftig diskutieren und dass dieser Zuschauer und Medien lange beschäftigen würde.[18]

Meier hatte den Torschuss von Campbell nämlich abgepfiffen: kein Tor! Er entschied auf Foulspiel und Freistoß für Portugal.

Diese mutige Entscheidung brachte Meier innerhalb weniger Stunden den Ruf ein, »der meistgeschmähte Mann im Fußball« zu sein. Berichten zufolge erhielt er 16.000 Hassmails, 5000 beleidigende Anrufe und sogar Morddrohungen. Die Einzelhandelskette Asda brachte den Frust der englischen Fans mit typisch britischem Humor auf den Punkt und bot allen Schweizer Staatsangehörigen eine kostenlose Augenuntersuchung in einem ihrer 68 Optikzentren an.[19]

Und Meier? Bis heute steht er nicht nur zu seiner damaligen Entscheidung, sondern auch zu dem Denkprozess, der ihn damals so entscheiden ließ. Und was dabei – zumindest, solange man seine Erklärung nicht kennt – umso erstaunlicher ist: Urs Meier hatte das Foul, das ihn zur Annullierung des Tores veranlasste, *nicht einmal gesehen!*

Wie er in seinem Buch *DU Bist Die Entscheidung*[20] schreibt, spürte Meier sofort, als der Ball im Netz landete, dass etwas nicht stimmte. Sein Bauchgefühl, ja sein ganzer Körper hätten ihm, so Meier, entsprechende Signale gesendet, ausgelöst durch eine kleine Unstimmigkeit, die den Zuschauern im Stadion und vor dem Fernseher verborgen blieb. Meier beobachtete nämlich, dass der englische Stürmer John Terry sich nicht so verhielt, wie man es von einem Spieler unmittelbar nach einem so wichtigen Tor erwarten würde. Anstatt zu dem Torschützen oder seinen Mannschaftskameraden zu schauen und mit ihnen zu jubeln, sah Terry zu Meier hinüber. Dieser eine Augenblick, dieser kurze direkte Blickkontakt, gab dem erfahrenen Schiedsrichter den entscheidenden Hinweis. Terry hatte gefoult. Und tatsächlich zeigte die Zeitlupe später, dass Meiers intuitive, blind getroffene Entscheidung korrekt war: Terry hatte den portugiesischen Torhüter Ricardo Pereira behindert.

Meiers Beispiel aus dem Spiel England gegen Portugal im Jahr 2004, das Portugal danach übrigens im Elfmeterschießen gewann, ist ein beeindruckendes und lehrreiches Beispiel für ein geschultes Situationsbewusstsein: das intuitive Erkennen geringfügiger Abweichungen zwischen dem situativ zu erwartenden und dem tatsächlichen Verhalten einer Person. Meier erkannte unterbewusst, was passiert war, ohne dass sein Bewusstsein aktiv eingreifen musste. In nicht eindeutigen oder unklaren Situationen stützte Meier seine Entscheidungen also auf seine durch Erfahrung geschulte Intuition.

Ganz ähnliche Situationen erleben die Beteiligten in Verkaufsverhandlungen. Sekundenschnell intuitiv richtig und erfolgversprechend entscheiden zu können, ist deshalb auch hier eine wichtige Fähigkeit, um im unsichtbaren Spiel erfolgreich mitzuspielen. Im Vergleich zu Sportveranstaltungen gibt es allerdings einige wesentliche Unterschiede, die es für die Beteiligten noch schwieriger machen. Deshalb spielt diese Fähigkeit in beruflichen Verhandlungen vielleicht eine sogar noch größere Rolle.

Der **erste** wesentliche Unterschied: Geschäftsverhandlungen werden üblicherweise nicht aufgezeichnet. Entscheidungen werden immer live und in Echtzeit getroffen. Man kann nicht auf »replay« drücken und minutenlang prüfen, welche Partei was gesagt oder getan hat, und ob eine Entscheidung richtig oder falsch war. Und es gibt nur selten die Möglichkeit, die Uhr zurückzudrehen und Entscheidungen vor Ort zu revidieren, wenn man einen Fehler gemacht hat.

Zweitens: Schiedsrichter sind unparteiisch. Bei Geschäftsverhandlungen aber gibt es keine neutrale dritte Partei, die Verstöße der anderen Seite aufdeckt und sanktioniert. Alle Akteure müssen allein darauf hinarbeiten, das Ergebnis zu ihren Gunsten zu beeinflussen.

Der **dritte** signifikante Unterschied besteht darin, dass Geschäftsverhandlungen nur wenige allgemeingültige Spielregeln kennen. Natürlich wird ein ethisch und moralisch korrektes Verhalten vorausgesetzt. Aber die Verantwortlichen verbringen meistens wenig Zeit damit, miteinander darüber hinausgehende, konkrete Spielregeln zu vereinbaren. Häufig entsteht dadurch Unsicherheit und beide Seiten verbringen viel Zeit damit, über das Verhalten der jeweils anderen Partei zu spekulieren.

Immer wenn Urs Meier in seiner langen Schiedsrichterkarriere das Spielfeld betrat, hatte er keine Ahnung, was während des Spiels passieren würde. Er hatte aber den Vorteil, dass die grundlegenden Regeln des Fußballs klar definiert sind. Zu Beginn des Spiels gibt es immer elf aktive Spieler pro Team, die um einen Ball kämpfen. Die Länge und Breite des Spielfelds kann von Stadion zu Stadion etwas variieren, aber die Tore, die Strafraumgrenzen und die Torkästen haben immer die gleichen festgelegten Maße. Schade nur, dass solch klare und feste Regeln in der Verkaufsverhandlung fehlen. Die für eine Verkaufsverhandlung Verantwortlichen nehmen sich im Allgemeinen zu wenig Zeit dafür, ihre Rahmenbedingungen und Fragen wie »Wie wollen wir miteinander verhandeln?« zu diskutieren.

Diese drei wichtigen Unterschiede – keine Pausentaste, kein unparteiischer Schiedsrichter und keine festen Spielregeln – führen zu einem ganzen Katalog von Fragen, denen sich Verkäufer stellen müssen: Woran können sie sich in solch volatilen Situationen orientieren, um ihre Verhandlungen zum Erfolg zu führen? Wie erkennen sie die Grenzen ihres Spielfeldes? Darüber hinaus stellen sich wichtige Fragen zu den intuitiven Prozessen, auf die sich Menschen wie Meier verlassen, wenn sie spontane, intuitive Urteile oder blitzschnelle Entscheidungen treffen. Was steckt hinter dieser Intuition? Und wie können Verkäufer und Verkäuferinnen lernen, diese zu ihrem Vorteil zu nutzen? Wie kann Intuition ihnen helfen, ihr situatives Verhandeln zu verbessern und ihre Leistungen so zu steigern, dass sie zu unverzichtbaren Führungsspielern werden?

Kapitel 1

Die Kräfte hinter dem unsichtbaren Spiel

Ein Wissenschaftler der Universität Växjö befragte über 200 Manager schwedischer Unternehmen, wie sie Entscheidungen treffen. Eine knappe Mehrheit der Manager gab an, sich auf ihr Gespür zu verlassen: 32 Prozent sagten, sie entschieden intuitiv, und 19 Prozent gingen nach ihrem Gefühl. 26 Prozent meinten, ihre Entscheidungen seien situativ mit einem »Auge für Details«, und 23 Prozent bestanden auf einem analytischen Hintergrund.[21]

Wir haben uns von diesen interessanten Ergebnissen zu diesem Buch inspirieren lassen. Sie weisen uns den Weg zu einem wesentlichen Faktor menschlichen Denkens, denn: Wir alle sind – immer und überall – Spieler im unsichtbaren Spiel, ohne dass wir uns dieser Mechanismen bewusst wären, oder benennen könnten, welche automatisierten Reaktionen und Routinen in unseren Gehirnen fest verankert sind. Wir können uns diesen Mechanismen nicht entziehen. Doch wir sind ihnen auch nicht hilflos ausgeliefert. Ganz im Gegenteil! Wie aktiv und wie gut wir das unsichtbare Spiel spielen, liegt ganz in unseren Händen.

In diesem Kapitel beschreiben wir die Kräfte, die auf unser Situationsbewusstsein einwirken. Wir dekodieren tief verankerte Verhaltensweisen und zeigen Ihnen, wie Sie diese zu Ihrem Vorteil nutzen können.

Das Situationsbewusstsein von erfolgreichen Verkäufern basiert auf drei wichtigen psychologischen Faktoren: erstens »System 1 und System 2«, zweitens »Relativität« und drittens »Ankern«.

System 1 und System 2: Partner, keine Rivalen

Bevor wir in konkrete Beispiele von Verhandlungssituationen einsteigen, lassen Sie uns zunächst darauf eingehen, wie unser Gehirn grundsätzlich funktioniert. Evolutionär betrachtet und ganz vereinfacht gesagt: Unser Gehirn ist immer und vorrangig vor allem darauf bedacht, unser Überleben zu sichern.

Wir beginnen unsere Erklärung mit einem Zitat des Nobelpreisträgers Daniel Kahneman, der zwischen schnellem und langsamem Denken unterscheidet: »Ich verwende die Termini, die ursprünglich von den Psychologen Keith Stanovich und Richard West eingeführt wurden, und ich werde entsprechend zwei kognitive Systeme unterscheiden, System 1 und System 2.« System 1 steht für schnelles und System 2 für langsames Denken. [22]

System 2

Im Geschäftsleben des 21. Jahrhunderts ist System-2-Denken das Maß aller Dinge. Es ist ein Sammelbegriff für die Art und Weise, wie unser Gehirn Daten verarbeitet, Zahlen auswählt, mit ihnen jongliert, sie gegeneinander abgleicht und sich mit den finanziellen Aspekten von Angeboten und Gegenangeboten auseinandersetzt, also all das bewertet, was »auf dem Papier« steht. System 2 dient als unser hoch entwickelter Problemlöser im sichtbaren Spiel. Es liefert gute Ergebnisse in komplexen Entscheidungssituationen, die analytisches und breites, kreatives Denken erfordern. System 2 wird aktiv, wenn man auf der Suche nach einer innovativen Idee ist, Verbindungen zwischen scheinbar nicht zusammengehörenden Dingen finden muss oder nach unkonventionellen »Out-of-the-Box«-Ideen sucht. System 2 funktioniert gut bei ergebnisoffenen Fragen, bei denen die Antworten überraschend oder mehrdeutig sein können oder bei längerem und tieferem Nachdenken besser werden.

Im Denkmodus System 2 brüten Verkäufer und Verkäuferinnen über neuen Vertriebskonzepten, entwerfen detaillierte Angebote oder feilen an einem schwierigen Kundenbrief. Angenehmerweise ist diese kognitive Anstrengung mit einem inneren An-Aus-Schalter versehen; System 2 ermüdet nämlich schnell, unsere Konzentration lässt nach und uns fällt einfach nichts mehr ein. Das erklärt, warum Kreativteams häufige Pausen oder einen Tapetenwechsel brauchen, um neue Impulse zu erhalten und Gedanken weiterzuentwickeln. Das »Abschalten« von System 2 bezeichnen die Amerikaner mit dem Begriff »vegging« (dt. vegetieren) und die Niederländer mit »niksen« (dt. Nickerchen). Es ist die Kunst des absoluten Nichtstuns mit dem Ziel, die inneren Batterien wieder aufzuladen.

Jedem, der öfter an Konferenzen teilnimmt, wird folgende Situation bekannt vorkommen:

Situation 1.1: Time out! Ein Konferenzraum im Suppenkoma

Als die helle Sonne den überfüllten Konferenzraum erwärmt, schwindet die Energie zusehends. Die Luft ist raus. Die Zeit scheint bei 14:45 Uhr stehen zu bleiben. Sie klicken auf die nächste Folie, die Nummer 37 Ihrer Präsentation, und verlieren plötzlich für einen Moment den Faden ... Worauf wollten Sie noch einmal hinaus? Sie sind sich nicht mehr sicher, und wenn Sie Ihre Zuhörer fragen würden, dann wären die meisten ebenso ratlos. Wer sich per Zoom zugeschaltet hat, tut sein Bestes, um vor der Kamera wach zu bleiben und schafft es dennoch kaum, aufmerksam zu wirken. Für einen kurzen Moment blitzt in Ihnen der Gedanke auf, dass im Raum eine Atmosphäre von Winterschlaf herrscht. Was für eine peinliche Situation! Was können Sie bloß tun? Sie kommen doch alle gerade erst vom Mittagessen und die nächste Pause ist eigentlich erst in 45 Minuten eingeplant.

Viele von uns saßen schon mindestens einmal in einem solchen Meeting mit einer unerträglich langen PowerPoint-Präsentation. Grundsätzlich neigen wir alle dazu, unser gesamtes Wissen und all unsere Informationen zeigen zu wollen und setzen uns damit der Gefahr aus, unser Publikum mit zu vielen Informationen und mit zu vielen Worten zu überfordern. Denn es gibt im menschlichen Gehirn – und das bezieht sich insbesondere auf System 2 – einen

Sättigungspunkt für die Verarbeitung von Informationen, und wenn wir diesen erreichen oder gar überschreiten, dann werden unsere Zuhörer unruhig, angespannt, ärgerlich und letztlich einfach … müde.

Dazu sagt die Wissenschaft: Ganz einfach, die Effektivität und die Aufmerksamkeitsspanne von System 2 haben physiologische Grenzen. Es ist schwer für unser Gehirn, Informationen im Handumdrehen richtig aufzunehmen und zu verarbeiten, vor allem wenn die vorgetragene Informationsmenge unseren Sättigungspunkt ignoriert. Unser Gehirn benötigt Zeit, um Informationen aufnehmen und Emotionen verarbeiten zu können, mögliche Fehlinterpretationen zu erkennen und Überreaktionen zu vermeiden. Dazu brauchen wir Menschen Pausen, um Abstand zu nehmen, damit wir das Gehörte nochmal überdenken und vielleicht auch kritisch hinterfragen können. Dieser Verarbeitungseffekt verstärkt sich noch, wenn wir uns aktiv mit anderen Zuhörern austauschen.[23]

Unsere Empfehlung: Das Gehirn – und nicht die Blase – sollte den biologischen Rhythmus für Pausen vorgeben. Pausen sollten nicht nur häufig, sondern auch zeitlich darauf ausgerichtet sein, dass die Teilnehmer wichtige Informationen, Ihre Kernaussagen, nicht nur hören, sondern auch nachhaltig verarbeiten können.

Rechnen Sie damit, dass die Aufmerksamkeit Ihrer Zuhörer nach 15 bis 20 Minuten ein erstes Mal nachlässt. Als Faustregel gilt, dass idealerweise alle 45 bis 60 Minuten eine Pause einzulegen ist. Aus leidvoller eigener Erfahrung wissen wir, wie schwierig es ist, eine solche »Best Practice« durchzuhalten, vor allem, wenn man durch äußere Umstände gezwungen wird, den Inhalt zweier Tage in einen zu pressen. Aber für Produktivität und Kreativität brauchen menschliche Gehirne echte Auszeiten. Da hilft ein Wechsel des Tempos, der Szenerie oder des Formats. Und die Konzentration auf das Wesentliche!

Bedenken Sie auch, dass Pausen als »Time-outs« (Auszeiten) in komplexen Geschäftsverhandlungen – aus den gleichen Gründen wie im Mannschaftssport – ein sehr wertvolles taktisches Manöver sein können. Besonders in kritischen Situationen, wenn die Dinge aus dem Ruder zu laufen drohen, ermöglichen sie einem Team, sich neu zu formieren. Bei komplexen und kontroversen Verhandlungen sollten Sie schon im Voraus mit Ihrem Kunden die Möglichkeit von »Auszeiten« vereinbaren, die es beiden Gruppen erlaubt, sich in einen separaten Konferenzraum oder in einen speziellen WhatsApp-Chat zurückzuziehen und zu beraten.

Wenn Sie einen solchen Plan vorab mit den Gesprächspartnern abstimmen, geben Sie Ihrer Gruppe während der Verhandlung die Gelegenheit, sich verhandlungstaktisch neu aus- oder aufzurichten, also einfach auch nur mal durchzuatmen und System 2 neu zu kalibrieren.

Etwas, womit System-2-Denkprozesse dagegen unmittelbar nichts zu tun haben, sind Bauchentscheidungen. Es ist nicht System-2-Denken, das es professionellen Schiedsrichtern – oder jedem anderen – in Sekundenbruchteilen ermöglicht, wichtige und richtige Ermessensentscheidungen zu treffen.

Dafür gibt es da noch diese andere Art des Denkens: System 1.

System 1

Mit System 1 wird das zweite Denksystem beschrieben, das die ursprünglicheren mentalen Funktionen unseres Gehirns umfasst.

Diese Funktionen unseres Gehirns basieren auf evolutionsbiologischen Automatismen oder sind im Laufe der Zeit so tief verankert worden, dass sie automatisiert ablaufen. Solche primären und natürlichen mentalen Prozesse bezeichnen wir – in guter verhaltensökonomischer Tradition – als System-1-Denken.

Aus evolutionärer Sicht sind System-1-Reaktionen extrem leistungsfähig, effektiv und auf unser Überleben ausgerichtet. Andernfalls wäre der Mensch schon vor Äonen ausgestorben. Das meiste von dem, was wir tagtäglich denken und tun – oder nicht tun – läuft in Wahrheit, von System 1 gesteuert, auf Autopilot.

Es ist Ihnen sicher auch schon mal passiert, dass Sie mit dem Auto zu Ihrer Arbeitsstätte gefahren sind, sich bei Ihrer Ankunft aber nicht mehr an die eigentliche Fahrt erinnern konnten. Gedanklich waren Sie mit ganz anderen Themen beschäftigt. Haben Sie nicht auch schon einmal eine leere Tüte Chips oder Kekse in der Hand gehabt, konnten sich aber nicht mehr daran erinnern, den Inhalt aufgegessen zu haben?

Das sind nur zwei von unendlich vielen Beispielen, wie uns System 1 durch den Alltag bringt. Es ist eine enorme, evolutionär auf Routinen angelegte Fähigkeit, die unser Leben und unser Verhalten steuert, damit wir viele Dinge gleichzeitig – und trotzdem mit großer Sicherheit und Effizienz – tun können.

Diese Funktionen sind in unserem Gehirn so fest verdrahtet, dass jede Verkaufsverhandlung auf einer tieferen vor-bewussten oder unter-bewussten Ebene metaphorisch immer auch eine Begegnung zwischen Steinzeitmenschen ist. Ganz gleich, wie sehr wir diese primären mentalen Funktionen mit Designeranzügen, schicken Möbeln und elektronischen Gadgets zu kaschieren oder zu unterdrücken versuchen – sie sind ein integraler und (über-)lebenswichtiger Teil von uns und werden unser Denken und Handeln unweigerlich immer beeinflussen.

System 1 ist verantwortlich für schnelle Entscheidungen und gute Ergebnisse in »Business-as-usual-Situationen«. Und System 1 weiß gut mit geschlossenen Fragen, wie Ja/Nein-Fragen oder einfachen Multiple-Choice-Fragen, umzugehen. Denken Sie zum Beispiel daran, wie Sie soziale Medien nutzen: System 1 führt dazu, dass wir intuitiv auf ein »Like oder Dislike«-Emoji tippen. Im Gegensatz zu System 2 verfügt System 1 jedoch nicht über einen Ein-Aus-Schalter. Es hat bestenfalls einen Dimmer. Das System ist nicht nur beängstigend schnell, sondern auch *immer* aktiv. Immer. Niemand kann das unsichtbare Spiel unterbrechen oder einfach mal nicht mitspielen. Anders als unsere elektronischen Gadgets kennt System 1 keinen Flugmodus.

Auf dem Weg zu besseren Abschlüssen geht es also nicht darum, System 2 – weder Ihres noch das Ihrer Mitspieler – mit einer riesigen Menge an Daten und Informationen zu füttern. Verhandlungssituationen, bei denen zwei Teams versuchen, sich gegenseitig mit System-2-Analysen zu übertreffen, werden irgendwann unvermeidlich ins Stocken geraten. Wenn System 2 eine Verhandlung alleine zum Abschluss bringen könnte, bräuchten wir keine Verkäufer mehr und könnten die gesamte Vertriebsfunktion an eine KI und an Algorithmen abgeben.

Was Sie tatsächlich insgesamt zu einer besseren Leistung und mehr Abschlüssen führt, ist ein starkes aktives und reaktives Situationsbewusstsein, bei dem sich Ihr situatives Urteilsvermögen kontinuierlich durch neue Erfahrungen ergänzt und verbessert. Mit anderen Worten, wenn Sie System 1 trainieren.

Nutzen und Risiken von System-1-Denkprozessen

Evolutionär hat uns die Entwicklung von System-1-Prozessen in vielerlei Hinsicht äußerst effizient werden lassen, aber diese Art des Denkens hat auch ihren Preis. Sie setzt nämlich ein gewisses Maß an äußerer Ordnung und Umgebungsstabilität voraus. Beides ist aber oft im Geschäftsleben nicht gegeben. Und so können unsere System-1-Reaktionen und -Entscheidungen zu einer Falle werden. Dieses Risiko besteht immer dann, wenn Gegenspieler mit dem Prinzip des System-1-Denkens vertraut sind, uns gut kennen und unser eigenes Denken und Handeln zu wenig überraschende Elemente in die soziale Interaktion mit Verhandlungspartnern einbringt. Unsere Gegenspieler können dann unsere Spielzüge erahnen und uns zu für sie vorteilhaften System-1-Reaktionen provozieren.

Positiv an der Konstellation ist, dass System 1 die Ausgangslage für alle egalisiert. Je schneller wir begreifen und vor allem akzeptieren, dass wir Menschen uns alle viel ähnlicher sind, als wir gemeinhin meinen, desto eher können wir lernen, System 1 zu unserem eigenen Vorteil zu nutzen. Stabile evolutionäre Einflüsse werden im System 1 durch persönliche Leistungen und Erfahrungen ergänzt. Es ist deshalb wichtig, dass wir unser System-1-Denken kontinuierlich mit neuen Erfahrungen bereichern, genauso wie wir ja auch unser System-2-Wissen durch traditionelle Bildungsansätze erweitern. Anstatt gegen das eigene Bauchgefühl anzukämpfen, sollten wir dessen Signale lesen lernen, und unserer *geschulten* situativen Wahrnehmung vertrauen.

Eine weitere bedeutende Charakteristik von System 1 ist, dass dieses System nicht lügen kann. Es ist auf einfache Antworten programmiert und wird immer blitzschnell und authentisch auf eine Situation reagieren. Es hat einfach keine Zeit, sich eine Lüge auszudenken. Ganz gleich, wie fein abgestimmt das System 2 ist, es reagiert einfach so viel langsamer, dass es Spontanreaktionen von System 1 nicht unterdrücken kann. Es gleicht einem Wettrennen zwischen einem Rennwagen und einer Schnecke. Der Rennwagen (System 1) erreicht die Ziellinie mit der Aufschrift »Antworten!«, lange bevor die Schnecke (System 2) überhaupt auf das Startsignal reagieren und eine clevere Antwort konstruieren kann.

Was bedeutet das für Verkäufer und Verkäuferinnen? Ganz klar: Jede unmittelbare Reaktion eines Verhandlungspartners hat eine hohe Wahrscheinlichkeit, authentisch zu sein. Kann man die eigenen Antennen auf solche Hinweise ausrichten, dann gewinnt man Einsichten in das Denken der anderen Partei, die sonst in deren Mikroausdrücken, im Mikroverhalten oder in einem scheinbar harmlosen Freud'schen Versprecher verborgen geblieben wären.

Wenn Sie anfangen, Ihr Situationsbewusstsein bewusst zu aktivieren und zu schärfen, wird es Sie überraschen, wie im wahrsten Sinne des Wortes »offen-sichtlich« diese subtilen System-1-Signale für Sie plötzlich werden – und wie häufig sie auftreten. Gaby hat eine Situation erlebt, in der ein Einkäufer, kurz vor Abschluss der Verhandlungen, sagte: »Daumen hoch, Ihr Angebot gefällt mir sehr gut«, während er gleichzeitig den Kopf schüttelte. Der Einkäufer hat seine eigene ablehnende Geste selbst nicht einmal bemerkt, Gabys geschultes Situationsbewusstsein aber schon. Sie berichtete ihrem Team von ihrer Wahrnehmung, das daraufhin nochmal auf anderen Ebenen Kontakt zum Verhandlungspartner suchte. Es stellte sich heraus, dass ein Wettbewerber in letzter Minute ein neues Angebot vorgelegt hatte. Besagter Einkäufer sah darin Vorteile, sodass der andere Anbieter plötzlich eine echte Chance bekam, den Zuschlag zu erhalten. Dass sie diesen kurzen Moment einer »Nein«-Geste als Hinweis ernst nahmen, führte dazu, dass Gaby und ihr Team ihr Angebot anpassen und den anderen Bieter im letzten Moment doch ausstechen konnten.

Es gibt eine einfache Übung, solche Gesten zu erkennen und das eigene Situationsbewusstsein zu verbessern. Wenn Sie das nächste Mal ein Kompliment erhalten – jemandem gefällt Ihr Produkt, Ihr Anzug oder Ihr Haustier – versuchen Sie, bewusst zu beobachten, ob sich der Kopf dieser Person bewegt. Selbst das kleinste Nicken bestätigt das Kompliment. Wenn Sie aber einmal angefangen haben, auf diese Gesten zu achten, werden Sie überrascht sein, wie oft eine positive Botschaft von einer »Nein«-Geste, einem Kopfschütteln, begleitet wird. Diese Mikroreaktionen deuten auf einen Konflikt zwischen den Worten und dem, was die Person wirklich fühlt, hin. Oder anders ausgedrückt: System 2 und System 1 reagieren inkonsistent. Solche Reaktionen bedeuten aber nicht immer automatisch, dass die Person Sie anlügt. So einfach – schwarz oder weiß – sind diese Reaktionen nicht zu interpretieren. Es gibt wie meist im Leben dazwischen viele Grautöne. Außerdem können kulturelle Unterschiede das Bild verfälschen. In Indien zum Beispiel hat »Kopfschütteln« eine ganz andere Bedeutung und kann je nach Situation oder Kontext variieren.

In westlichen Kulturen deutet diese Geste jedoch darauf hin, dass etwas nicht zu 100 Prozent stimmig ist. Wenn Ihnen also in einer Verkaufsverhandlung solch widersprüchliche Signale begegnen, dann sollten Sie den Champagner für Ihre Erfolgsfeier noch nicht öffnen. Nehmen Sie das Lob nicht für bare Münze. Im Gegenteil, nehmen Sie die Wahrnehmungen und Warnungen, die Ihr System 1 erkennt, ernst, treten Sie einen Schritt zurück und finden Sie heraus, was die Ursache ist für die Diskrepanz zwischen dem, was Sie gehört, und dem, was Sie gesehen oder gespürt haben. Feiern können Sie später immer noch.

Eine andere Variante, das Situationsbewusstsein zu schulen, mag ein bisschen kitschig wirken. Schauen Sie sich Liebesfilme an! Achten Sie auf Situationen, in denen sich die Dinge romantisch zuspitzen – wenn also eine Figur gesteht, dass sie sich in eine andere Person verliebt hat – beobachten Sie, wie sich der Kopf der Person bewegt, wenn ein Schauspieler oder eine Schauspielerin die Worte »Ich liebe dich« ausspricht. Oft schüttelt die Filmfigur dabei für den Bruchteil einer Sekunde den Kopf. Das passiert selbst oscargekrönten Schauspielern. Schuld daran ist System 1, das nicht unterdrücken kann, dass sowohl die Worte als auch die Emotionen künstlich sind.

Unser Tipp

Eine Kernaussage dieses Kapitels ist der Rat, auf Mikroexpressionen, wie Kopfschütteln, zu achten. Die hier gezeigte Abbildung »Handshake or Headshake« illustriert diese Aufforderung. Sie können diese Illustration übrigens auf der am Ende des Buches genannten Webseite herunterladen.

Nur der trainierte Autopilot hebt erfolgreich ab

Oft wird die Dichotomie zwischen System 1 und System 2 mit einem Kampf zwischen dem Irrationalen und dem Rationalen verglichen.

Aus der Perspektive der konditionierten Geschäftswelt des 21. Jahrhunderts, die sich ihres zivilisierten Denkens rühmt und evolutionäres Verhalten am liebsten verleugnen oder zumindest analytisch steuern würde, mag das Sinn machen. Diese Perspektive ist jedoch fehlerhaft, weil sie versucht, System 1 durch die rationale Brille zu sehen und damit als untergeordnet zu betrachten. Dabei sind *beide* Seiten in ihrem jeweiligen Kontext rational und *beide* sind systeminhärent in sich stimmig. Keine Seite sollte der anderen untergeordnet werden. Im Gegenteil. Es ist überaus hilfreich, wenn beide in Verhandlungssituationen gleichberechtigt nebeneinanderstehen.

Der Autopilot des 1. Systems ist nicht nur unterbewertet, er ist darüber hinaus auch massiv untertrainiert. Es ist nämlich nicht so, dass man diesen Autopiloten einfach hat oder eben nicht hat. Die Qualität und Zuverlässigkeit des inneren Autopiloten kann von Person zu Person sehr unterschiedlich sein, abhängig davon, wie aktiv dieses System in Anspruch genommen und »trainiert« wird. Aber die meisten Verkäufer konzentrieren sich nicht darauf, diese natürlichen Fähigkeiten weiterzuentwickeln oder zu verfeinern. Sie unterschätzen, wie wichtig neue Herausforderungen und ein breiter Erfahrungsschatz für ihren Autopiloten und das System-1-Denken sind.

System 1 die Aufmerksamkeit zukommen zu lassen, die es eigentlich verdient, erfordert ein Umdenken bei allen Beteiligten, zum Beispiel wenn Unternehmen ihre Verkaufstrainings selbst konzipieren. In der Regel legen sie den Schwerpunkt auf System-2-Trainings und ignorieren System-1-Denken. Diese Voreingenommenheit zugunsten von System 2 manifestiert sich auch in den Bezeichnungen *harte* und *weiche* Fähigkeiten. Auch das ist eine Unterscheidung, die System 1 herabsetzt. Dass sich vermeintlich »weiche« Fähigkeiten einer einfachen Quantifizierung und einem Schwarz-Weiß-Vergleich entziehen, macht sie deshalb nicht weniger relevant oder schwieriger zu beherrschen als die in vielen Unternehmen hochgeschätzten »harten« Fähigkeiten. In der heutigen Zeit wird *Digitalisierung* in vielen Unternehmen als alles entscheidender strategischer Erfolgsfaktor gesehen. Aber Unternehmen, die ausschließlich auf die Überzeugungskraft von immer mehr Zahlen, Daten und Fakten setzen, lassen den anderen, im wahrsten Sinne des Wortes, weniger offensichtlichen Wettbewerbsvorteil ungenutzt.

Der Treibstoff für System 2 sind Daten und Analysen. Die beste Nahrung für System 1 dagegen sind Herausforderungen, Erfahrungen und Erlebnisse. Den Erfahrungsschatz von System 1 kontinuierlich zu aktualisieren, ist die moderne Form einer steinzeitlichen Überlebensstrategie, die ursprünglich aus einer Zeit stammt, in der automatische oder intuitiv richtige Verhaltensweisen den Unterschied zwischen Leben und Tod bedeuten konnten. Aus gemeisterten Herausforderungen zu lernen, funktioniert auch dann, wenn sie als Übung »nur« simuliert werden. Durch regelmäßiges Training verschaffen sich Profisportler, Musiker und andere

Spezialisten so einen echten Wettbewerbsvorteil. Eine Chance, die sich auch Vertriebsprofis nicht entgehen lassen sollten.

2019 gewann das Baseballteam der Washington Nationals die Major League Baseball World Series. Outfielder Adam Eaton landete im Finale einen der wichtigsten Treffer. Wie er dieses Kunststück in einer stressigen Situation, in der viel auf dem Spiel stand, vollbrachte, ist nicht nur ein Beispiel dafür, wie System 1 in einem entscheidenden Moment System 2 außer Kraft setzt, sondern auch dafür, wie wichtig das Training des persönlichen Autopiloten ist.

Eaton trainiert jeden Tag. Er übt immer und immer wieder, Bälle von einem Schlag-Tee, einem in der Höhe einstellbaren Abschlaggerät, zu schlagen, anstatt sich einen Ball zuwerfen zu lassen.[24]

»Der High-Inside-Tee ist eine unangenehme Übung, aber sie schult die Körperbeherrschung«, erklärt Eaton seine spezielle Schlagübung. »Ich arbeite jeden Tag daran.« Diese harte Arbeit hat sich 2019 ausgezahlt. Im Finale der World Series sah Eaton einen Wurf (»Pitch«) kommen und sein Verstand (System 2) sagte: »Nein, nicht schlagen!« Aber sein System 1 reagierte trotzdem. Automatisch schwang er den Schläger und ... erzielte einen entscheidenden Treffer.

»Es war irgendwie cool, einen ›Blackout-Moment‹ zu haben, in dem dein Körper einfach die Kontrolle übernimmt«, sagt Eaton. »Es ist etwas Wunderschönes und du denkst: ›Wie habe ich das nur gemacht?‹, aber es gab bei meinem Treffer, der uns die Meisterschaft sicherte, so gut wie keinen bewussten Denkprozess.« Ohne sein tägliches, intensives Training hätte Eaton in diesem Alles-oder-nichts-Moment wohl kaum einen so erfolgreichen Blackout-Moment gehabt. Für eine solch ausgewogene Balance zwischen System 1 und System 2 ist Training unabdinglich. Wie bei einem Muskel- oder Ausdauertraining wachsen Ihre Fähigkeiten mit jeder Übungseinheit.

Auf den professionellen Verkauf übertragen heißt das, dass Sie jede Gelegenheit nutzen sollten, Ihre Fähigkeiten zu erweitern und Ihre Grenzen auszuloten. Versuchen Sie, bisherige Gewohnheiten zu durchbrechen und neue Verhaltensweisen einzuüben. System 1 braucht regelmäßig neue Erfahrungen und Eindrücke. Dann kann es, wenn schnelle Entscheidungen zu fällen sind, auf eine größere Auswahl an Bildern, Mustern und Intuitionen zurückgreifen. Wenn Sie einen großen Erfahrungsschatz haben, auf den Sie Ihre Antworten stützen können, dann kann dies das Zünglein an der Waage sein und zwischen Erfolg und Niederlage entscheiden.

Mit System 1 *und* System 2 verkaufen zu lernen, ist wie beidhändig spielen zu können. Die Unterdrückung von System 1 bei gleichzeitiger Überbetonung von System-2-Fähigkeiten ist so, als würde man Tennis nur mit der Vorhand spielen oder beim Basketball nur mit der rechten Hand dribbeln. Weil das gegnerische Team weiß, dass Ihre Möglichkeiten dadurch begrenzt sind, werden Sie berechenbar und können taktisch leichter ausgespielt werden.

Verhandlungen sind keine Schwarz-Weiß-Situationen, bei denen es nur um System 1 oder um System 2 geht. Es sind meist beide Systeme aktiviert und müssen möglichst gut abgestimmt zusammenarbeiten. Sicherlich haben Sie und Ihre Kollegen schon einmal an einem Projekt gearbeitet, bei dem Sie Datenanalysen durchgeführt, Szenarien geplant und sich für eine Option entschieden hatten, bis unversehens jemand den Mut aufbrachte, zu sagen: »Das fühlt sich einfach nicht richtig an.« Leider neigen Menschen dazu, solche kritischen Einwürfe in solchen Momenten herunterzuspielen oder ganz abzutun. Dabei sind diese Reaktionen Frühindikatoren dafür, dass etwas falsch läuft. Sie verdienen unsere volle Aufmerksamkeit. Wir dürfen auch nicht vernachlässigen, dass viele erfolgreiche System-1-Reaktionen, bei denen es um alles oder nichts ging – wie Eatons Treffer während seines Endspiels –, darauf zurückzuführen sind, dass ihnen lange Analysen vorausgingen. System 1 und System 2 sollten als ebenbürtige Partner behandelt und nicht hierarchisch oder in Opposition zueinander gesehen werden.

In Verhandlungen zeichnen sich die besten Verhandlungsführer durch ihre Fähigkeiten in beiden Bereichen aus. Ihr Erfolg basiert zum einen darauf, dass sie in hochgradig stressbelasteten Situationen schnell und souverän reagieren, zum anderen aber auch darauf, wie sie zwischen authentischem und aufgesetztem Verhalten, zwischen wahr und falsch oder zwischen Chancen und Risiken differenzieren. Erfolgreiche Verkäufer haben gelernt, die Stärken beider Systeme zu nutzen. Mit besseren Fähigkeiten in System 1 *und* System 2 sind sie ihren Verhandlungspartnern überlegen. Sie trainieren ihre intuitiven Verhaltensweisen, damit ihre Reaktionen nicht rein reflexiv, sondern bewusst und zielgerichtet sind. Die Herausforderung für Verkäufer besteht also darin, den größten kombinierten Nutzen aus beiden Kräften zu ziehen, damit sie dann sowohl das unsichtbare als auch das sichtbare Spiel gewinnen können.

Kapitel 2

Selbstwertdienliche Illusionen

Die einzige Konstante in Verkaufsverhandlungen ist, dass sie alle auf der Basis von Illusionen gewonnen und verloren werden. Wenn man verhandelt, dann ist die Frage, ob man gewinnt oder verliert, hauptsächlich davon abhängig, was man über eine bestimmte Situation glaubt. Seien wir ehrlich: Wie wir eine Situation interpretieren, hängt doch sehr von unserem Wunsch nach Erfolg und der Angst vor Niederlagen ab. Erinnern Sie sich noch an die Nachbesprechung von Herrn Henderson in unserer Einleitung? Herr Henderson ging in seine Verhandlung in dem Glauben, dass bestimmte Dinge einfach gesetzt seien. Dabei stand seine Interpretation im Widerspruch zu dem, was der Käufer, Aurelio, wirklich dachte.

Ohne ein ausgeprägtes Situationsbewusstsein und ohne System-1-Training laufen wir Gefahr, dass die Interpretation einer Verhandlung durch zwei gefährliche Illusionen verzerrt werden: unsere Annahmen von Stabilität und Erfolg.

Die Stabilitätsillusion: Wenn der Weg zum Abendessen in den Tod führt

Steinzeitmenschen lernten, Tierspuren zu folgen, denn mündliche Überlieferung und ihre persönliche Erfahrung machten die Sache einfach: Manche Wege führten zum Fressen, andere zum Tod. Ihr Überleben hing davon ab, den Unterschied zu kennen.

Ihre Nachfahren in den Verkaufsteams des 21. Jahrhunderts stehen vor neuen, aber dennoch ähnlichen Herausforderungen. Sie entwickeln Strategien und Verhaltensmuster, die sie, wenn sie einmal zum Erfolg geführt haben, effizienterweise immer wieder anwenden. Doch dieses Gefühl von Stabilität ist eine Illusion, vor allem in einer Welt, die sich fundamental und rapide ändert. Je stärker eine Branche sich wandelt, desto gefährlicher ist diese Illusion. System 1 hat den Verkäufer auf diese Weise fest im Griff – und das oftmals mit fatalen Folgen.

Verkäufer, die in der Stabilitätsillusion leben, glauben gerne, dass ihr eigenes Geschäftsumfeld über die Jahre mehr oder weniger stabil bleibt und dass sich das Verhalten ihrer Kunden nicht wesentlich ändert. Sie glauben daran, dass Erfolg mit Stabilität korreliert, insbesondere bei langfristigen Geschäftsbeziehungen. Dabei spielt ihnen das Gedächtnis einen Streich, denn diese Korrelation existiert in vielen Fällen gar nicht.

Die Stabilitätsillusion äußert sich gerne in schablonenhaften Reaktionen. Wenn Verkäufer zum Kunden »X« sagen, erwarten sie eine bestimmte Rückmeldung. Wenn umgekehrt der Kunde »Y« sagt, neigen Verkäufer dazu, eine standardisierte System-1-Antwort aus ihrem Erfahrungsschatz abzurufen. Herkömmliche Verkaufstrainings verstärken dieses Verhalten. Es wird viel Zeit in Verkaufstechniken mit detaillierten Anweisungen investiert. Diese decken von der Kaltakquise bis zur Unterschrift unter einem Deal alles ab.

Anfängern kann es zweifellos helfen, solche Standardantworten zu lernen. Automatisierte Reaktionen bieten eine erste Grundlage, um ihr System 1 zu programmieren. Dieses Gefühl der Stabilität ist sicherlich beruhigend. Eine solide Wissensbasis kann dazu führen, dass ein Verkäufer weniger ängstlich auftritt. Diese *erste* Wissensbasis darf aber nicht zur *einzigen* mutieren. Sonst macht der Verkäufer nicht nur keine Fortschritte, nein, er wird für sein Umfeld ausrechenbar. Stabilität ist eine Falle, in der man daran glaubt, dass scheinbare Ursache- und Wirkungszusammenhänge unveränderbar sind. Gefährlich wird es immer dann, wenn die

Ausgangslage tatsächlich aber veränderbarer ist als angenommen und wenn Verkäufer nicht tief genug einsteigen, um zu erkennen, was wirklich vor sich geht. Wenn versierte Einkäufer auf Verkäufer mit festgefahrenen Routinen treffen, können sie deren Reaktionen vorhersagen und sie mit ihren eigenen Waffen schlagen.

Lassen Sie uns anhand eines Beispiels betrachten, wie verlockend – und damit riskant – Stabilitätsillusionen sein können.

Situation 2.1: »Und dann klappt's auch mit den Kunden«!

Es ist der erste Tag von Magdalena Schreiber in ihrer neuen Rolle als Account-Managerin bei Cologne Entrepreneurs. Nach einer kurzen Einführung in das übrige Verkaufsteam wird sie Karl Ziegler, einem der Verkaufsveteranen des Unternehmens, zugewiesen. Er soll Magdalena in das Geschäft einführen.

Karl würzt seine Einführung mit einer schier endlosen Reihe von Verkaufsweisheiten: »So haben wir es bis hierhin geschafft«, »Das ist das Geheimnis unseres Erfolges« oder »Und dann klappt's auch mit den Kunden«. Und täglich grüßt das Murmeltier: An jedem Tag schallen unzählige solcher Sätze durch unzählige Büros, und das auf der ganzen Welt.

Und tatsächlich: Das Wissen um Verhaltensstandards im neuen Unternehmen hilft Neuankömmlingen, sich einzuleben. Es macht ihre Aktionen schneller und effizienter. Den erfahrenen Verkäufer aber macht es *zu* verlässlich und, schlimmer noch, zu *berechenbar* für jeden professionellen Einkäufer.

Dazu sagt die Wissenschaft: Dies ist die von System 1 bevorzugte Art, sich »Überlebenswissen« anzueignen. Sie hat sich entwickelt, um bewährte Praktiken von Generation zu Generation weiterzugeben. In der Steinzeit saßen unsere Vorfahren am Lagerfeuer und erzählten sich, wie man sich in der Gruppe zu verhalten hatte und was man in bestimmten Gefahrensituationen tun oder lassen musste, um zu überleben. Wenn man weiß, auf welche Art und Weise die Dinge üblicherweise im eigenen Unternehmen gemacht werden und dazu eine feste Vorstellung davon hat, wie man mit Kunden draußen umgeht, lernt man, schnell zu agieren und richtig zu reagieren.[25] Daraus entsteht – für eine gewisse Zeit – eine sichere und sehr angenehme Komfortzone. Aber Achtung: System-1-Automatismen werden im Laufe der Zeit obsolet und deshalb ist es genau der »Das machen wir hier immer so«-Leitsatz, der Verkäufer auf Dauer verwundbar macht.

In Zeiten, in denen nichts beständiger ist als der Wandel, ist es riskant, mit alten Rezepten auf neue Herausforderungen zu reagieren. Schnelle Veränderungen im Kundenumfeld stellen ein Risiko dar. Wenn sich das Geschäftsmodell ändert, können die immer gleichen alten Antworten keine neuen Gleichungen lösen.

Unsere Empfehlung: Wir wollen hier keine langwierigen Diskussionen über die Bedeutung und Funktionsweise kritischen Denkens anzetteln. Stattdessen bieten wir folgende pragmatische Handlungsempfehlungen an: Hinterfragen Sie Ihre antrainierten Verhaltensweisen und überprüfen Sie Ihre Annahmen durch offene Fragestellungen. Wissen Sie etwas mit Sicherheit oder glauben Sie es nur zu wissen? Vermuten Sie, dass etwas wahr ist, oder haben Sie den Kunden tatsächlich danach gefragt? Versuchen Sie, das gesamte Spielfeld zu erfassen. Dabei sind »Was wäre, wenn«-Fragestellungen besonders hilfreich.

Bevor Sie fortfahren, nehmen Sie sich bitte eine kurze Auszeit (!) und denken Sie an Ihren eigenen Einstieg in ein neues Unternehmen oder erinnern Sie sich an jemanden, der Ihnen das Geschäft beigebracht hat. Wie viele der Ratschläge, die Sie erhielten, klangen so ähnlich wie die, die Karl zum Besten gab? Wie oft haben Sie sich über einen Ratschlag gewundert, haben ihn aber nicht aktiv hinterfragt?

Die Erfolgsillusion: Wessen Spiel haben Sie eigentlich gewonnen?

Besonders anfällig sind Verkäufer für Erfolgsillusionen. Doch wie kann Erfolg eine Illusion sein? Schließlich geht es doch vor allem darum, eine Verhandlung erfolgreich abzuschließen, oder etwa nicht?

Die Erfolgsillusion tritt immer dann auf, wenn Verkäufer davon überzeugt sind, dass sie das bestmögliche Ergebnis erzielt, in Wirklichkeit aber nur innerhalb eines von der Gegenpartei festgelegten Rahmens verhandelt haben. Zu den Bedingungen des Käufers zu gewinnen, ist eine der Hauptursachen für die Erfolgsillusion. Es gibt Situationen, in denen Verkäufer sicher und schnell zum Geschäftsabschluss kommen wollen und dafür Zugeständnisse und Kompromisse machen, die entweder zu groß oder vollkommen unnötig sind. Der Verhandlungsrahmen hätte anders aussehen können, hätte im Interesse des eigenen Unternehmens anders aussehen *müssen*, wurde aber als vom Käufer gesetzt akzeptiert oder einfach aus früheren Verhandlungen übernommen.

Der Verhandlungs-GAU ist, wenn man in ein und derselben Verhandlung gleichzeitig der Stabilitäts- und der Erfolgsillusion zum Opfer fällt. Sie gehen von »business as usual« aus. Sie nehmen das, was Sie vom Einkäufer hören, für bare Münze, und Sie nehmen seine finanziellen Forderungen als gegeben hin. Nach dem Abschluss gehen Sie mit dem Gedanken nach Hause, dass Sie unter den gegebenen Umständen das bestmögliche Ergebnis erreicht haben. Aber wer sagt, dass diese Umstände überhaupt die besten für Sie waren? So hart es auch klingen mag: Ihr Erfolg basiert nur auf Ihrer Wahrnehmung von Erfolg, ist sozusagen also ein mentales Konstrukt. Tatsächlich hätte das Ergebnis viel besser sein können.

Jeder Verkäufer ist, davon sind wir als Autoren überzeugt, in seinem Berufsleben bereits mindestens einmal einer dieser beiden Illusionen zum Opfer gefallen. Wir alle sind irgendwann einmal unseren eigenen intuitiven Ahnungen, Impulsen und eingefahrenen Verhaltensweisen gefolgt. Wir haben dabei vielleicht mit einem unzureichend informierten Autopiloten, einem schwachen Situationsbewusstsein, agiert. Oder unser Autopilot verfügte in diesem Moment zwar über umfangreiche Erfahrungen in einigen wenigen, eng umrissenen Bereichen, es fehlte ihm aber an ausreichender Breite und Agilität, um andere Muster oder Ereignisse zu erkennen und zu verarbeiten.

In den nächsten beiden Kapiteln zeigen wir Ihnen, dass es für Verkäufer nicht darum geht, diesen Illusionen ganz aus dem Weg zu gehen. Nein, das ginge wohl auch nicht. Das Erfolgsrezept liegt darin, die Illusionen selbst besser zu kontrollieren, indem Sie bewusster darauf achten, welche Eindrücke Sie selbst bei Mitspielern hinterlassen, und die Eindrücke, die Sie erhalten, kritischer interpretieren. Denn wenn Sie sich bewusst – gerade zu Anfang – mit den Rahmenbedingungen einer Verhandlung auseinandersetzen, nehmen Sie automatisch Einfluss darauf, zu welchen Bedingungen – am Ende – abgeschlossen wird.

Kapitel 3

Wer die Illusionen beherrscht, kontrolliert das Geschäft

D ieses Kapitel beginnen wir mit einem kurzen Quiz. Was meinen Sie, welche der folgenden Aussagen ist falsch?

- Haare wachsen dicker nach, wenn man sie regelmäßig rasiert.
- Wasser läuft in der nördlichen Hemisphäre im Abfluss des Waschbeckens immer linksdrehend ab, in der südlichen rechtsdrehend.
- Die verbotene Frucht von Adam und Eva war ein Apfel.
- Wikingerhelme hatten Hörner.
- Stiere werden wütend, wenn sie die Farbe Rot sehen.

Es ist immer interessant, zu beobachten, welche Diskussionen die Suche nach dem Fehler auslöst. Manche Menschen entscheiden sich schnell für eine Antwort. Andere grenzen die Liste ein und können sich dann nur schwer zwischen zwei oder drei Aussagen entscheiden. Dabei haben alle, die an diesem Quiz teilnehmen, eines gemeinsam. Sie sind alle Gewinner, denn ihre Auswahl spielt keine Rolle, weil alle Aussagen falsch sind.

Diese »Fake News«, diese Scheinwahrheiten zeigen, was passiert, wenn Informationen in der Gesellschaft nicht hinterfragt und ungeprüft weitergegeben werden. Jahre, Jahrzehnte, ja sogar Jahrhunderte der Wiederholung und auch so mancher Zufall können aus so ziemlich jeder Behauptung eine vermeintlich korrekte Antwort und eine breit akzeptierte Wahrheit werden lassen. Und damit wir uns nicht missverstehen: Dies ist beileibe nicht nur ein gesellschaftlich wichtiges Thema, es beeinflusst das Geschäftsleben in gleichem Maße.

Hier handelt es sich um den Illusory Truth Effect (Scheinwahrheitseffekt), der immer dann auftritt, wenn eine (falsche) Information beständig wiederholt wird, ohne dass jemand ernsthafte Zweifel anmeldet. Unser Gehirn bemerkt, dass dieselbe Information immer wieder auftaucht und beginnt, ihr zu vertrauen. Wir sind da ziemlich einfach gestrickt: Wenn sie beständig wiederholt wird und wir keinen Widerspruch hören oder sehen, dann *muss* sie einfach wahr sein.[26] [27]

Werbetreibende nutzen dieses Mittel der ständigen Wiederholung, um neue Marken zu etablieren. Sie erinnern sich sicher auch an Werbeslogans, die zum festen Bestandteil einer Marke geworden sind. Auch die politische Propaganda hat gelernt, kurze, auf den ersten Blick überzeugende Aussagen zur Stimmungsmache einzusetzen. Meist wird dabei Neues mit Vertrautem vermischt. Um uns vor solchen negativen Einflüssen zu schützen, hilft uns nur die Suche nach mehr Informationen und der kritische Blick von System 2.

Den Effekt, den Wiederholung auf die Glaubwürdigkeit einer Information hat, können wir im Geschäftsleben aber durchaus auch aktiv und positiv nutzen. Immer dann, wenn wir uns im Wettstreit aller Anbieter Gehör verschaffen müssen, hilft es, wenn wir unsere Kernbotschaft gut ausformulieren und möglichst oft wiederholen. Erst vielfaches Wiederholen derselben Botschaft führt dazu, dass ein Interessent uns wirklich hören *kann*.

Situation 3.1: Ich habe echt gute Ideen, aber keiner will sie hören.

Es ist ein Klassiker in jeder Kaffeeküche. Wir haben es alle schon einmal gehört. Anstelle von »Es war einmal ...« beginnen diese Geschichten aber mit »Wenn ich hier das Sagen hätte ...«. Jemand hat einen Verbesserungs-

vorschlag, wie Routinearbeiten gerechter verteilt werden könnten, oder Vorschläge, wie Kunden schneller bedient werden könnten, oder eine neue Produktidee. Oder ...

Die Person schüttet den Kollegen ihr Herz aus, weil niemand wirklich auf sie hören will. Sie sagt, sie hat es öfter schon versucht. Aber das Management versteht das Konzept einfach nicht. Niemand nimmt sie ernst. Es ist wirklich frustrierend!

Diese Art der Frustration entsteht immer dann, wenn die Regeln und Richtlinien, denen wir zu folgen haben, nicht unsere eigenen sind und dadurch in uns das Gefühl entsteht, dass wir keinen Einfluss auf unser Schicksal haben. Um dem Geschehen nicht hilflos ausgeliefert zu sein, suchen wir nach Mitbestimmung und Teilhabe. Wir wollen gehört, ernst genommen und unterstützt werden.

Und wenn Sie sich selbst bei einem solchen Kaffeeküchensatz erwischen? Dann wird es Zeit, dass Sie Ihr durch System 1 geprägtes Defensivverhalten gegen eine neue Strategie eintauschen. Werden Sie aktiv. Arbeiten Sie an Ihrer Kommunikation.

Dazu sagt die Wissenschaft: Des Rätsels Lösung ist auch hier das Wissen um den Illusory Truth Effect. Denn Forschungen zum Scheinwahrheitseffekt zeigen, dass das Gehirn sich wiederholende Aussagen generell leichter verarbeitet und anschließend als wahrer annimmt als völlig neue Aussagen.

Unsere Empfehlung: Eine neue Idee verkauft sich nicht von selbst. Sie erfordert eine ansprechende Botschaft, die oft und über einen längeren Zeitraum hinweg unverändert wiederholt wird. Es dauert seine Zeit, bis sich die Botschaft im Gehirn des Kunden festgesetzt hat. Erst nach einiger Zeit beginnt das Gehirn, ihr einen gewissen Wahrheitsgehalt zuzugestehen. Je neuer und innovativer die Idee ist, desto mehr Zeit müssen Sie aufwenden, bis die andere Seite sie akzeptiert.

Deshalb scheitern sehr innovative Ideen oftmals. System 1 lehnt sie als undurchführbar, als nicht regelkonform oder als »zu neu« ab. Warum? System 1 hatte einfach noch nicht genug Zeit, diese neuen Ideen zu verinnerlichen. Es scheut das Risiko des Neuen und reagiert deshalb instinktiv und sehr direkt mit Ablehnung. Konsequente Wiederholung hat einen beruhigenden Effekt auf diese emotionale Abwehrreaktion. Im Laufe der Zeit fangen Ihre Mitmenschen vielleicht an, Ihre Botschaft argumentativ aufzugreifen. Wenn Sie dann auch noch einige der von Ihnen verwendeten Begriffe wortwörtlich von Ihren Gesprächspartnern zurückgespielt bekommen, dann haben Sie es geschafft. Ihre Botschaft ist angekommen.

Verkaufen mit System 1: Welchen Eindruck macht der erste Eindruck?

Wahrscheinlich haben Sie das folgende Sprichwort schon von Ihren Eltern, Großeltern, Ihren Kollegen oder Ihrem Vorgesetzten gehört: »Für den ersten Eindruck gibt es keine zweite Chance.« Klar, es ist ein Klischee. Aber was meinen Sie: Steckt, wie bei vielen Klischees, vielleicht doch ein Körnchen Wahrheit dahinter?

Es mag Sie überraschen, aber ja, viele der Klischees und Aussagen, die Sie über den ersten Eindruck und das Einschätzen einer anderen Person im ersten Moment einer Begegnung gehört haben, sind valide. Sie alle haben ihre Wurzeln im System-1-Denken. Oder anders gesagt: System-1-Reaktionen dominieren die ersten Sekunden eines jeden menschlichen Treffens.

Sicherlich ist uns allen das auch aus eigener persönlicher Erfahrung bekannt oder wurde uns als gutgemeinter Ratschlag mit auf den Weg gegeben. Skeptiker, die die Bedeutung des ersten Eindrucks in Zweifel ziehen, kritisieren allerdings, dass es diesen Hinweisen an objektiven Quellen mangelt. Die Erklärung in der Situation 3.2 aber basiert auf wissenschaftlichen Ansätzen. Schauen wir nämlich hinter die Kulissen aus kulturellen Unterschieden, Branchenzugehörigkeit und anderen oberflächlichen Unterscheidungsmerkmalen, dann finden wir dort, wo Menschen sich begegnen, ein gewisses universelles Verhalten. Diese Konstanten sind der gemeinsame Nenner, auf dem ein Verkäufer aufbauen und seine Strategien, ob offensiv oder defensiv, entwickeln kann. Hier wird das unsichtbare Spiel gewonnen.

Situation 3.2: Auftritt: Erbsenzähler

Wer kennt ihn nicht? Ein Hollywoodfilm hätte ihn nicht besser besetzen können. Seine konservative Kleidung entspricht zu 100 Prozent dem Stil des Konferenzraumes, in den seine Sekretärin Sie gebeten hat. Er spricht leise und eher monoton. Sobald es um Zahlen geht, nimmt er es ganz genau. Zahlen sind seine Babys, und die wird er schützen. Koste es, was es wolle. Vor Ihrem geistigen Auge blitzt eine eilige Tickermeldung auf. Breaking News: »Ach du meine Güte, ein Erbsenzähler! Diese Verhandlung wird furchtbar!«

Sie finden diese Beschreibung zu stereotyp? So politisch inkorrekt und unangemessen es an dieser Stelle auch erscheinen mag: Genau das ist die Aufgabe des System-1-Denkens mit seinen biologisch fest verankerten Mechanismen. In der Welt von System 1 haben wir ein inneres, vorgefertigtes Bild vom »Erbsenzähler«, und wenn wir jemanden treffen, der diesem Bild entspricht, ruft unser Gehirn in Sekundenschnelle den vorhandenen Eindruck ab und versorgt uns gleichzeitig mit allen damit verbundenen (Schein-)Informationen, um unsere Wissenslücken über diese Person zu schließen. Genauso konkrete, typisierende Bilder haben wir für viele andere Gruppen, seien es Bibliothekare, Fashion Models oder Rapper.

Besonders bei einer ersten Begegnung kann es für uns sehr schwierig sein, zu artikulieren, was wir über eine andere Person denken. Es mag auch schwierig für uns sein, vorherzusagen, wie die andere Person auf uns reagiert. Auf eines aber können Sie sich verlassen: Ihr System 1 *weiß* längst Bescheid.

Dazu sagt die Wissenschaft: System 1 stützt sich dabei auf die sogenannte Verfügbarkeitsheuristik (Availability Heuristic), das heißt, wir verlassen uns auf die Informationen, über die wir verfügen, und ignorieren unsere Wissenslücken.[28] Das Gehirn nutzt diese Abkürzung, um schnelle Einschätzungen oder Entscheidungen zu ermöglichen, ursprünglich mit dem Ziel, dem (Steinzeit-)Menschen beim Überleben in einer feindlichen Welt zu helfen. Im Prinzip handelt es sich um die Anwendung von Faustregeln: Wann immer ein bestimmtes Thema, ein Konzept, eine Methode, eine Person oder eine Entscheidung bewertet werden muss, sucht System 1 nach vergleichbaren Beispielen aus der Vergangenheit.

Dieses Prinzip erklärt auch einen anderen Vorgang, von dem Verkäufer öfter berichten, nämlich dass »sich die erste Erklärung oder Idee in unserem Unternehmen häufig später als die beste Wahl herausstellt«. Es ist unser Bauchgefühl, das hier aktiv wird, oder, um es mit Malcolm Gladwell zu sagen, es handelt sich dabei um »Blink«-Reaktionen[29] (Blink = Blinzeln). Solche automatischen, scheinbar spontanen Reaktionen haben eine immense Bedeutung für unser Dasein. Sie fallen nicht vom Himmel, sondern ziehen alle unsere bisher gemachten Erfahrungen als Entscheidungsgrundlagen heran. Es handelt sich um eine praktische Anwendungsform der Verfügbarkeitsheuristik, bei dem System 1 eine schnelle Form des Musterabgleichs durchführt. Das Gehirn durchforstet die Vergangenheit nach Bildern, Erfahrungen und Empfindungen und sucht nach naheliegenden Übereinstimmungen, die es ihm erlauben, eine Entscheidung zu treffen, um, falls notwendig, dann auch blitzschnell reagieren zu können.

Unsere Empfehlung: Seien Sie sich stets des ersten Eindrucks, den *Sie* bei neuen Kontakten hinterlassen, bewusst. Alle Menschen sind diesen verhaltensbestimmenden psychologischen und neurobiologisch determinierten Effekten immer und gleichermaßen ausgesetzt. Das ist eines der zwingendsten Argumente dafür, diesen unsichtbaren Einfluss auf Geschäftsverhandlungen zu verstehen und mehr noch, dieses Wissen als aktive Kraft zu nutzen.

Vergessen Sie nie, dass dieses System – auch bei Ihren Kunden – stets scharf geschaltet ist und dass auch diejenigen auf der anderen Seite des Tisches Sie – ob sie es merken oder nicht – auf die gleiche Weise beurteilen. Dieser Mechanismus ist identisch *und* universell. Der einzige Unterschied besteht in der Menge der Bilder und persönlichen Erfahrungen und Empfindungen, aus denen die Menschen ihre jeweiligen Schlüsse ziehen.**

Die Qualität und vor allem der Stil Ihrer Kleidung und Ihrer Accessoires gehören zu den direktesten und stärksten Auslösern für einen ersten Eindruck. Vielleicht kamen Sie auch schon mal aus einem Meeting, und, egal wie ernst das Thema auch gewesen sein mag, der erste Kommentar aus Ihrer Gruppe lautete »Hast du diese schreckliche Krawatte gesehen? Ich bin ja fast blind geworden« oder »Was waren das denn für Schuhe?«.

Um es mit Coco Chanel zu sagen: »Zieh dich schäbig an und man erinnert sich an das Kleid; zieh dich tadellos an und man erinnert sich an die Frau.«[30] Das ist auch ein Zitat, das einem Klischee folgt, aber wird es dadurch weniger wahr? [31]

Um nicht missverstanden zu werden: Dies ist kein Plädoyer für einen bestimmten Kleidungsstil, schon gar nicht für konservative Businesskleidung. Im Wissen um die Verfügbarkeitsheuristik ist es Teil einer klugen Akquisestrategie, wenn Sie Ihre Kleidung dem Umfeld anpassen. Wenn die Voraussetzungen für eine enge partnerschaftliche Zusammenarbeit geschaffen werden müssen, dann trägt das dazu bei, dass sich zwischen Ihnen und neuen Partnern schnell eine erste unbewusste Ebene des Vertrauens bildet. Das ist sehr wirksam und gleichzeitig relativ einfach umzusetzen. Ein befreundeter Unternehmensberater erzählte uns dazu folgende Geschichte: Wie in der Beratungsbranche üblich, trug das Team zum ersten Treffen mit einem potenziellen Kunden elegante Businessanzüge, aufgepeppt mit Markenkrawatte und passendem Einstecktuch. Während der ersten Pause nahm der Chef des potenziellen Kunden, einer Firma aus der Unterhaltungsbranche, den Berater beiseite und übermittelte eine deutliche Botschaft: »Wenn Ihr diesen Auftrag haben wollt, lasst die Anzüge zu Hause. Ihr macht meinen Leuten Angst. Die sehen die Anzüge und glauben, dass Ihr hier seid, um ihre Jobs zu streichen.«

Hierarchische Positionen stellen einen anderen Trigger dar. Sie vermitteln Ihrem Gegenüber ein weiteres unbewusstes Bild von dem Unternehmen, das sie vertreten. Je weniger das Positionsgeflecht Ihres Unternehmens dem Ihres potenziellen Kunden entspricht, je komplexer und verwirrender die Berufsbezeichnungen erscheinen, desto größer ist die Gefahr, dass die andere Seite von Anfang an auf der Hut ist, vielleicht sogar offen abweisend reagiert. Vielleicht ist Ihr heißblütiges 24-jähriges Teammitglied ja wirklich der beste und klügste Mitarbeiter, den Sie je eingestellt haben. Aber wenn die Person auf der anderen Seite alt genug ist, um Vater oder Mutter Ihres Teammitglieds zu sein, und wenn diese Person dann noch einen Titel wie »Executive Vice President« oder »Chief-Irgendetwas« auf der Visitenkarte Ihres Teammitglieds sieht? Dann kann eine emotionale Reaktion und daraus resultierende Ablehnung oder zumindest Skepsis eigentlich nicht überraschen. System 1 sagt: »Das gefällt mir nicht.« Dasselbe gilt, wenn der »Vice President and Senior Director of Customer and Key Account Relations« auf ein Einkaufsteam trifft, in dem es einfach nur »Einkäufer« und »Senior-Einkäufer« gibt.

Die Komplexität der Hierarchie eines Unternehmens gibt Aufschluss darüber, wie es denkt und arbeitet. Was ein Unternehmen für sich intern entscheidet und wie es sich organisiert, ist eine Sache. Gegenüber dem Kunden aber muss alles getan werden, um gerade bei Erstbegegnungen die Informationsasymmetrie zwischen den beiden Parteien zu verringern. Ihr gesamtes Auftreten, von Ihrer Kleidung bis zu Ihrer Visitenkarte, muss zu der Botschaft passen, die Sie Ihrem Kunden vermitteln wollen, und nicht vorrangig Ihrer Positionierung innerhalb des eigenen Unternehmens dienen.

Es gibt eine weitere wertvolle Gelegenheit, bei der Sie den ersten Eindruck aktiv nutzen können. Stellen Sie sich vor, Sie übernehmen die Verantwortung für einen Kunden, den zuvor eine Kollegin lange Zeit erfolgreich betreut hat. Zusätzlich zu dem üblichen generellen Studium des zukünftig zu betreuenden Unternehmens und seiner Geschäftstätigkeit wäre ein beziehungsstrategisch kluger erster Schritt eine bewusste System-2-Analyse der Art und Weise, *wie* Ihre Kollegin den Kunden angesprochen und mit ihm gearbeitet hat. Analysieren Sie die Stärken und Schwächen der Kollegin und reflektieren Sie das Verhalten Ihrer Vorgängerin gegenüber dem Kunden. Welchen Beitrag hat sie für das Kundenunternehmen geleistet?[32] An welche Verhaltensweisen ist der Kunde gewöhnt? Wofür wird sie dort geschätzt? Notieren Sie dann auf einem separaten Blatt Papier auch noch *Ihre* eigenen Stärken und Schwächen und *Ihr* eigenes übliches Verhalten bei Kunden.

Nach dieser Vorbereitung ist es an der Zeit, festzulegen, welches übergeordnete Ziel, das über reine Verkaufszahlen hinausgeht, mit Ihrer neuen Aufgabe verbunden ist. Fragen Sie auch Ihren Vorgesetzten danach, welche Erwartungen Ihr Unternehmen an die Geschäftsentwicklung mit diesem Kunden und damit auch an Sie hat. Wie wird die derzeitige Geschäftsbeziehung insgesamt bewertet? Wie wichtig ist dieser Kunde für Ihr Unternehmen, jetzt und in Zukunft? Sollen Sie eher den Status quo weiterführen oder die Beziehung auffrischen? Sollen Sie die gemeinsamen Aktivitäten – durch Produktinnovation oder für Ihr Unternehmen neue Dienstleistungen – vielleicht sogar auf eine breitere zukunftsorientierte Basis stellen? Die Beantwortung dieser Fragen hilft Ihnen und Ihrem Vorgesetzten, qualitative Ziele zu formulieren, auf die Sie anschließend Ihre Beziehungsstrategie aufbauen können.

Die Arbeit an Ihrer Beziehungsstrategie beginnen Sie, indem Sie Ihre eigenen Stärken und Schwächen mit denen Ihrer Vorgängerin vergleichen. Danach gleichen Sie beide Listen gegen die neu definierte Unternehmenszielsetzung ab: Welches Verhalten dient diesen Zielen, welcher Ansatz ist eher kontraproduktiv? Wird von Ihnen erwartet, die Beziehung ohne größere Umbrüche weiterzuführen, dann hängt Ihr (schneller) Erfolg wesentlich davon ab, wie gut Sie sich an das anpassen, was der Kunde von Ihrer Vorgängerin gewohnt ist. Erst nach dieser Anpassungsleistung können Sie damit anfangen, Ihre eigenen Ideen einzuflechten und Ihre Stärken auszuspielen.

Wird jedoch ein kompletter Neuanfang angestrebt, dann erfordert das einen anderen Ansatz. Hier muss der Wandel, Ihr »neu und anders«, vom ersten Tag an sicht- und spürbar sein. Um Ihre Botschaft der Veränderung schon von Tag 1 zu vermitteln, sind ein neuer Kleidungs- und ein Kommunikationsstil sofort wirkende und einfach anzuwendende Signale. Wenn Sie dagegen Veränderung propagieren, Ihre Vorgängerin aber eher imitieren, widerspricht Ihr Verhalten Ihrer Botschaft. Sie senden dann eine verwirrende, schlimmstenfalls unglaubwürdige Botschaft.

Veränderung muss nicht nur wie Veränderung aussehen und klingen, sondern sich vor allem immer auch so *anfühlen*.

Zusammengefasst: Zur schnellen Entscheidungsfindung greift unser System 1 auf eine einfache Mustererkennung und auf Erfahrungen zurück, die als »früher bereits erfolgreich gemeistert« in unserem Gehirn hinterlegt wurden. Aber solch einfache Antworten bergen Gefahren. Seien Sie sich also Ihrer eigenen inneren Stereotypen und Kategorisierungen genauso bewusst wie der Signale, die Sie selbst aussenden. Denken Sie über Vorurteile, die sich in Ihnen aufgrund vorheriger schlechter Erfahrungen gebildet haben, nach. Misstrauen Sie Aussagen wie »So muss es gemacht werden« oder Kommentaren wie »So haben wir es immer gemacht«.

Die nächste Quizfrage beinhaltet ein wenig Mathematik. Wir geben Ihnen folgende Zahlenreihe vor und suchen nach einer mathematischen Regel zur Bestimmung der nachfolgenden Zahl: 1, 3, 5, 15, 17, 51. Können Sie herausfinden, welches die nächste Zahl in der Folge ist? Wir werden die Antwort nach dem nächsten Fallbeispiel verraten.

Situation 3.3: Alles nur vorübergehend. Einfach aussitzen.

Sie treffen Ihren Kunden und merken sofort, dass etwas nicht stimmt. Ihr Ansprechpartner im Einkauf verhält sich irgendwie seltsam, Sie entscheiden aber, einfach darüber hinwegzusehen. Jeder hat halt mal einen schlechten Tag. Vor Kurzem ist nämlich in seinem Unternehmen »umstrukturiert« worden. Ihr Ansprechpartner hat jetzt einen neuen Chef, einen, der nicht nur neu in der Firma, sondern auch neu in der Branche ist. Sie und Ihr Ansprechpartner kennen sich schon lange und haben viele Jahre erfolgreich zusammengearbeitet. Sie führen sein seltsames Verhalten darauf zurück, dass er sich noch an die neue Situation gewöhnen und sein neuer Chef sich wiederum noch einarbeiten muss. Ihre Schlussfolgerung ist also klar: Geben wir dem Kunden etwas Zeit, damit der neue Chef sich einarbeiten und sehen kann, wie die Dinge zwischen unseren Unternehmen laufen. Schließlich wissen wir, dass der Einkäufer unsere Produkte und auch uns persönlich mag, und auf beiden Seiten können alle auf die langjährige, sehr erfolgreiche Geschäftsbeziehung wirklich stolz sein.

Auf den ersten Blick kein Problem also. Oder doch? Tatsächlich steht die Schlussfolgerung in diesem Beispiel eindeutig unter dem Einfluss von System 1. Durch die langjährige Beziehung zu dem Kunden ist eine Stabilitätsblase entstanden. System-1-Denken will diese Illusion aufrechterhalten und behandelt das seltsame Verhalten des Einkäufers deshalb als eine vorübergehende Abweichung. Es ist einfach bequemer, zu glauben, dass es nur eine Frage der Zeit ist, bis sich das Miteinander wieder normalisiert und zum alten Status quo zurückkehrt. Warum auch nicht?

Dazu sagt die Wissenschaft: In dem oben geschilderten Fall gibt System 1 dem nach, was Psychologen als Confirmation Bias (Bestätigungsfehler) bezeichnen.[33] Wenn Menschen mit einer Veränderung konfrontiert werden, die keine unmittelbare oder existenzielle Bedrohung zu sein scheint, neigen sie dazu, nach Informationen zu suchen, die ihre bereits bestehenden Überzeugungen bestätigen. Das beeinflusst die Art und Weise, wie sie nach Informationen suchen, sie interpretieren, bevorzugen und sich an sie erinnern. Dies verführt dazu, Illusionen von Stabilität und Erfolg zu erliegen.

In diesem Fall verzichtet das Gehirn auf aktives kritisches Nachfragen, was eigentlich die Aufgabe von System 2 wäre. Anstatt die Fühler auszustrecken und nach weiteren Hinweisen zu suchen, die die seltsame Verhaltensänderung erklären und dann mit einer System-2-Analyse über eventuelle Konsequenzen für die laufende Beziehung nachzudenken, unterdrückt System 1 den Impuls, den langjährigen Status infrage zu stellen. Unser auf Effizienz ausgelegtes

Gehirn zieht Bekanntes dem Unbekannten vor, sodass wir von Natur aus dazu neigen, uns Veränderungen zu widersetzen. Unser Gehirn mag, ja, braucht es, auf »Autopilot« zu laufen. Vielleicht kennen Sie dieses Gefühl, wenn Sie einkaufen gehen und das Lebensmittelgeschäft, in das Sie regelmäßig gehen, mal wieder die Regale umgeräumt hat. Wir sind irritiert. Selbst wenn der Orangensaft jetzt in Gang 5 statt in Gang 8 steht, kann es sein, dass wir ein paar Mal automatisch, aber vergeblich in Gang 8 suchen, bevor wir uns selbst umprogrammiert haben.

Die große Gefahr solcher System-1-Reaktionen besteht darin, dass Sie, wenn Sie erste Hinweise auf sich abzeichnende Veränderungen ignorieren, vielleicht die Chance verpassen, das Geschehen beim Kunden noch aktiv zu beeinflussen, bevor dort Entscheidungen getroffen werden, deren für Sie negativen Folgen unumkehrbar sind. In einer Welt, die den Wandel, die Transformation vorantreibt, ist ein solches Verhalten, bei dem der Kopf – oder besser gesagt System 2 – in den Sand gesteckt wird, riskant.

Unsere Empfehlung: System 1 und System 2 können nur Informationen abgleichen, über die sie verfügen. Deshalb sollten Sie Ihr Verständnis der aktuellen Situation beim Kunden vertiefen und einen frischen Blick auf das Kundenunternehmen werfen. Wenn Sie zu sehr in Ihren Annahmen gefangen sind (»Der Saft stand doch immer in Regal 5, da gehört er hin.«), dann suchen Sie sich besser einen Advocatus diaboli, einen Sparringspartner, der den Kunden nicht kennt. Das wird Ihnen helfen, eine neue unabhängige Sicht auf den Kunden zu gewinnen und Ihren Blickwinkel zu erweitern. Sie können diese Position auch selbst einnehmen, wenn Sie auf Verhaltensänderungen stoßen. Nutzen Sie Ihr System 2, um Ihr System-1-Denken herauszufordern. Erhöhen Sie die Frequenz Ihrer Kundenkontakte, nutzen Sie Ihr Netzwerk beim Kunden und stellen Sie vor allem *offene* Fragen, um Antworten auf folgende Kernfragen zu finden:

- Wie steht das Kundenunternehmen wirtschaftlich da? Welche Faktoren üben Druck auf das Unternehmen aus? Was läuft gut, was nicht?
- Daraus ableitend: Was könnte das Mandat des neuen Einkaufschefs sein?
- Und was bedeutet das alles für mich als Lieferanten? Werden vielleicht sogar alle bestehenden Beziehungen und Verträge unter die Lupe genommen und neu bewertet?

Sie können nicht alles wissen, was im Unternehmen Ihres Kunden vor sich geht. Aber es lohnt sich, in regelmäßigen Abständen – vor allem in Zeiten signifikanter personeller Veränderungen – einen distanzierten, objektiveren Blick auf Ihren Kunden zu werfen.

Dies ist keine Aufforderung, jede Veränderung wie eine weitere Episode aus *Only The Paranoid Survive*, den Memoiren des Intel-Mitgründers Andy Grove, zu behandeln. Und doch, Sie sollten Ihre Annahmen über Ihren Kunden unbedingt regelmäßig überprüfen. Andernfalls könnten Sie große Chancen verpassen, und sich – sehr zur Freude Ihrer Konkurrenten – selbst ins Abseits katapultieren.

Kehren wir nun zu der Matheaufgabe zurück, die wir Ihnen vor der Situation 3.3 gestellt haben. Wenn Kai diese Aufgabe in einer seiner Vorlesungen stellt, ruft immer jemand schnell und aufgeregt: »53!«

»Richtig!«, sagt Kai. Dann fragt er danach, wie die Regel lautet.

»Die Regel lautet +2, x3, +2, x3 und so weiter«, so der Student.

Als Kai nicht zustimmt, fällt der Vorlesungssaal in ein verdutztes Schweigen.

»Nein, das ist nicht die Regel«, sagt er. »Versuchen Sie es doch noch einmal.«

Die Studenten erarbeiten alle möglichen Regeln, die auf 53 zurückführen, doch Kai sagt jedes Mal: »Nein.« Seine Studenten protestieren und fordern Kai auf, seine Arithmetik zu überprüfen.

Die Regel hinter dieser Zahlenfolge ist am Ende viel einfacher als vermutet: Jede Zahl muss höher sein als die vorherige, oder mathematisch ausgedrückt: $n>n-1$. Die Studenten erkennen viele Muster, während sie unter der – von Kai nie geäußerten – Annahme arbeiten, dass es *eine und nur eine* Antwort auf die Frage »Welche Zahl ist die nächste?« geben müsse. Wenn die Studenten damit aufhören, Bestätigung für etwas, das sie zu wissen glauben, zu suchen – nämlich dass 53 *die* Antwort ist –, beginnen sie, ihre Antworten stärker zu variieren. Schließlich finden sie die Regel.

Fazit: Nur Falsifikationen sind in der Lage, dem Confirmation Bias entgegenzuwirken. Verifikationen führen in eine Sackgasse.

Framing: Verhandlungsrahmen setzen, Kontexte steuern

Es war einmal ein Mönch, der den Abt seines Klosters fragte, ob er beim Beten rauchen dürfe. Schockiert über die schlechten Manieren und die völlige Respektlosigkeit des Mönches, lehnte der Abt entrüstet ab und befahl ihm, sofort zur Beichte zu gehen.

In der folgenden Woche reiste der Abt ab, um eine Pilgerreise zu unternehmen. Mit einer Zigarette in der Hand wandte sich derselbe Mönch an den Nachfolger des Abtes.

»Darf ich beten, während ich rauche?«, fragte er.

»Natürlich«, sagte der neue Abt, beeindruckt von der Hingabe des Mönchs.[34]

Was der Mönch in diesem Beispiel tut, ist im Business als »Framing« (von ›to frame‹ = ›einrahmen‹) bekannt, eine hilfreiche Fähigkeit für jeden, der Verantwortung für eine Verhandlung trägt. Denn wer die Rahmenbedingungen setzt, bestimmt ganz wesentlich, wie eine Verhandlung abläuft. Ebenso hat derjenige, der die anstehende Verhandlung in ihrer inneren Logik, ihren Abläufen, bis hin zur Art der Kommunikation bestimmt, einen wesentlichen Vorteil und entscheidenden Einfluss auf den Ausgang der Verhandlung. Es gibt zahllose Beispiele von Unternehmen, die ihren Erfolg allein dadurch gesteigert haben, dass sie entweder ihre Kundenansprache oder die Art ihrer Positionierung geändert haben.

Der folgende Erfahrungsbericht veranschaulicht die Macht des Framings.

Situation 3.4: Wir fühlen uns vom Kunden betrogen. Wir haben Kriterien erfüllt und den Auftrag trotzdem verloren.

Wir haben es uns zur Aufgabe gemacht, Kundenanfragen immer zu 100 Prozent und in allen Punkten zu beantworten. Wir erfüllen immer die Wünsche unseres Kunden. Wir beherrschen dieses Spiel perfekt. So auch dieses Mal. Wir haben alles möglich gemacht und erhielten während der gesamten Projektphase äußerst positives Kundenfeedback. Und dann kommt da völlig überraschend dieser Anruf. Wir trauen unseren Ohren kaum, können es nicht glauben. Wir haben verloren. Die Konkurrenz hat den Auftrag erhalten. Wie kann das sein? Wir erfahren, dass die Konkurrenz den Kunden auf eine Lücke in seinem Briefing aufmerksam gemacht und mit dieser Begründung ein neues Entscheidungskriterium eingeführt hat. Es geht wohl um ein neues Produktmerkmal, das dem Kunden einen vorher nicht bedachten Wettbewerbsvorteil verspricht. Aber diese Änderung hätte man uns doch auch mitteilen können, ja müssen! Ist ja klar, dass wir uns betrogen fühlen. Wir haben unser Bestes gegeben und alles getan, was der Kunde verlangt hat. Und wir haben trotzdem verloren. Hier wurde unfair gespielt. Das ist bitter.

Solche Erfahrungen gehören sicher zu den besonders frustrierenden Niederlagen. Sie haben das »Nein« nicht kommen sehen. Das Licht am Ende des Tunnels entpuppte sich plötzlich als ein herannahender Güterzug. Und Sie haben keine Ahnung, was Sie falsch gemacht haben. Alles, was Sie vorgelegt haben, und jeder Schritt, den Sie unternommen haben, wurde vom Kunden begeistert aufgenommen. Und es gab keinerlei Warnhinweise, dass die Konkurrenz noch einen Trumpf im Ärmel hatte.

Dazu sagt die Wissenschaft: Der spezifische Begriff ist in diesem Zusammenhang »Schema«. Manchmal wird in der Praxis der Begriff »Mindset« verwendet, aber Wissenschaftler sprechen von »Schemata«. Es handelt sich um Erwartungsstrukturen, die aus assoziierten Sachverhalten bestehen.[35] Gaby verwendet dafür folgende Analogie: »Stellen Sie sich ›Schema‹ als eine fortgeschrittene Form des Mustervergleichs vor. Wenn ich Ihnen sage, dass wir uns heute Nachmittag in der Bar ein Fußballspiel ansehen, ruft Ihr Gehirn automatisch eine Reihe von Bildern auf, was Sie anziehen sollen, worüber Sie reden wollen, welche Stimmung Sie erwarten und welche Speisen und Getränke Sie bestellen werden. Das geschieht, weil ›Fußballspiel in einer Bar‹ eine Art soziales Muster oder Schema ist, das mit einer Reihe von Verhaltensweisen verbunden ist.«

Ähnlich verhält es sich, wenn jemand »Party« sagt: Wir erwarten, dass die Leute fröhlich, aufgeregt, gesprächig und vielleicht ein bisschen albern sind. Wenn wir »offizielle Feier« sagen, ändern sich die Erwartungen, weil Schemata die Wahrnehmung, die Aufmerksamkeit und das Verhalten beeinflussen.

Die gemeinsame Projektbearbeitung in der obigen Situation war ebenfalls mit einem bestimmten (Erwartungs-)Schema verbunden, auf das das Verkaufsteam in gewohnter und bewährter Weise reagierte. Dehnen wir »Schema« auf den Begriff »Mindset« aus, dann ist dieses Mindset der gedankliche Rahmen, in dem sich eine Person in einer bestimmten Situation bewegt. Ein gedanklicher Rahmen, der durch ein (Erwartungs-)Schema den Handlungsrahmen definiert und dabei gleichzeitig eingrenzt.

Unsere Empfehlung: In der Vorbereitungsphase eines solchen Projektes oder auch einer Verhandlung sollten Sie immer das vorgegebene Schema, den von anderen gesetzten Handlungsrahmen und dessen Parameter infrage stellen. Das bedeutet nicht, dass Sie diesen immer ablehnen oder sich gegen die Forderungen Ihres Kunden auflehnen müssen. Es bedeutet vielmehr, dass Sie den Rahmen der Verhandlung nicht als unveränderbar hinnehmen, sondern jeden einzelnen Aspekt einmal durchdenken sollten. Ihnen sollte auch bewusst sein, dass sich der Rahmen für diese Verhandlung sicherlich nicht zufällig entwickelt hat, sondern meist erhebliche, jedoch oftmals unsichtbare Anstrengungen unternommen wurden, um das Schema zugunsten Ihres Auftraggebers zu beeinflussen. Wenn Sie das Schema Ihres Verhandlungspartners unreflektiert akzeptieren, bedeutet das, dass Sie das Spiel des Kunden ausschließlich nach seinen Regeln spielen und Ihren eigenen Handlungsrahmen freiwillig eingrenzen. Auch das kann ja durchaus in Ordnung sein – solange Ihre Konkurrenz keine anderen Ideen hat.

Wir empfehlen Ihnen deshalb, stets ein Auge darauf zu haben, welche Parameter sich während der Projektbearbeitung oder auch Verhandlung ändern könnten. In der heutigen Geschäftswelt, in der Ungewissheit die einzige Konstante zu sein scheint, können sich Ziele und Kriterien schnell und grundlegend ändern. Machen Sie es zu einer System-2-Aufgabe, darüber nachzudenken, wie Ihre Konkurrenten solche Veränderungen beeinflussen und ausnutzen könnten, um Sie auszubooten. Fragen Sie sich, was Sie aktuell *nicht* sehen. Suchen Sie nach Ihren potenziell blinden Flecken. Welche Aspekte könnte der Kunde zurückhalten und nicht mit Ihnen teilen? Für welche neue unerwartete Idee, für welchen Wettbewerbsvorteil, für welches Versprechen würde Ihr Kunde seine ursprüngliche Erwartung aufgeben oder sein Vorhaben modifizieren?

Antworten finden Sie häufig bei einem sogenannten »Pre-Postmortem Meeting«. Sie tun dort schon vor Projekt- oder Verhandlungsbeginn so, als hätten Sie das Geschäft verloren. Laden Sie das Team zu einem Brainstorming ein und fragen, wie und warum das passiert sein könnte. Was haben Sie übersehen? Welche Informationen hätten den Verlauf ändern können? Welcher Strategie sind Ihre Wettbewerber gefolgt? Wir haben die Erfahrung gemacht, dass dieser Ansatz ernstzunehmende Fragen aufwirft und oft zu wichtigen Erkenntnissen führt.

Viel hängt dabei natürlich davon ab, wie gut Sie und Ihr Team Ihre Auftraggeber und deren Unternehmen kennen. Es ist nicht ungewöhnlich, dass Einkäufer auf LinkedIn umfangreiche Profile pflegen oder ihre Gedanken auf anderen Social-Media-Plattformen veröffentlichen. Wenn Sie und Ihr Unternehmen auf öffentlich zugänglichen Plattformen recherchieren und Ihr Wissen regelmäßig aktualisieren, dann ist das kein Stalking. Es ist ein Zeichen klugen Handelns und zeugt von Sachverstand, bei dem System 1 und System 2 Hand in Hand zusammenarbeiten.

Eine allseits beliebte Demonstration von angewandtem Framing ist die »Monkey Business Illusion«.[36] Wenn Sie das Video dazu noch nicht gesehen haben, schauen Sie doch mal bei YouTube rein. Ein Team von Spielern wirft sich dabei gegenseitig einen Basketball zu. Der Zuschauer wird aufgefordert, zu zählen, wie viele Pässe das Team macht. Die Konzentration des Zuschauers auf das Zählen der Pässe führt dazu, dass er viele andere Ereignisse, die im Nachhinein offensichtlich sind, im ersten Anschauen des Videos übersieht.

Wenn wir andere bestimmen lassen, worauf wir unsere Aufmerksamkeit richten, dann sehen wir eben leider nur, was wir sehen *sollen*.

Kurzer Rückblick: System 1 trainieren und Situationsbewusstsein aufbauen

Um intuitiv zu erfassen, ob etwas richtig, seltsam oder riskant ist, braucht System 1 einen ausreichenden Erfahrungsschatz und passende Verhaltensmuster – ansonsten funktioniert unser Bauchgefühl nur unzuverlässig. Mit dem Wort *Erfahrung* ist dabei nicht die Anzahl der Jahre gemeint, die jemand in einem Beruf arbeitet, sondern vielmehr die Art und Vielfalt der Situationen, die jemand durchlebt hat. Ein Verkäufer, der seit 20 Jahren in einer Funktion tätig ist, dessen Rolle aber nur wenig Bandbreite und Herausforderungen innehat, verfügt wahrscheinlich nicht über das gleiche Urteilsvermögens wie ein Kollege, der zwar erst seit fünf oder zehn Jahren in seiner Funktion tätig ist, der aber mit den verschiedensten Menschen, Herausforderungen und Verkaufssituationen in Berührung gekommen ist. Und das Verblüffende ist: Selbst simulierte Trainingserfahrungen wirken positiv auf diese innere Ressource.

Das unterstreicht, wie wichtig es für Verkäufer ist, ihre System-1-Fähigkeiten, ihre Aktions- und Reaktionsmechanismen zu trainieren. Je mehr Sie Ihr System 1 durch neue Erfahrungen und Erlebnisse schulen, desto größer werden Ihre Fähigkeiten, situativ selbstbewusst zu agieren und zu reagieren. Wenn Sie Ihr System-1-Verhalten besser kontrollieren lernen, wird aus potenziell ungesteuerter Reaktion ein zielgerichtetes Vorgehen. Ihr Vertrauen in Ihre intuitive Urteilsfähigkeit (split second judgments) trainieren Sie auf dieselbe Weise wie professionelle Schiedsrichter, über die wir im ersten Kapitel des Buches gesprochen haben.

Mit einem trainierten *Reaktions*mechanismus können Sie darauf vertrauen, dass Ihr Bauchgefühl angemessen antwortet, wann immer Sie in einer Verhandlung System-1-Signale erhalten und darauf reagieren müssen. Mit einem trainierten *Aktions*mechanismus können Sie aktiv und zu Ihrem Vorteil auf die System-1-Reaktionen anderer Einfluss nehmen.

Ihre Chancen, bei einem Kunden eine positive System-1-Reaktion auszulösen, erhöhen sich, wenn Sie an der Art und Weise arbeiten, *wie* Sie kommunizieren.

- Reduzieren Sie die Komplexität Ihrer Botschaft so weit wie möglich, denn das menschliche Gehirn ist mit zu vielen Informationen leicht überfordert.
- Vermeiden Sie widersprüchliche Informationen, denn Konflikte erschweren es dem System 1, Muster abzugleichen und seinem Urteil zu vertrauen.
- Signalisieren Sie »Dringlichkeit«, indem Sie mit kurzen Nachrichten arbeiten.
- Erleichtern Sie Ihrem Gegenüber den Empfang Ihrer »Botschaft«, indem Sie sie in gehirngerechte Einzelinformationen aufteilen, ganz nach dem Motto: »Eins nach dem anderen.«
- Wiederholen Sie im Zweifelsfall lieber eine frühere Formulierung, statt eine neue zu erfinden, denn die Wiederholung dient der Verstärkung.

Die Fülle an Aufgaben und Entscheidungen wächst täglich. Der Zeitdruck ist immens. In dieser Welt ist ein gut ausgebildetes situatives Urteilsvermögen ein echter Wettbewerbsvorteil.

Kapitel 4

Relativität und Ankern: die Illusion der Zahlen.

D er Koffer für Ihren Winterurlaub ist gepackt. Sie haben ihn mit warmer Kleidung, mit Pullovern, Hosen, Wollsocken und Winterstiefeln vollgestopft. Obendrauf noch ein oder zwei gute Bücher und schon kann es losgehen! Sie sind spät dran, steigen ins Auto und fahren los.

Während Sie auf der Autobahn zum Flughafen fahren, geht das Gedankenkino los: »Habe ich die Tür abgeschlossen? Habe ich die Heizung runtergedreht? Ja, alles gut!« Doch dann haben Sie plötzlich Schweißtropfen auf der Stirn. Mit Schrecken denken Sie an den Check-in-Schalter am Flughafen: »Was mag mein Koffer wiegen? Komme ich durch, ohne für Übergepäck zahlen zu müssen?«

Unsere eigenen Koffer nutzen wir (Gaby und Kai) ab und an für folgendes Experiment: Wir bitten Teilnehmer und Teilnehmerinnen unserer Workshops, einen unserer Koffer einfach mal in die Hand zu nehmen und sein Gewicht zu schätzen – natürlich ohne eine Waage zu benutzen. Was wir da alles zu hören bekommen! Die Bandbreite der Schätzungen verblüfft uns immer wieder. Nur selten ist die Antwort tatsächlich richtig, noch seltener begegnet uns jemand, der die Aufgabe mit echtem Selbstvertrauen angeht.

Es gibt einen neurobiologischen Grund dafür, warum niemand das Gewicht eines Koffers mit einem simplen Handgriff – einfach so – exakt angeben kann. Es fällt uns schwer, Gewichte richtig einzuschätzen, weil in unserem Gehirn dafür kein Zähler installiert wurde. Der Mensch denkt nicht in absoluten Zahlen. Wir sind nicht mit internen Thermometern, Waagen, Uhren oder Kilometerzählern ausgestattet. Unsere Gehirne können weder lange Entfernungen oder den Wert von etwas *messen* oder Erfolg *auswiegen*. Unsere Gehirne sind für eine qualitative Welt geschaffen, in der wir eine Verbindung zwischen zwei Bezugspunkten legen. Die Bedeutungen, die wir einzelnen Zahlen zuweisen, sind deshalb für unser Gehirn reine Theorie und eine relativ neue Erfindung. Denn die meiste Zeit unserer menschlichen Existenz spielten Quantifizierungen überhaupt keine Rolle.

Aus diesem Grund wollen wir uns nun dem »Konzept der Relativität« zuwenden. Dabei handelt es sich nicht um Relativität im Sinne von Albert Einsteins berühmter Theorie, sondern vielmehr um die Art und Weise, wie unser Gehirn die Welt wahrnimmt. Dazu passt eine Anekdote über die Temperaturumrechnung von Celsius in Fahrenheit.

»Vergessen Sie die ganzen mathematischen Formeln«, sagte uns einmal ein erfahrener Angler. »Es ist wirklich einfach: 10 °C sind 50 °F. 20 °C sind 70 °F und 30 °C sind 90 °F.«

Darauf hingewiesen, dass seine Berechnungen immer um ein paar Grad daneben lagen – und mit steigender Temperatur immer schlechter wurden –, lächelte er und antwortete: »Können Sie ohne Thermometer wirklich den Unterschied zwischen 18 und 20 Grad erkennen? Ich glaube nicht.«

Für den Menschen, für sein System 1, ist nicht die absolute Information als solche wichtig, sondern der Unterschied zwischen zwei Informationen und vor allem, wie stark die Abweichung von den für uns als normal empfundenen Bedingungen ist. Aus evolutionärer Sicht ist der Unterschied zwischen 18 und 20 Grad bedeutungslos. Es ist nur ein Konstrukt von System 2 und dessen intellektuellen Versuchen, die Welt zu erklären. System 1 dagegen sorgt in dieser Welt für unser (Über-)Leben und muss dafür nur wissen, wann es zu warm wird, um sich noch wohlzufühlen, oder so heiß, dass man vor einem Feuer fliehen muss.

Dieses Relativitätskonzept beeinflusst Verhandlungen in vielfältiger Art und Weise, wie die nachfolgenden Beispiele zeigen.

Situation 4.1: Der neue Einkäufer hat keinerlei Branchenerfahrung.

Ich habe mit einem neuen Einkäufer zu tun, der vorher in einer ganz anderen Branche gearbeitet hat. In meinen Verkaufsverhandlungen kommt es immer wieder zu Verzögerungen, weil alle Beispiele, die er vorbringt, aus seiner früheren Branche stammen.

Ihre Branche ist dem neuen Einkäufer fremd. Es gibt (noch) keine gemeinsamen Diskussions- und Entscheidungsgrundlagen. Was ist gut oder schlecht? Was wichtig oder unwichtig? Und was ist neu oder alt? In Ermangelung solch gemeinsamer Orientierungspunkte greift sein Gehirn auf Vergleiche mit seiner bisherigen Branche zurück. Es sucht nach einem geeigneten Kontext, der es ihm ermöglicht, Ihre Branche zu verstehen.

Dazu sagt die Wissenschaft: Das Beispiel beschreibt eine Form der Wahrnehmungsrelativierung. Ihre Branche wird vom Gehirn des Einkäufers nach seinen bisherigen Erfahrungen, nach ihm bekannten, für Ihre Branche aber weniger relevanten Kriterien beurteilt. Je länger das Gehirn des Einkäufers in diesem Rahmen arbeitet, desto mehr wird sein Erfahrungstransfer, werden seine alten Schlussfolgerungen wieder zu seinen festen Bezugspunkten, *trotz* neuer Gegebenheiten in einer neuen Branche. Diese Illusion von Stabilität wird im Laufe der Zeit stärker und stabiler, sodass es ihm immer schwerer fallen wird, loszulassen. Zum jetzigen Zeitpunkt sucht der Einkäufer noch nach Orientierung und Bezugspunkten. Er versucht, (relative) Zusammenhänge zu erkennen, um sich in dem neuen Umfeld sicher zu fühlen. Daher besteht Ihre eigentliche Herausforderung darin, sich zu überlegen, wie viel Zeit und Geld Sie in die »Ausbildung« dieses Einkäufers investieren wollen, und noch wichtiger, welchen Kontext Sie setzen und welche Zusammenhänge Sie ihm erklären wollen.[37]

Unsere Empfehlung: Lassen Sie nicht zu, dass das Gehirn des Einkäufers seine eigenen unkontrollierten und unkontrollierbaren relativen Bezugspunkte schafft. Die Tatsache, dass er absichtlich oder unabsichtlich seine Unkenntnis über Ihre Branche offenbart, ist eine offene Einladung, dem Neuen *Ihren* Kontext zu vermitteln. Nutzen Sie die Gelegenheit, damit auch zukünftige Verhandlungsrahmen abzustecken. Es ist Ihre Aufgabe und Chance, das Onboarding eines neuen Einkäufers mit allgemeinen Informationen über Ihre Branche, Ihr Unternehmen und Ihre gemeinsame operative Zusammenarbeit zu relativieren, *bevor* die eigentliche Arbeit beginnt. Es ist in Ihrem Interesse, wenn Sie seine neue Welt mit geeigneten Maßstäben und Zahlen ausstatten, statt ihn mit branchenfremden Analogien alleinzulassen, die schlimmstenfalls zu indiskutablen Erwartungen und absurden Forderungen führen können.

Daten, Fakten und alle Hinweise, die Sie aus dem Umfeld der Verhandlungen bekommen, bilden den Rahmen für jede professionelle Verkaufsverhandlung und bestimmen maßgeblich deren Ergebnis. Aber *Relativität* beeinflusst, wie wir die Hinweise aufnehmen und den gesamten Kontext interpretieren. Die meisten geschäftlich wichtigen Entscheidungen umfassen zu viele Aspekte, als dass ein normaler Mensch sie alle berücksichtigen könnte. Deshalb ist Fokussierung so wichtig. Um Entscheidungen treffen zu können, müssen wir uns auf die für den Gesamtkontext wichtigsten Aspekte konzentrieren und alles, was nur für uns persönlich interessant ist, außer Acht lassen. Nur so erzielen wir Fortschritte.

Wer immer in einer Verhandlung entscheidet, was wichtig oder weniger wichtig ist, legt den Rahmen fest, in dem die Verhandlung abläuft. Derjenige, der diese Entscheidungen trifft, setzt nicht nur einen seinen eigenen Interessen entsprechenden Rahmen, sondern hat immer auch noch die Möglichkeit, später weitere Elemente einfließen zu lassen, die er vielleicht ganz bewusst zunächst aus der Verhandlung herausgehalten hat. Es ist wichtig, dass Sie beeinflussen, wenn nicht sogar bestimmen, welche Themen in welcher Reihenfolge besprochen werden. Sie sollten sich aber genauso im Klaren darüber sein, welche Themen für Sie *nicht* verhandelbar sind.

Relativität und Preise: Wie Anker Wahrnehmungen verschieben

Kehren wir zum Kofferexperiment zurück, dieses Mal aber mit einem etwas anderen Ansatz. Jetzt sagen wir den Probanden, dass der Koffer 25 Kilo wiegt, und geben ihnen dann einen weiteren leichteren Gegenstand, dessen Gewicht sie wiederum schätzen sollen. Und siehe da: Die Testteilnehmer schätzen jetzt das Gewicht dieses zweiten Objekts viel besser ein, als sie das im ersten Experiment – beim Koffer ohne Referenzpunkt – konnten. Menschen können Gewichts*unterschiede* also gut erkennen. Und mit ein wenig Hilfe sind sie in der Lage, ein unbekanntes Gewicht in

Relation zu anderen Gegenständen zu setzen und es mit einer gewissen Genauigkeit zu bestimmen.

Und jetzt wird es richtig spannend.

Behaupten wir nämlich, dass der Koffer 30 und nicht 25 Kilo wiegt, werden die Teilnehmer an unserem kleinen Test ihre Zahlen entsprechend anpassen! Sie stützen ihre eigene Einschätzung des Gewichts plötzlich auf die Zahl, die *wir* ihnen nennen. Solange diese Zahl einigermaßen plausibel ist – natürlich würden wir nicht behaupten, dass ein 20-Kilo-Koffer 50 oder 100 Kilo wiegt – funktioniert dieses Experiment. Unser Hinweis relativiert die Wahrnehmung und wird vom Kofferträger unbewusst als Bezugspunkt akzeptiert. Dies ist ein ganz typisches System-1-Verhalten, bei dem unser System 1 mit einer uns zufriedenstellenden Antwort auf das Problem reagiert, bevor der kritische Blick von System 2 überhaupt zum Zug kommen kann.

Unsere bewusste und absichtliche Nennung einer Zahl wird als »ankern« (engl. »Anchoring«) bezeichnet.[38] Anker setzen Referenzpunkte, in der Regel in der Form von Zahlen, die es dem menschlichen Gehirn ermöglichen, eine relative Beziehung zu erkennen (heiß gegen kalt, schwer gegen leicht, wichtig gegen unwichtig). Diese Vorgehensweise entspricht dem präferierten Modus Operandi von System 1. Anker erleichtern dem Gehirn also die Entscheidungsfindung. Ankern hat eine so hohe Relevanz in der menschlichen Psychologie, dass sich über 100.000 wissenschaftliche Artikel mit diesem Phänomen befassen.[39]

In einem geschäftlichen Kontext tritt ein Anker als eine konstruierte, aber glaubhafte Referenzzahl auf, die jemand absichtlich ins Spiel bringt, um die Wahrnehmung der anderen Partei zu beeinflussen. Ankern ist ein Prinzip, das Verkäufer und Verkäuferinnen wirklich verinnerlichen *müssen*: Denn die erste Zahl, die in einer Diskussion genannt wird, hat einen starken Einfluss auf die letzte Zahl, die in derselben Diskussion genannt wird. Sie beeinflusst damit also das Verhandlungsergebnis. Und das Tollste ist: Ankern wirkt in praktisch jedem Kontext, von zwanglosen Gesprächen bis hin zu den komplexesten Verkaufsverhandlungen.

Die nächsten beiden Beispiele sind gespickt mit Situationen, die Ihnen zeigen, wie Sie Ankern praktisch anwenden können.

Zunächst aber unterbrechen wir an dieser Stelle kurz für ein anderes Experiment. Schreiben Sie bitte die letzten beiden Ziffern Ihrer Handynummer auf ein Stück Papier und setzen Sie dann das Währungszeichen Ihres Landes davor. Wenn Ihre Telefonnummer auf 69 endet und Sie in Deutschland leben, würden Sie €69 schreiben. Fragen Sie sich nun, ob Ihnen der Betrag, der sich so ergeben hat, als Preis für eine Schachtel belgischer Pralinen zu hoch erscheint. Falls Ihre Antwort »Ja« lautet, schreiben Sie auf, wie viel Sie stattdessen bereit wären zu zahlen.

Das Konzept des Ankerns bedeutet, dass die erste Zahl, die Sie aufgeschrieben haben, sowohl Ihre erste Einschätzung des Wertes der Pralinen als auch Ihre persönliche Zahlungsbereitschaft für diese Pralinen beeinflusst. Dieser Einfluss tritt ein, obwohl die letzten beiden Ziffern Ihrer Telefonnummer überhaupt nichts mit dem Preis einer Schachtel belgischer Pralinen zu tun haben.

Das glauben Sie nicht? Lesen Sie weiter.

Der Verhaltensökonom Dan Ariely hat zusammen mit den Professoren Drazen Prelec vom MIT und George Loewenstein von Carnegie-Mellon ein ähnliches Experiment durchgeführt. Sie baten 55 amerikanische Studenten, die letzten beiden Ziffern ihrer Sozialversicherungsnummer aufzuschreiben, ein Dollarzeichen hinzuzufügen und dann diesen Betrag neben sechs verschiedene Produkte zu schreiben, darunter eine schnurlose PC-Tastatur mit Maus, eine Schachtel belgischer Pralinen und zwei Flaschen Wein.[40] Dann fragten sie die Studenten, ob sie diesen Betrag für das Produkt zahlen würden. Falls nicht, sollten sie für jedes Produkt ein alternatives Gebot abgeben. Mit anderen Worten: Es wurde nach der maximalen Zahlungsbereitschaft der Studenten gefragt.

Arielys Analyse der abgegebenen Gebote zeigte einen klaren Zusammenhang zwischen der maximalen Zahlungsbereitschaft und den letzten beiden Ziffern der Sozialversicherungsnummern der Studenten. Sein Ergebnis: Je höher die letzten beiden Ziffern waren, desto höher war das Gebot des Studenten, und zwar unabhängig vom Produkt!

Wir haben Ihnen versprochen, dass Ankern in jedem Kontext wirkt. Auch Wohltätigkeitsorganisationen können davon profitieren, wie die nachfolgende Geschichte erzählt.

Die Singapore After-Care Association (SACA) ist eine in Singapur beheimatete Wohltätigkeitsorganisation, die sich um die Rehabilitierung von straffällig gewordenen Menschen und deren Familien kümmert. Neben staatlicher Unterstützung hängt die Finanzierung auch von einer kleinen Zahl an Unternehmensspenden ab. Eine im Jahr 2016 eher schwierige Wirtschaftslage ließ die Organisatoren um dieses Spendenaufkommen fürchten. Man entschloss sich daher, das 60ste Jubiläum mit einem Galadinner zu feiern und verband diese Einladung mit einer besonderen Spendenaktion. Im Vorfeld der Gala starteten die Organisatoren folgenden Versuch: Die SACA verschickte drei unterschiedlich formulierte Spendenaufrufe. Einer war der übliche Standardaufruf mit einer einfachen Bitte um eine Spende. Der zweite enthielt folgenden Zusatz: »Wir hier möchten Ihnen dafür danken, dass Sie unsere Arbeit zur Unterstützung ehemaliger Straftäter und deren Familien unterstützen!« Und der dritte Brief enthielt folgende Formulierung: »Mit einer Spende von 5000 Dollar kann Ihr Unternehmen das Leben von ehemaligen Straftätern und deren Familien verändern.« Jedes der Schreiben wurde an eine Gruppe von 200 potenziellen Spendern verschickt.[41]

Welche Briefversion hatte Ihrer Meinung nach die größte Wirkung? Wie Sie vielleicht schon erwartet haben, war der dritte Brief, der mit dem 5000-Dollar-Anker versehen war, der erfolgreichste. Und der Unterschied zu den anderen war beeindruckend. Dieser Anker-Brief brachte 98 Prozent der von der SACA in dieser Aktion gesammelten Gelder ein. Die durchschnittliche Spende betrug 7150 Dollar (gegenüber durchschnittlich etwa 4000 Dollar in den Vorjahren), und 43 Prozent der Spenden überstiegen sogar den Betrag von 10.000 Dollar.

Beide Geschichten bestätigen, wie wirkungsvoll die Technik des Ankerns ist. Sie sagen gleichzeitig etwas darüber aus, welche Möglichkeiten sich öffnen, wenn wir einen Preis als »Illusion«, als ein reines Konstrukt, akzeptieren. Nichts – ob es sich um ein Auto, eine Dienstleistung, eine

Mahlzeit, eine Kaffeetasse oder eine Rede handelt – hat einen intrinsischen, eindeutigen Wert. Der »Wert«, den wir einem Produkt oder einer Dienstleistung beimessen, entsteht in unserer Wahrnehmung und ist ein bewegliches Gedankenkonstrukt. Wer auch immer in einer Verhandlung die Zügel in der Hand hält, kann diese Wahrnehmung so formen und dehnen, dass sie primär seinen eigenen Zwecken dient. Grenzen gesetzt werden dieser Technik auf der einen Seite durch die Qualität und Glaubwürdigkeit des eigenen Narrativs und auf der anderen Seite durch die System-2-Fähigkeiten des Einkäufers. Das Vorgehen des Verkäufers konzentriert sich deshalb immer darauf, den Austausch auf der Ebene von System-1-Denken zu halten, damit der Einkäufer nicht auf die Idee kommt, die Geschichte durch zu viel analytisches System-2-Denken infrage zu stellen.

Das Ergebnis jeder Verhandlung wird durch Ankerpreise beeinflusst, wenn nicht sogar entschieden. Wenn das Verkaufsteam keinen Anker setzt und die Zahlen entsprechend skaliert, dann werden es die Einkäufer tun und damit gleichzeitig, fast unbemerkt die Führung sowohl im unsichtbaren als auch im sichtbaren Spiel übernehmen. Jedes Mal aber, wenn Sie in solchen Situationen Ihren Mund aufmachen und eine Zahl herauskommt, dann haben *Sie,* beabsichtigt oder nicht, einen Anker gesetzt. Aus diesem Grund müssen die Zahlen, die Sie einbringen, geplant und zielgerichtet sein.

Ankern ist ein zu mächtiges Instrument, als dass wir es dem Zufall oder einem Gesprächsunfall überlassen könnten. Anker müssen immer ein wichtiger Teil Ihres geplanten Vorgehens sein. Aber: Ankern erfordert Disziplin, Situationsbewusstsein und den Mut, den ersten Schritt zu tun.

Das zeigt auch das nächste Beispiel.

Situation 4.2: »Abwarten und Tee trinken«

Mein erster Chef hat immer »Abwarten und Tee trinken« gesagt und meinte damit, dass es besser sei, abzuwarten, bis die andere Seite ihre Karten offenlegt, als selbst die Initiative zu ergreifen. Er erzählte gerne alle möglichen Anekdoten und Sprüche, um seine Sichtweise zu untermauern. Darunter war auch eine Liste mit dem Titel: »Regeln, die Väter ihren Söhnen beibringen sollen.« Ich gebe zu, dass die Liste einige gute Ratschläge für den Alltagsgebrauch enthielt.[42] Regel Nummer 19 lautete: »Ein edles Sakko sagt mehr als 1000 Worte.« Mein Favorit war jedoch die Nummer 17: »Hab keine Angst, das bestaussehende Mädchen im Raum um ein Date zu bitten.«

Eines Tages aber präsentierte er mir eine verhandlungsrelevante Regel, seine persönliche Nummer 4: »Mache bei einer Verhandlung nie das erste Angebot.«

Aus Respekt vor ihm habe ich damals davon abgesehen, diese Regel zu hinterfragen. Ich wollte ihn nicht verärgern, denn er hätte mich missverstanden und daraus geschlossen, dass ich ihn beruflich und vielleicht sogar persönlich infrage stelle.

Ich habe aber viel über diese Regel nachgedacht. Wahrscheinlich basierte dieser gutgemeinte Rat auf der stillen Hoffnung, dass die andere Seite von sich aus eine Zahl nennt, die günstiger ausfällt, als von unserer Seite befürchtet. Oder ging es darum, ein Pokerface aufzusetzen, sich nicht in die Karten schauen zu lassen, um so als Verhandlungsprofis respektiert zu werden? Oder meinte er, dass jeder erste Schritt einer Partei entweder sowieso nur ein Schuss ins Blaue wäre oder schlimmstenfalls schon als Zugeständnis interpretiert werden könnte? Vielleicht steckte aber auch nur sehr viel Unsicherheit dahinter. Wer weiß?

Vielleicht ahnen Sie, warum wir dieses Beispiel ausgewählt haben. Wer immer den ersten Schritt macht – ganz unabhängig davon, wie ernst das Angebot tatsächlich gemeint ist – schafft einen relativen Bezugspunkt und setzt einen Anker. Das bedeutet zwei Dinge. Erstens werden alle nachfolgenden Diskussionen von diesem Bezugspunkt ausgehen. Zweitens begibt sich die Partei, die der anderen Seite den ersten Zug überlässt, freiwillig in eine Defensivposition, die den gesamten Verhandlungsrahmen zu ihren Ungunsten beeinflussen wird.

Dazu sagt die Wissenschaft: Es geht erneut um die beiden wissenschaftlichen Begriffe »Relativität« und »Ankern«. In unserem Gehirn gibt es eine Menge vordefinierter Annahmen und fester Entscheidungsroutinen. Dies sind Prozesse, die unter dem Einfluss von System 1 stehen und dazu führen, dass wir in unserem Vorbewusstsein schnelle Einschätzungen vornehmen und in Entscheidungen umsetzen können. Wir haben, wie gesagt, kein körpereigenes System, das Gewicht, Temperatur oder Preise messen kann. Unser evolutionäres Gehirn ist eher auf die *Bewertung* von Veränderungen als auf die Integration eines absoluten Wertes programmiert. Da es für das Absolute, die Information an sich, eher unempfindlich ist, sucht es immer nach der Relation zu etwas anderem, dem Zusammenhang oder einem Kontrast. Die Zusammenhänge oder Vergleiche, die wir am Anfang einer Verhandlung einbringen, beeinflussen deren weiteren Verlauf bis hin zum Ergebnis.

Adam D. Galinsky, Professor an der Columbia University, erklärt, dass es zwar auf den ersten Blick eine gute Idee zu sein scheint, auf das erste Angebot der Gegenpartei zu warten, da man so wertvolle Informationen über die Position des Gegners und Hinweise auf den Verhandlungsspielraum zu erlangen hofft. »Das mag intuitiv logisch und sinnvoll klingen, es lässt aber außer Acht, welch starke Wirkung das erste Angebot auf die Art und Weise hat, wie Menschen im Verhandlungsprozess reagieren. Umfassende psychologische Forschungsstudien belegen, dass Verhandlungsführer, die das erste Angebot machen, in den meisten Fällen als Sieger hervorgehen.«[43]

Zusammen mit drei Co-Autoren veröffentlichte Galinsky später Forschungsergebnisse, die zeigen, wie universell der Erstangebotsvorteil ist: Ihre Studien belegen, dass »der positive Effekt des ersten Angebotes über Kulturen und facettenreiche Verhandlungen hinweg bemerkenswert robust bleibt. Insgesamt zeigen diese Ergebnisse, dass es Verhandlungsführern in vielen organisatorischen und persönlichen Situationen zugutekommt, wenn sie den ersten Zug machen.«[44]

Unsere Empfehlung: Machen Sie den ersten Schritt! Nutzen Sie alle Gelegenheiten, um einen Preis zu relativieren, in dem Sie ihn in Beziehung zu etwas anderem setzen. Sie könnten sagen, dass ein neues Gerät »weniger kostet, als Sie für Ihren Bürokaffee ausgeben«, oder Sie könnten Ihr Angebot mit anderen sehr teuren Angeboten toppen, um damit die Preiswahrnehmung der anderen Seite zu Ihren Gunsten zu verschieben.

Was haben wir in Teil I gelernt?

Die Wissenschaft lehrt uns, wie Illusionen auf unsere Wahrnehmung von Erfolg oder Misserfolg einwirken. Deshalb hängen unser geschäftlicher Erfolg und unsere wirtschaftliche Profitabilität wesentlich davon ab, wie gut wir diese Illusionen (in uns) beherrschen, anstatt uns von ihnen beherrschen zu lassen. Um im unsichtbaren Spiel zu gewinnen, müssen wir lernen, mit diesen Illusionen umzugehen, und dadurch sozusagen bessere *Illusionisten* werden.

Es geht in diesem Buch nicht um Wissenschaft der Wissenschaft willen. Es geht vielmehr um die Anwendung von Wissenschaft, um mehr Kontrolle und Einfluss zu gewinnen. Der Schlüssel zum Erfolg liegt buchstäblich in Ihrem Gehirn, das auf zwei Ebenen arbeitet: dem schnellen, intuitiven System 1 und dem langsameren, analytischen System 2. Stellen Sie sich System 1 als unsere ungenutzte natürliche Form des maschinellen Lernens vor – eine, die wir schon immer in uns trugen. Ein System, das immer besser wird, je mehr Muster und Bezugspunkte ihm zur Verfügung stehen. Das macht System 1 zu einem mächtigen Werkzeug. Aber ohne die Ergänzung durch das analysierende System 2 – und das Lesen dieses Buches ist zum Beispiel ein System-2-Prozess – kann System 1 anfällig für nicht zielführende Illusionen sein, die in einer sich schnell verändernden Welt erfolgsverhindernd wirken.

Durch die Konzepte, die wir Ihnen bis dato vorgestellt haben, sollte Ihr Vertrauen in Ihr System 1 inzwischen schon so weit gewachsen sein, dass Sie darin eine echte Chance auf mehr Erfolg und einen persönlichen Wettbewerbsvorteil erkennen.

Für Erfolg im Verkauf ist heutzutage aus unserer Sicht beides wichtig: ein kompetentes, analytisch starkes System 2 genauso wie ein agiles, fittes System 1 mit beweglichen Handlungsmustern und reichem Erfahrungsschatz.

Keine Frage: System 1 hat das Überleben unserer Spezies gesichert, aber es ist und bleibt ein zweischneidiges Schwert. Es erledigt einen großen Teil unseres Alltags für uns, aber vieles davon automatisch. Deshalb müssen wir es, besonders in Zeiten von Veränderung, immer wieder kritisch hinterfragen. Denn auch in Designerkleidung bleiben wir evolutionär betrachtet immer noch Steinzeitmenschen, denen vor allem feste Verhaltensmuster und Routinen beim Überleben halfen.

Wenn also Verkäufer den System-1-Denkmodus nicht *aktiv* als vertrauenswürdiges Frühwarnsystem und leistungsstarken Autopilot nutzen und regelmäßig neu justieren, werden sie anfällig für erfolgsverhindernde Illusionen, wie zum Beispiel die Illusionen von Stabilität und Erfolg. Wenn Verkäufer hingegen ihre Komfortzone kontinuierlich erweitern, indem sie bewusst nach neuen Erfahrungen suchen, dann steht ihnen für ihre Tätigkeit ein sehr fein abgestimmtes, sehr reaktionsschnelles System 1 und damit ein ausgeprägtes, hoch entwickeltes Situationsbewusstsein zur Verfügung.

Die moderne Geschäftswelt hat sich so sehr auf das Offensichtliche, auf Data Science und Informationstechnologie, kapriziert, dass dabei die meist verborgene, psychologische Seite in Vergessenheit geraten ist. Dabei ist sie nicht nur eine ebenso fundierte Wissenschaft wie alle anderen, sie hat darüber hinaus vielleicht sogar noch größere, wenn auch meist unsichtbare Kräfte.

Zum Abschluss von Teil I schauen Sie sich jetzt bitte Ihre Notizen an, die Sie am Anfang des Buches gemacht haben. Nachdem Sie jetzt den ersten Teil des Buches gelesen haben: Was würden Sie in Zukunft anders machen? Und was würden Sie genauso wieder tun, vielleicht sogar mit mehr Selbstvertrauen? Nehmen Sie sich ein bisschen Zeit zum Nachdenken, bevor Sie mit Teil II beginnen.

Unser Tipp

Eine zentrale Botschaft im ersten Teil ist der Rat, immer den ersten Zug zu machen. Die hier gezeigte Abbildung »Make the first move« illustriert diese Aufforderung. Sie können diese Illustration übrigens auf der am Ende des Buches genannten Webseite herunterladen.

Teil II

Ein kluges Defensivspiel und die Kunst, »Nein« zu sagen

Stellen Sie sich vor, Sie besuchen ein bekanntes kalifornisches Weingut und nehmen dort an einer Weinverkostung teil. Die Besitzerin, die Sie dort durch den Abend führt, ist eine erfahrene Sommelière. Sie beginnt mit einigen Weinen, die Sie auch bei sich zu Hause in den meisten Supermarktregalen erwerben könnten. Die Spannung steigt, als die Sommelière zum höheren Preissegment wechselt und einige Besonderheiten ihres Weinkellers ankündigt. Den ersten Wein, den sie nun präsentiert, beschreibt sie als einen der besten der letzten Jahre, und tatsächlich ist dieser samtige, vollmundige Wein ganz nach Ihrem Geschmack. Genauso wie die nun folgenden erlesenen Tropfen, deren exquisite Aromen Sie vollends begeistern. Zum Abschluss des Abends öffnet die Sommelière eine Flasche eines besonders seltenen Rotweins aus ihrem privaten Weinkeller. Anlässlich dieser exklusiven Zusammenkunft bietet sie ihren Gästen je eine Flasche zu 550 Dollar zum Kauf an.

Als Sie den 550-Dollar-Wein im Glas schwenken und den ersten vorsichtigen Schluck kosten, jubilieren Sie innerlich. Wow. Sie sind von Geruch und Geschmack dieses seltenen Tropfens hingerissen. Sie schauen zu Ihrem Begleiter, der nickt und flüstert: »Das könnte der beste Wein sein, den ich je getrunken habe!« Sie bereiten sich gerade auf die Auslassungen der Sommelière zum Bouquet und den besonderen geschmacklichen Akzenten dieses Weines vor, als Sie plötzlich und unerwartet aus Ihren weinseligen Gedanken gerissen werden, denn Ihre Gastgeberin fragt: »Wie hat Ihnen dieser Preis geschmeckt?«

Was für eine absurde Frage! Ein Preis ist doch nur eine nüchterne Zahlenkombination, die einen »Geldbetrag, der beim Kauf einer Ware anfällt« beschreibt, nicht wahr?

Ganz und gar nicht!

Aus der Sicht der Neurowissenschaft verbirgt sich hinter einer Preisinformation viel mehr. Sehr viel mehr. In den letzten zwei Jahrzehnten haben mehrere wissenschaftliche Studien belegt, dass Preise intensive sensorische und emotionale Empfindungen auslösen, und zwar in den Gehirnen des Käufers *und* des Verkäufers gleichermaßen. Hier findet eine tiefgreifende und universelle Stimulanz unseres neurobiologischen Empfindens statt, die tagtäglich auf uns einwirkt, sich unserem Bewusstsein aber weitestgehend entzieht.

Das klingt für Sie doch alles recht weit hergeholt? Warten Sie ab! Schon bald werden Sie eigene Ideen entwickeln, wie Sie diese Effekte in Ihre Verhandlungsstrategien einbauen können. Bis dahin liegt jedoch noch ein wenig Arbeit vor uns, denn: Verkäufer können Preisverhalten erst beeinflussen, wenn Sie verstehen, wie Preise Verhalten beeinflussen, und zwar sowohl ihr eigenes als auch das des Einkäufers.

Doch zurück zu unserer Weinverkostung. Wie würden Sie reagieren, wenn Sie herausfänden, dass der Schluck des 550-Dollar-Weines nicht aus dem privaten Weinkeller der Winzerin stammt, sondern aus einer 55-Dollar-Flasche, die Sie am Anfang des Abends bereits einmal probiert hatten? Ganz klar, Sie würden sich getäuscht und abgezockt fühlen und wären verärgert. Die Experten des Neuroeconomics Laboratory von Antonio Rangel am CalTech in Kalifornien hingegen würde es kaum überraschen, dass Sie sich so leicht haben irreführen lassen und sich eine erschwingliche Flasche Wein als eine zehnmal so teure Rarität unterschieben ließen.[45] Die damalige Doktorandin des Instituts, Hilke Plassmann, und ihr Team untersuchten, mithilfe der funktionellen Magnetresonanztomografie (fMRT), wie das menschliche Gehirn auf den Geschmack eines Weines bei gleichzeitiger Nennung eines Preisniveaus reagiert.[46]

Die Probanden der Versuchsreihe erfuhren, dass sie fünf qualitativ unterschiedliche Cabernet Sauvignons aus verschiedenen Preissegmenten probieren würden, nämlich Weine zu 5, 10, 35, 45 und 90 Dollar pro Flasche. Tatsächlich aber waren die mit 5 und 45 Dollar etikettierten Weine identisch, genauso wie die mit 10 und 90 Dollar bepreisten Flaschen. Die Forscher fanden zwei eindeutig positive Korrelationen zwischen der direkten Befragung der Probanden und den MRT-Scans. Mit dem ansteigenden Preisniveau berichteten die Probanden selbst über angenehmere Geschmackserlebnisse und die MRT-Scans erzählten eine noch spannendere Geschichte. Sie zeigten nämlich, dass die höheren Preise gleichzeitig zu einer stärkeren Aktivität in einem Gehirnbereich namens medialer orbitofrontaler Kortex führten. Dieser Teil des Gehirns wird aktiviert, wenn Menschen angenehme Geruchs- oder Geschmackswahrnehmungen erleben.

Diese faszinierenden Ergebnisse zeigen auf, wie das Gehirn einen höheren (Flaschen-)Preis in ein stärkeres sensorisches Empfinden übersetzt. Preisinformationen üben also tatsächlich einen starken Einfluss auf unsere Emotionen aus. Aber das ist nur eine der für uns wichtigen wissenschaftlichen Erkenntnisse über die Magie von Preisen.

Ein weiteres Prinzip, das die Wirkung von Preisen, zum Beispiel auf den Geschmack von Wein, erklärt, nennt man Preis-Qualitäts-Heuristik (price-quality heuristic).[47] Vereinfacht besagt dieses Prinzip, dass höhere Preise mit höherer Qualität und niedrigere Preise mit schlechterer Qualität gleichgesetzt werden. Für Käufer überall auf der Welt wird diese unbewusste Korrelation tagtäglich und millionenfach zur Grundlage ihrer Kaufentscheidungen.

Es ist unser Anliegen, den Faktor Preis im unsichtbaren Spiel zu ergründen. Wir steigen deshalb noch tiefer in die Materie ein und definieren Preis als: eine beliebig beeinflussbare Verbindung zwischen einem Produkt – einschließlich seines Narrativs und dem gesamtem Angebotskontext – und einer Zahlenkombination, die zum Preis mutiert. Erinnern Sie sich noch an unsere Diskussion in Kapitel 4 über die Illusion von Zahlen?

Der Grund, warum wir »beliebig beeinflussbare Verbindung« sagen, ist, dass wir Menschen kein biologisches Messinstrument haben, das »etwas« wiegen oder messen und dann als angemessen bewerten könnte. Das Kofferexperiment hat uns das erleben lassen. Preise sind also keine festen physikalischen oder neurobiologischen Größen. Wir haben keine fest verdrahteten Barcode-Scanner in unseren Gehirnen, genauso wenig wie wir eine eingebaute Waage oder ein körpereigenes Thermometer haben.

Was wir dagegen sehr wohl haben, ist ein breites Spektrum an Empfindungen und Impulsen. Wir können die Zehen in ein Schwimmbecken tauchen und sofort sagen, ob wir das Wasser als zu kalt, zu heiß oder als angenehm empfinden. Unsere Gehirne und unsere Körper reagieren entsprechend, aber wir können diese Empfindungen nicht mit konkreten Zahlen belegen, jedenfalls solange wir keine weiteren Bezugspunkte und keinen Kontext haben. Dabei ist zum Beispiel die empfohlene Wassertemperatur für einen Schwimmwettbewerb nicht einfach *warm*, sondern 28 °C. Wir wissen auch, aus den Erzählungen anderer oder eigenen leidvollen Erfahrungen, dass es sinnvoll ist, das Wasser in öffentlichen Bädern mit Chemikalien zu behandeln. Als Laien können wir aber eher nichts über diese Chemikalien, deren Qualität und Kosten sagen, es sei denn, jemand gibt uns einer Skalierungshilfe, zum Beispiel mit der Information über eine gute Qualität bei einem Referenzpreis von 100 Euro pro Kanister.

Wie beliebig diese Skalen und Zahlen sind, erleben wir, wenn wir die gleiche Diskussion geografisch in die USA verlegen. Dort nämlich liegt die ideale Wassertemperatur bei 82°, und der Referenzpreis beträgt 110 Dollar pro Kanister für entsprechende Chemikalien.

Für sich genommen haben Zahlenkombinationen, die Preise darstellen, also keine absoluten, keine intrinsischen Bedeutungen. Sie ziehen ihre Bedeutung immer aus dem Kontext, und zwar sowohl aus dem, den der Verkäufer liefert, *als auch aus* den eigenen gedanklichen Assoziationen des Käufers.

Ein Team unter der Leitung von Brian Knutson von der Stanford University zeigte, dass unser Gehirn diesen Kontext schon herstellt und auf

Preise reagiert, *bevor* wir uns überhaupt gedanklich bewusst mit dem Thema Kauf befassen. Um die Kaufentscheidungen von Menschen in Abhängigkeit vom Preis zu untersuchen, arbeiteten Knutson und sein Team mit funktioneller MRT (Kernspintomografie). Ihre Ergebnisse lassen den Schluss zu, dass »die Aktivierung bestimmter Hirnregionen, die mit der Erwartung von Gewinn und Verlust zusammenhängen, Kaufentscheidungen vorausgeht und zur Vorhersage von Kaufentscheidungen genutzt werden kann«.[48] Mit anderen Worten: Was Käufer über einen Preis sagen und was sie wirklich denken und fühlen, sind zwei unterschiedliche Dinge, wobei Letzteres sich oft als der stärkere Antrieb herausstellt.

Kai hat sich immer schon für dieses Phänomen, für die Diskrepanz zwischen einer bewusst geäußerten und einer meist verborgenen tatsächlichen Kauf- und Zahlungsbereitschaft interessiert. Viele seiner eigenen Forschungsarbeiten widmen sich diesem Thema, auch die in den Medien als *Starbucks-Studie* bekannte Arbeit. Man sollte annehmen, dass Starbucks seine Preise auf der Grundlage von Kundenbefragungen und deren Werteinschätzung festlegt; genauso wie die Auswahl der angebotenen hauseigenen Geschmacksrichtungen auch bestimmten Verbraucherpräferenzen folgt. Schließlich hat sich Starbucks in vielen Regionen der Welt spektakuläre Marktanteile erobert, unter anderem auch in Europa, wo Kai seine Studien durchführte.

Erinnern Sie sich an die Untersuchung, die Kai in der Einleitung beschrieben hat? Geringe Verzögerungen in der Beantwortung von Fragen ließen ihn vermuten, dass in den Köpfen der Befragten gedanklich viel mehr vor sich ging, als ihre einfachen Ja-Nein-Antworten, mit denen sie auf die angezeigten Preispunkte reagierten, verrieten. In der *Starbucks-Studie* zeigten Kai und sein Team den Probanden dieselbe Tasse Starbucks-Kaffee, aber jeweils zu unterschiedlichen Preisen. Die Teilnehmer wurden gebeten, Ihre Einschätzung des jeweiligen Preises mit Worten wie »billig« oder »teuer« zu beschreiben, während gleichzeitig die Hirnströme der Befragten gemessen wurden.[49] Auch hier stellten Kai und sein Team fest, dass Preise, die weit außerhalb des üblichen Rahmens lagen, wie zum Beispiel 10 Cent oder 10 Euro pro Tasse, direkt abgelehnt wurden.

Sobald sich die Preise aber in angemesseneren Bereichen bewegten, gab es besagte geringe Verzögerungen, die Antworten wurden also für die Probanden schwieriger. Im Ergebnis empfahl die Studie einen optimalen Preis von 2,40 Euro pro Tasse.

Das Erstaunliche an diesem Ergebnis ist, dass der Preis für eine Tasse Starbucks-Kaffee in der Heimatstadt der Probanden zu diesem Zeitpunkt tatsächlich nur 1,80 Euro betrug, also 25 Prozent unter dem Preis, den Kunden hier aufgrund der bei ihnen durchgeführten Hirnscans für akzeptabel halten würden. In zahlreichen Folgestudien zur Ermittlung der *Zahlungsbereitschaft* im Zusammenhang mit Unternehmen, wie zum Beispiel auch PepsiCo, wies Kai nach, dass diese Art der hirnscanbasierten Preisfindung allen traditionellen, meist auf Fragebögen basierenden Marktforschungsansätzen weit überlegen ist. Bei PepsiCo ging es darum, mit welchem negativen Umsatzeffekt das Unternehmen im türkischen Markt rechnen müsste, wenn es den Preis für eine Packung Lays Potato Chips um 0,25 türkische Lira anheben würde. Die traditionelle Preisforschung sagte den Verantwortlichen einen Umsatzverlust von 33 Prozent voraus. Im Gegensatz dazu prognostizierte der neurowissenschaftliche Ansatz einen Umsatzrückgang von nur 9 Prozent als Folge der Preiserhöhung. PepsiCo erhöhte den Preis, mit dem Ergebnis eines tatsächlichen Umsatzverlustes von 7 Prozent. Der traditionelle Marktforschungsansatz hätte das Unternehmen fehlgeleitet. Dagegen lag die neurowissenschaftliche Prognose sehr nah an dem tatsächlich eingetretenen Markteffekt.[50]

Fazit: Die hier gezeigte Diskrepanz zwischen geäußerter und tatsächlicher Zahlungsbereitschaft lässt sich ohne Weiteres auch auf B2B-Verhandlungen übertragen. Diese *tatsächliche* Zahlungsbereitschaft dann auch gezielt ansprechen zu können, ist eines der unsichtbaren Erfolgsgeheimnisse für jede Verhandlung, egal ob Sie gerade defensiv oder offensiv spielen.

Kapitel 5

Mathe + Story = Preis

Wir können sie förmlich hören. Diese innere Stimme, die Ihnen gerade zuflüstert: »Ich verkaufe doch gar keinen Kaffee oder Wein, was also hat diese ganze Wissenschaft denn mit mir zu tun?«

Um diese Frage zu beantworten, wenden wir uns an die Nobelpreisträger George Akerlof und Robert Shiller, die 2009 gemeinsam das Buch *Animal Spirits: Wie Wirtschaft wirklich funktioniert* geschrieben haben. In diesem Buch geht es zwar im Kern um makroökonomische Effekte, die Ausführungen der Autoren zur Bedeutung psychologischer Aspekte wie Selbstvertrauen, Vertrauen und Fairness sind jedoch gleichermaßen von betriebswirtschaftlicher Relevanz. »Vertrauen, Fragen der Fairness, Korruption, Geldillusion«, so Akerlof und Schiller, »stehen in Bezug zu den realen Motiven der Menschen. Die Animal Spirits sind allgegenwärtig. Es ist vermessen und erscheint uns absurd, so wie die herrschende Makroökonomik anzunehmen, sie spielten allenfalls eine unbedeutende Rolle.«[51]

Mit anderen Worten: Erkenntnisse aus der Verhaltensökonomie, Psychologie und den Neurowissenschaften sind für alle relevant, die professionell verkaufen oder kaufen. In all diesen Tätigkeiten sind wir Menschen denselben Effekten und Kräften ausgesetzt. Alle Konzepte, die wir bisher beschrieben haben, und alle weiteren, die wir im Verlauf des Buches noch vorstellen werden, spiegeln die natürlichen Verhaltenstendenzen des menschlichen Gehirns in Bezug auf Preise und Kaufentscheidungen wider. Mögen wir in einigen spezifischen Empfehlungen auch explizit Verkäufer in größeren Unternehmen ansprechen, schließt das nicht aus, dass diese Empfehlungen genauso gut in die Arbeitswelt von selbstständigen Geschäftsleuten, Beratern, Dienstleistern oder Freelancern passen. Sie sind B2B-übergreifend relevant, unabhängig von Branche, Produkt, Dienstleistung oder Größe eines Unternehmens.

Lange Zeit propagierten die Wirtschaftswissenschaften die Hypothese des Homo oeconomicus. Verhalten wurde ausschließlich unter rationalen, auf Nutzenmaximierung ausgerichteten Aspekten betrachtet. Das Modell des Homo oeconomicus ist sozusagen die perfekte Verkörperung des System-2-Denkens, ignoriert aber völlig die Existenz von System 1 und dessen universellen Einfluss auf menschliches Verhalten. Der technologische Fortschritt und interdisziplinäre Wissenschaftsansätze haben in den letzten Jahrzehnten jedoch zu neuen wissenschaftlichen Erkenntnissen geführt, die bahnbrechend sind, weil sie den Homo oeconomicus als unvollständiges und fehlerhaftes Modell entlarven. Mehr als die Hälfte der Manager aus der im ersten Kapitel zitierten schwedischen Studie haben angegeben, dass sie bei geschäftlichen Entscheidungen, ganz oder zumindest teilweise, ihrer Intuition folgen. Kein Wunder also, dass der österreichische Sozialwissenschaftler Ludwig von Mises bereits in den 1930ern feststellte, dass Menschen nicht rein ökonomisch handeln: »...[Dass der Geschäftsmann] nicht allwissend ist, daß er irren kann und daß er auch bewußt unter Umständen seine Bequemlichkeit einem gewinnbringenden Geschäft vorzieht«, ist den Klassikern auch nicht entgangen.[52]

Die Zeitschrift *The Atlantic* geht in einem Artikel mit der Überschrift »Richard Thaler wins the Nobel in economics for killing homo economicus« noch einen Schritt weiter. Thalers Karriere sei ein lebenslanger Krieg gegen den Homo oeconomicus gewesen, »gegen jene Spezies von rein rationalen Hominiden; ein Mythos, der sich nur noch in den Modellen der klassischen Wirtschaftstheorie halten kann«.[53] Zweifel an der Dominanz des rationalen ökonomischen Denkens gab es schon lange vor Thaler und anderen Kritikern. Bereits 1936 beschrieb John Maynard Keynes, wie der Mensch den Markt durch emotionale Entscheidungen beeinflusst. Er prägte den Begriff *Animal Spirits*, den auch Akerlof und Shiller für ihr Buch übernommen haben.[54]

Inzwischen gleicht der Homo oeconomicus mehr einem Zombie. Das klassische Modell übt immer noch einen gewissen Einfluss aus, gilt aber nicht mehr als die alles dominierende Theorie. Um es auf den Punkt zu bringen: Rein rationale Wesen sind auf keiner der Seiten eines Verhandlungstisches oder in einer Videokonferenz zu finden. Das sollten wir im Hinterkopf behalten, wenn wir die Welt des Weins und des Kaffees verlassen und uns einer Geschichte aus einem großen Unternehmen zuwenden, bei der es um die Lancierung neuer Produkte und deren Preisstellung geht.

Glasswhere, ein internationaler Anbieter von Laborausrüstungen, wollte sein bestehendes Portfolio an Labormaterialien erweitern und eine neue Serie von Chemikalienschutzhandschuhen auf den Markt bringen.[55] Die Manager wussten nicht viel über diesen Markt, also starteten sie eine Marktrecherche. Auf der Suche nach marktüblichen Preisstellungen arbeiteten sie sich durch die Wettbewerbskataloge und Websites ähnlicher Spezialanbieter. Dabei kam ihnen folgende Idee:

Mithilfe einiger ihrer größten Distributionspartner boten sie ihre Handschuhe probeweise mit unterschiedlichen Preisstellungen im Markt an, mit dem Ziel, auf diesem Wege den optimalen Einführungspreis für ihren offiziellen Markteintritt zu ermitteln. Diese Tests ähnelten dem CalTech-Weinexperiment. Aber statt die Zufriedenheit eines Probanden abzufragen, drückte sich Attraktivität und Zufriedenheit hier dadurch aus, dass potenzielle Interessenten tatsächlich Geld in die Hand nahmen und die Handschuhe kauften. Das Ergebnis dieses Marktplacement-Test kam für alle überraschend: Glasswhere würde, im Vergleich zum Marktführer Ergz, mit der eigenen Handschuhmarke einen mindestens 10 Prozent höheren Durchschnittspreis erzielen können. Weitere Fokusgruppen und kleinere Umfragen auf anderen Märkten bestätigten dieses Ergebnis.

Was dieses Ergebnis so bemerkenswert macht? Die Handschuhe, die Glasswhere unter seinem eigenen Markennamen testete, waren den Käufern nicht nur 10 Prozent mehr wert als die Handschuhe von Ergz, dem Marktführer und neuen Hauptkonkurrenten. *Es waren die Handschuhe von Ergz.* Dieser Test unterstreicht den inhärenten Zusammenhang zwischen einem Preis und der hinter dem Produkt stehenden Geschichte. In diesem

Fall war es die Marke Glasswhere, die eine starke Geschichte erzählte. Marken sind wie ein Quellcode, im dem alles vereint ist, was ein Unternehmen ausmacht. Durch positives Kundenfeedback verstärkt, entsteht eine selbsterfüllende Prophezeiung. So werden unwiderstehliche Marken geboren.

Bei jeder Kaufentscheidung sind Kontext und Preis untrennbar miteinander verbunden.

Die Marke und ihr Narrativ bilden eine magische Kombination aus Worten und Bildern, die in der Lage ist, bei den Käufern Vertrauen und Verlangen auszulösen. Dies gilt für B2B-Produkte ebenso wie für ein Paar Sneakers oder eine Handtasche; ja selbst für Restaurants, die wir in unseren Workshops immer wieder mal als Studienobjekte nutzen, weil sich anhand von Speisekarten eine System-1-konforme Preisgestaltung sehr gut demonstrieren lässt. Doch zurück zum Thema. Über den Wert der Marke des berühmten schottischen Kochs Gordon Ramsay schreibt die britische Tageszeitung *The Guardian*: »Ramsay hat erkannt, dass die Meinung von Feinschmeckern keine Rolle spielt. Wenn sein Bekanntheitsgrad hoch genug ist, wenn ihm genug Sendezeit zur Verfügung steht, seinen Markenkern [...] zu verbreiten, dann macht seine Anwesenheit in der Küche keinen Unterschied für die Zahl der Menschen, die in seine Restaurants strömen.«[56] Die Besucher seiner Lokale kaufen und probieren Ramsays Marke, seine Story, nicht mehr nur das Essen, das er persönlich kocht.

Fazit: Alle Erkenntnisse aus der modernen Forschung untermauern unsere fundamentale Aussage, dass ein *Preis* eine sensorische, emotionale und damit letztlich eine neurobiologische Erfahrung ist. Ganz gleich, welches Produkt oder welche Dienstleistung man verkauft oder kauft, der Preis ist viel mehr als nur eine Zahlenkombination. Preise sind das Ergebnis von Storys, von Narrativen, die das gesamte Spektrum menschlicher Emotionen steuern können: Angst, Wut, Hochgefühl, Euphorie, Enttäuschung, Ärger, Eifersucht, um nur einige zu nennen.

Preise sprechen uns emotional an und können Freude oder Schmerz auslösen.

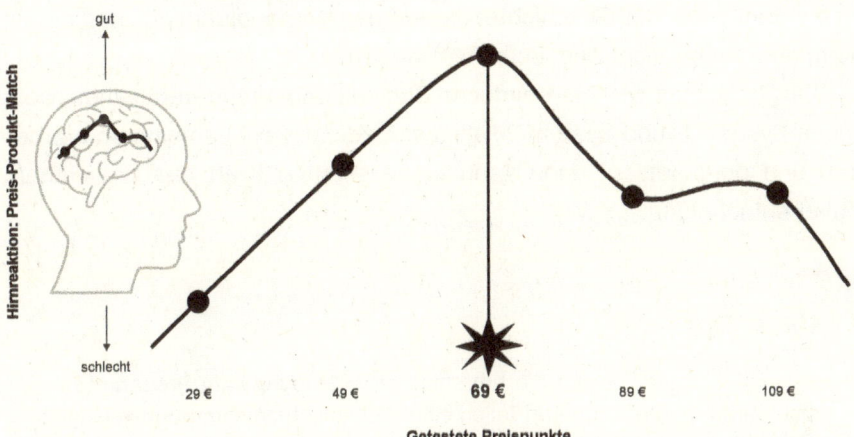

Abbildung 5.1: Preise sind emotionale Trigger, die untrennbar mit Geschichten verbunden sind. Der Wohlfühlpreis ist der höchste Preis, der im Gehirn des Käufers noch eine angenehme, positive Reaktion hervorruft. In dieser Grafik beträgt der Wohlfühlpreis für den Käufer 69 Euro.

Verkaufstrainings, die die Funktionsweise von Preisen eher traditionell angehen, führen fast zwangsläufig dazu, dass Verkäufer diesen Wohlfühlpreis in Verhandlungen verfehlen. Schlimmer noch, sie werden sich wahrscheinlich im weiteren Laufe der Kundenbeziehung sogar immer weiter davon entfernen. Der Grund dafür ist, dass konventionelle Trainings die intellektuellen Fähigkeiten, Probleme zu lösen, überbetonen. Das entspricht der klassischen Definition von »Brain Power«. Dabei ist es gerade die *andere* Form von Brain Power, die uns erfolgreich durch einen großen Teil unseres Alltags steuert. Dazu gehören ein geschultes Situationsbewusstsein, Kontrolle über unsere Emotionen und eine fein abgestimmte Intuition, die dazu befähigt, Verhalten situationsgerecht und zielgerichtet einzusetzen.

Auch die Geschichten, die wir unseren Kunden erzählen, entstehen unter diesem Einfluss. Selbstverständlich kommen unsere System-2-Analysedaten und alle Argumente auf den Tisch. Schließlich wollen wir unsere Kunden von den Vorteilen, die wir zu bieten haben, überzeugen. Eher unsichtbar sind dagegen die unbewussten Einflüsse und emotionalen Geschichten hinter der Geschichte, die auf den Verhandlungsprozess einwirken, aber meist nicht angesprochen werden.

Ein Preis mag wie eine einfache Zahlenkombination erscheinen, aber wenn System-1- und System-2-Fähigkeiten diese Zahl gemeinsam erarbeiten und durchsetzen, dann kann diese geballte Kraft das unsichtbare Spiel entscheiden.

Unser Tipp

In Kapitel 5 geht es um die untrennbare Verbindung vom Preis und den sichtbaren wie unsichtbaren Teilen einer Geschichte, die im Kontext erzählt wird. Die hier gezeigte Abbildung »Math + Story = Price« illustriert diese Aussage. Sie können diesen Spickzettel übrigens auf der am Ende des Buches genannten Webseite herunterladen.

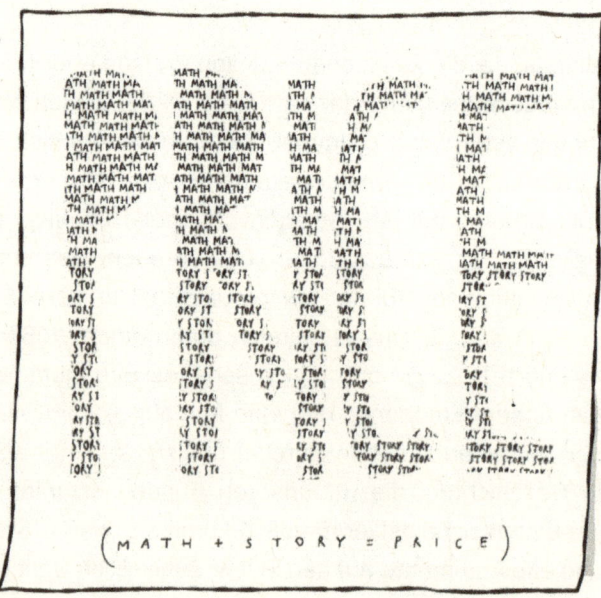

(MATH + STORY = PRICE)

Kapitel 6

Aufgedreht oder durchgedreht?

U m in Verkaufsverhandlungen dauerhaft erfolgreich zu sein, muss man nicht nur über ein geschultes Situationsbewusstsein verfügen und die Grundlagen von System-1- und System-2-Denken verstanden haben. Man muss fähig sein, seine eigenen Reaktionen situationsbedingt immer neu zu kalibrieren, und gleichzeitig die Reaktionen von Verhandlungspartnern beeinflussen können. Welche Art von intuitiv abrufbaren Antworten hätten Sie gerne in Ihrem Verkaufsrepertoire?

Jeder von uns stellt sich von Zeit zu Zeit die Frage: »Was wäre, wenn…?« Was würden Sie tun, wenn Sie im Lotto gewinnen würden? Oder wenn Sie eine prestigeträchtige Auszeichnung erhalten würden? Die Situationen, die sich vor dem inneren Auge dabei abspielen, müssen durchaus nicht immer positiver Natur sein. Was würden Sie tun, wenn Sie nach Übergabe der Auszeichnung eine Rede vor einem Publikum von 1000 Zuhörern halten müssten? Oder wenn es mal ganz schlimm käme: Was würden Sie tun, wenn ein Einbrecher mitten in der Nacht in Ihr Haus eindringen würde?

In Wahrheit haben die meisten Menschen absolut keine Ahnung davon, wie sie in solchen Situationen wirklich reagieren würden, egal was sie sich vorstellen oder anderen gegenüber behaupten. Wenn man diese Situation noch nie erlebt hat, ist alles reine Spekulation.

Stellen Sie sich folgende Situation vor: An einem sonnigen Nachmittag gehen Sie spazieren, als plötzlich neben Ihnen auf dem Weg eine Fremde zusammenbricht. Was würden Sie tun? Vor genau dieser Entscheidung standen Kais Eltern an einem Spätsommertag im Jahr 2020, als eine Frau mittleren Alters, der sie begegneten, plötzlich bewusstlos zusammenbrach und ihre Begleiterin in Panik erstarrte. In diesen ersten kritischen Momenten schienen alle Anwesenden vor Schreck gelähmt, auch Kais Mutter.

Nicht so Kais Vater. Er wurde sofort aktiv. Seine schnelle Reaktion und sein Handeln retteten das Leben der Frau. Er hielt sie stabil, bis ein Notfallteam eintraf. »Absichern, Notruf absetzen, Herzdruckmassage beginnen, keine Sekunde verlieren – das ist in meinem Hinterkopf so drin«, sagte er einem lokalen Radiosender.[57]

System 1 bestimmte die ersten Reaktionen aller Beteiligten auf dem Bürgersteig des beschaulichen schwäbischen Dorfes, aber Kais Vater hatte als Einziger zeitlebens die richtigen Handlungsschritte mit repetitivem Training perfektioniert. Er war jahrelang als aktiver freiwilliger Feuerwehrmann tätig gewesen und frischte sein System-1-Handlungswissen durch regelmäßige Rote-Kreuz-Kurse auf. Daher war sein System 1 im richtigen Moment sofort einsatzbereit.

Soldaten, Schauspieler, Profisportler und Mediziner sind anschauliche Beispiele für Menschen, die in Drucksituationen angemessen reagieren, auf eine Art, die andere Menschen mit weniger Übung, Training oder Erfahrung nicht meistern. Diese Art der Programmierung ist tief in ihrer mentalen Maschinerie verankert. Sowohl die Komplexität einer Aufgabe als auch die Anwesenheit anderer Menschen können solche vorprogrammierten Reaktionen verstärken. Der Psychologe Robert Zajonc von der University of Michigan testete diese Theorie, indem er 72 Studienteilnehmer mit vier Aufgaben konfrontierte: ein Sprint auf einer geraden Laufbahn, mit und ohne Publikum, und Laufen durch ein Labyrinth, ebenfalls mit und ohne Publikum.

Der Sprint auf einer Geraden repräsentierte eine leichte Herausforderung, während das Labyrinth als komplexerer – und demnach anspruchsvollerer – Test galt. Das Ergebnis, das Zajonc und seine Kollegen in ihrer wissenschaftlichen Abhandlung präsentierten, war eindeutig: Publikum führte zu besseren Leistungen auf der geraden Laufbahn, aber zu schlechteren Leistungen im Labyrinth. Die Studie kam daher zu dem Schluss, dass »die bloße Anwesenheit von Artgenossen eine Quelle allgemeiner Erregung ist, die das Auslösen dominanter Reaktionen fördert«.[58] Die Teilnehmer zeigten also eine sogenannte dominante Reaktion. Dabei handelt es sich um stereotype System-1-Handlungsreaktionen, die in unseren Gehirnen fest verankert sind, ganz egal welche Fantasien wir entwickeln, wenn wir rein hypothetisch darüber nachdenken, was wir in einer Stresssituation tun würden.

Man kann die Arbeit von Zajonc wie folgt zusammenfassen: Wenn eine Menschenmenge Ihnen bei einer einfachen, sich routinemäßig wiederholenden Aufgabe zusieht, ist die Wahrscheinlichkeit hoch, dass Sie eine bessere Leistung erbringen, als wenn Sie die Aufgabe ohne Zuschauer erledigen. In Bezug auf Ihre dominante Reaktion bedeutet dies, dass die Anwesenheit von Beobachtern – Fans bei einem Sportereignis, unterstützende Kollegen bei einer Besprechung oder Teilnehmer an einer Konferenz – Ihre Leistung bei Ihren automatisierten Routineaufgaben verbessert. Sie drehen auf, aber nicht durch.

Wie universell und allgegenwärtig ist die Idee der *dominanten Reaktion*? Denken Sie noch einmal an die geschilderte Notfallsituation zurück. Die vorherrschenden dominanten Reaktionen fast aller Anwesenden waren Panik und Schockstarre. Nicht jedoch bei Kais Vater, seine dominante Reaktion war: »Erste Hilfe leisten.« Erinnern Sie sich an den Blackout-Moment des Baseballspielers Adam Eaton aus dem ersten Teil dieses Buches? In einem Endspiel, in dem es um alles oder nichts ging, sah er einen Pitch kommen und sagte sich: »Nein, nicht schlagen!« Aber seine dominante Reaktion ließ ihn den auf ihn zufliegenden Ball trotzdem annehmen. Sein erfolgreicher Treffer half seinem Team, 2019 das Finale zu gewinnen.

Der vielleicht faszinierendste Aspekt von Zajoncs Experiment führt uns zurück zu dem von Keynes geprägten und von Akerlof und Shiller für ihren Buchtitel verwendeten Begriff, Animal Spirits. Weshalb? Nun, Zajonc führte das Experiment nicht mit Menschen durch, seine Probanden waren Kakerlaken. Natürlich wollen wir Verkäufer nicht mit Kakerlaken auf eine Stufe stellen. Aber die Erkenntnisse aus dieser Arbeit sind übergreifend relevant. Auch die Geschäftswelt kennt Herausforderungen, die bei allen Beteiligten dominante Reaktionen hervorrufen. Die von Zajonc beschriebenen Reaktionen sind so tief verwurzelt, dass wir diese Grundelemente des Sozialverhaltens selbst mit den einfachsten Tieren dieser Welt teilen. Verkaufsverhandlungen sind da keine Ausnahme.

Sie erinnern sich, dass wir im ersten Teil des Buches erklärt haben, warum Verkäufer in einer Verhandlung den ersten Schritt machen sollten. Dies widerspricht konventionellen Ansätzen, die empfehlen, dass das Verkaufsteam erst einmal einfach abwarten sollte, bis die Einkaufsseite das erste Angebot macht, aus Sicht der Verkäufer also ihre Karten offenlegt. Das Problem ist, dass diese abwartende Haltung der Verkäufer der Einkaufsseite einen entscheidenden Vorteil gewährt, weil es ihr die Gelegenheit gibt, einen Ankerpreis zu setzen, der ab dann die gesamte Verhandlung bestimmt. Das bringt das Verkaufsteam in eine nachteilige Verhandlungsposition, die danach oft nur noch wenig Spielraum lässt.

Stellen wir uns eine Verkaufsverhandlung vor und nehmen wir an, dass Sie als Verkäufer ein erstes Angebot machen. In diesem Fall ist häufig der nächste Schritt, dass der Einkäufer einen Preisnachlass verlangt. Wenn dies geschieht – was fast unvermeidlich ist – hängen der Verlauf und das Ergebnis der gesamten Verhandlung von der in Ihrem Gehirn verankerten dominanten Reaktion ab.

Doch wie wird diese dominante Reaktion aussehen?

Stellen Sie sich vor, Sie sagen zu der Forderung der Einkäuferseite sofort, selbstbewusst und ohne Zögern oder Vorbehalte: »Nein!« Was würden Sie dafür geben, über eine solche Superkraft zu verfügen? Stellen Sie sich vor, dass, wenn das nächste Mal ein Kunde um einen niedrigeren Preis, Rabatt oder ein anderes Zugeständnis feilscht, Sie das gleiche situationsgerechte Reaktionsvermögen abrufen könnten, ganz nach dem Vorbild von Rettungssanitätern, Soldaten oder Sportlern. Wäre das nicht großartig?

Sie zu ermutigen, ein »Nein!« zu Ihrer dominanten Reaktion auf Rabattanfragen zu machen, ist eines unserer Hauptziele in diesem zweiten Teil des Buches. Denn dieses »Nein!« ist ein entscheidender Aspekt im unsichtbaren Spiel, wann immer wir defensiv spielen müssen. Wenn Sie sich die Fähigkeit, Nein zu sagen, aneignen, verhindern Sie, dass Sie sich noch weiter vom Wohlfühlpreis des Käufers entfernen, wie Abbildung 5.1 darstellt.

Dieselben Techniken werden es Ihnen aber auch ermöglichen, entspannter, selbstbewusster und konsequenter zum Geschäftsabschluss zu kommen und Preiserhöhungen und Preisanpassungen aktiv so zu verhandeln, dass Sie Preise erzielen, die viel näher am Wohlfühlpreis liegen. Dies sind entscheidende Aspekte im unsichtbaren Spiel, wann immer wir offensiv spielen wollen. Auf diese Techniken werden wir in Teil III näher eingehen.

Kapitel 7

Ein »Ja!« mit Folgen – abgerechnet wird zum Schluss

Verkäufer begründen Zugeständnisse, die sie Kunden machen, mit vermeintlich gut durchdachten Zielsetzungen. Sie argumentieren, dass Rabatte ein Geschäft schneller zum Abschluss bringen, dass zufriedene Kunden wiederkommen und diese Aktionen damit auf längere Sicht zu höheren Umsätzen führen. Preisnachlässe werden auch als ein probates Mittel gesehen, um in konkreten Fällen Wettbewerbsangebote auszuhebeln, oder vorausschauend angewendet, um das Geschäft für den Wettbewerb weniger schmackhaft zu machen.

Warum neigen so viele B2B-Verkäufer aber *wirklich* dazu, so bereitwillig auf Rabattwünsche oder Preisnachlässe einzugehen, um dann nur noch die Höhe und den Zeitpunkt der Implementierung zu verhandeln? Warum also ist »Akzeptanz« die vorherrschende dominante Reaktion und warum ist dieser schnelle Impuls, diese übliche dominante Reaktion so schwer zu korrigieren?

Diese willige Konzessionsbereitschaft ist möglicherweise auf einen Halo-Effekt aus der eigenen Erfahrung als privater Verbraucher, der regelmäßig mit Rabattaktionen oder Coupons gelockt wird, zurückzuführen.[59] Erfahrungswerte aus dem privaten Umfeld werden dabei ungefiltert in das Berufsleben übertragen. Wenn solche Zugeständnisse zu persönlicher Zufriedenheit und damit zu Loyalität eines privaten Käufers führen, so die unbewusste Annahme, dann müsste doch der gleiche positive Goodwill-Effekt auch in Verhandlungen mit B2B-Einkäufern in einem geschäftlichen Umfeld auftreten. Diese Annahme verfestigt sich im Laufe der Zeit zu einer nicht länger hinterfragten Einstellung. Rabattanfragen werden daraufhin auch im geschäftlichen Umfeld als legitim hingenommen und mit großer Selbstverständlichkeit positiv beantwortet. Dadurch verstärkt sich das Verhaltensschema so lange, bis es bewusst hinterfragt wird.

Die Studien von Zajonc geben Aufschluss darüber, welch hohen Anteil äußere Bedingungen daran haben, wie angemessen und erfolgreich unsere untrainierte dominante Reaktion in einer bestimmten Situation ist. Immer wenn sich die untrainierte dominante Reaktion als angemessen und erfolgreich erwiesen hat, dann deutet das daraufhin, dass die zu erfüllende Aufgabe eher einfach war oder für den Ausführenden weniger auf dem Spiel stand. Im Umkehrschluss heißt das: Immer wenn die angemessene Reaktion eine andere hätte sein müssen als die dominante Reaktion, dann war die Aufgabe für den Ausführenden eher schwieriger. Und der Schwierigkeitsgrad steigt mit der Höhe des Einsatzes.

Wir müssen den Tatsachen ins Auge sehen. Wenn in solchen Situationen Ihre untrainierte System-1-Handlungsreaktion dominiert, laufen Sie Gefahr, zu viele Kompromisse zu machen. Je komplexer, herausfordernder oder stressiger eine Situation ist, desto größer ist die Wahrscheinlichkeit, dass Sie hinter Ihren Möglichkeiten zurückbleiben oder es gleich ganz vermasseln – mit vielleicht dauerhaften Folgen für Sie und Ihr Unternehmen. Kein Wunder also, dass Ihnen solche Situationen manchmal schlaflose Nächte bereiten.

Druck und Stress werden übrigens noch verstärkt, wenn jemand unter kritischer Beobachtung steht oder sich wie auf einem Prüfstand fühlt. Psychologen bezeichnen dieses Phänomen als »Social Facilitation«.

Stellen Sie sich vor, was dies für die Leistung von Verkäufern in großen Unternehmen bedeutet, in denen Komplexität eher die Norm als die

Ausnahme ist. In deren Verkaufsverhandlungen übt das eigene Management den sozialen Druck aus, und die Summen, um die es geht, erhöhen den inneren Stress zusätzlich. Die Konsequenzen eines Scheiterns sind groß und allgegenwärtig. Für den Verkäufer selbst stehen Tausende Euros in Form von Gehalt, Provisionen oder Boni auf dem Spiel. Für seinen Arbeitgeber geht es manchmal um Millionen an Umsatz, Gewinn oder Verlust.

Natürlich weiß die Einkäuferseite um diesen Effekt und heizt den Stress in diesen Situationen absichtlich weiter an, indem sie kurze Fristen setzt oder versucht, das Verkaufsteam auf andere Weise aus dem Konzept zu bringen. Einkäufer setzen alles daran, dass ihre Forderung nach niedrigeren Preisen auf fruchtbaren Boden fällt und bei Verkäufern auf willige Bereitschaft trifft, obwohl die Antwort aus Unternehmenssicht »Nein« oder zumindest »Mal sehen« lauten sollte.

Mit Abbildung 7.1 gehen wir näher auf die Kräfte ein, die auf eine Verkaufsverhandlung einwirken und dominante Reaktionen auslösen können. Betrachten Sie sie als eine repräsentative Auswahl an Faktoren, die Ihren Blutdruck buchstäblich in die Höhe schießen lassen. Das Risiko steigt, je mehr der folgenden Bedingungen auf Ihre Situation zutreffen: Es steht viel auf dem Spiel und die finanziellen Konsequenzen sind groß. Die Verhandlung ist komplex und auf einen längeren Zeitrahmen angelegt; sie umfasst vielleicht mehrere Produkte oder mehrere Geschäftsbereiche mit komplizierten Rahmenbedingungen. Es kann auch sein, dass die Verhandlung unter unerwartet hohem Stress stattfindet, weil zum Beispiel die Verhandlungszeit oder die zur Verfügung stehenden Ressourcen begrenzt sind oder ungleich besetzte Teams, die sich vielleicht noch nicht einmal kennen, miteinander verhandeln müssen. All diese Faktoren beschränken die innere Handlungsfreiheit des Verkäufers und lösen im schlechtesten Fall eine dominante Reaktion aus. Die entscheidende Frage dabei ist, welcher Impuls – trainiert oder untrainiert – ausgelöst wird. Läuft der mentale Motor zur Höchstform auf, oder kommt es zu einem temporären kognitiven Aussetzer? Dreht das mentale System auf oder dreht es durch?

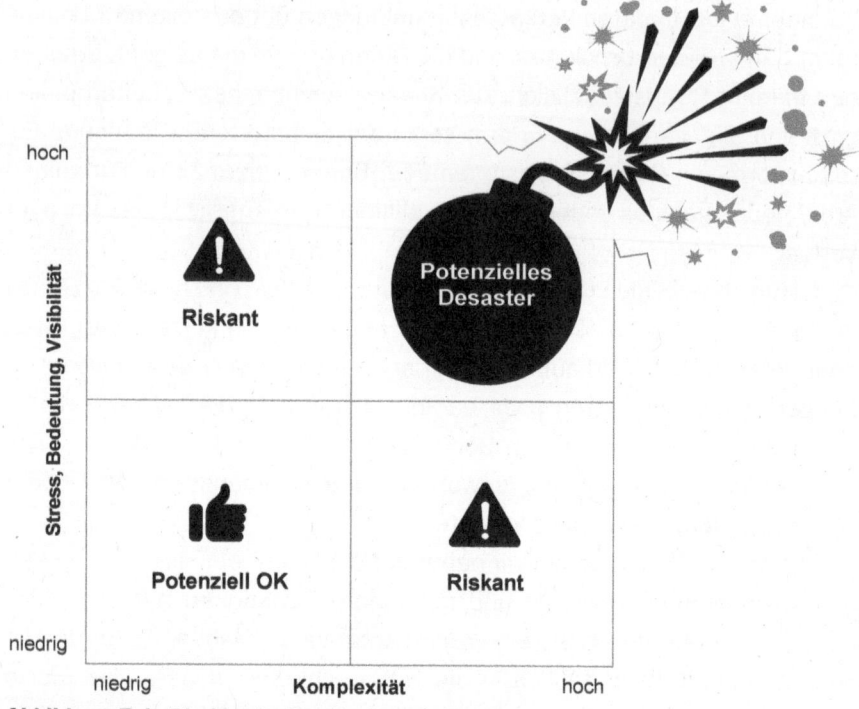

Abbildung 7.1: Die Matrix der dominanten Reaktion

Es gibt Fälle, in denen der Käufer Sie um ein relativ kleines Zugeständnis bittet, zum Beispiel darum, auf eine geringe Gebühr zu verzichten. Diese Diskussion findet unter Ausschluss der Öffentlichkeit nur zwischen Ihnen und dem Käufer statt. Der zu verhandelnde Betrag ist so klein, dass er für das Geschäft unwesentlich ist, die Entscheidung liegt ganz bei Ihnen und erfordert keine Rücksprache mit dem Rest Ihrer Organisation. Solche Situationen sind am ehesten im unteren linken Quadranten von Abbildung 7.1 zu finden.

Eine komplexe, unter extremem Zeitdruck stehende und deshalb angespannte Verhandlung mit Ihrem bedeutendsten Großkunden dagegen würde in den oberen rechten Quadranten fallen. Wenn der Stress und die Visibilität in beiden Unternehmen hoch und die potenziellen Auswirkungen auf das Geschäft gravierend sind, kann Ihr »Ja!« in solchen Momenten zum Desaster werden. Sie müssen mit dauerhaft negativen Folgen rechnen,

die vielleicht irreversibel sind oder nur mit enormen Anstrengungen rück-
gängig gemacht werden können. Ein solches negatives Ergebnis kann sich
im schlechtesten Fall auf die gesamte Wertschöpfungskette Ihres Unternehmens auswirken.

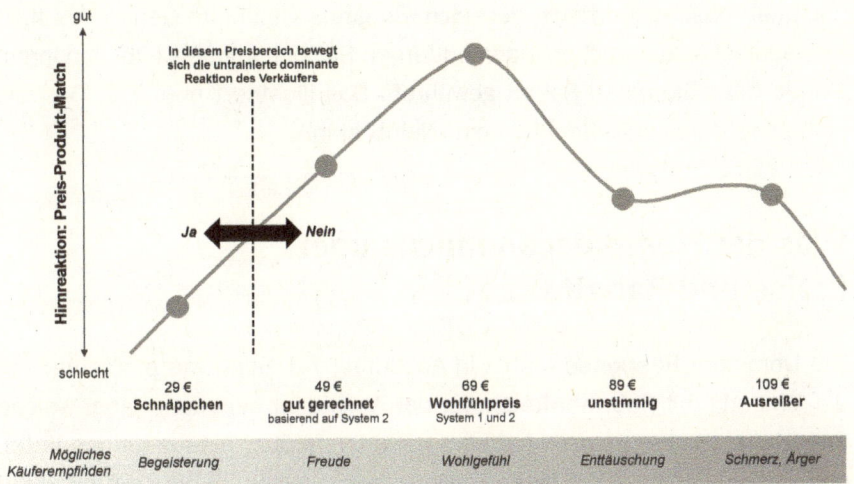

Abbildung 7.2: Die Gefahr, sich mit einem Ja! weiter vom Wohlfühlpreis zu entfernen

Mit seinem bereitwilligen »Ja!« schränkt ein Verkäufer seinen eigenen Handlungsspielraum für den weiteren Verhandlungsverlauf stark ein und die
nachfolgende Verhandlung hat oft nur noch gesichtswahrenden Charakter.
Der Verkäufer gibt seine Handlungsfreiheit freiwillig auf und verliert damit
auch die Möglichkeit, alle anderen mit dem Preis verbundenen Konditionen
zu überprüfen und gegebenenfalls als Verhandlungsmasse zu nutzen. Er
verzichtet gleichzeitig auf die Gelegenheit, für sich und den Kunden bessere, beidseitig gewinnbringendere Optionen ins Spiel zu bringen. Ein »Nein!«
als dominante Reaktion dagegen verschafft ihm zunächst einmal: Zeit zum
Nachdenken. Zeit, die für eine System-2-Analyse genutzt werden kann, um
alle Konsequenzen eines Preisnachlasses durchzuspielen. Danach können
er und sein Team dann entweder das »Nein!« bekräftigen oder den Rabatt

in einem *erweiterten Kontext* klug weiterverhandeln. Ein solches erstes »Nein!« ist auch aus psychologischer Sicht empfehlenswert, da damit die Aufmerksamkeit des Einkaufsteams erneut auf die ursprüngliche Preisstellung, also den vom Verkäufer vorher gesetzten Anker gelenkt und dessen Wirkung verstärkt wird. Wenn Ihr Ziel darin besteht, den Wohlfühlpreis – den höchsten passenden Preis, der noch ein gutes Gefühl im Gehirn des Käufers auslöst – zu erreichen, dann entfernen Sie sich immer weiter von Ihrem Ziel, je öfter Sie einen Rabatt gewähren. Das illustriert Abb. 7.2. Deshalb sollte Ihre dominante Reaktion ein »Nein!« sein.

Was der Homo oeconomicus über Preise und Rabatte sagt

Die Dominant Response Matrix in Abbildung 7.1 zeigt, wie problematisch der Umgang mit Rabattanfragen für den Verkäufer sein kann. Aber welche finanziellen Konsequenzen hat sein Handeln darüber hinaus für das Unternehmen insgesamt? Um diese Frage zu beantworten, greifen wir auf unser System-2-Denken zurück und bitten unseren alten Kollegen, den Homo oeconomicus, um Rat.

Die Mainstream-Verhaltensökonomie mag den Homo oeconomicus für tot erklärt haben, wir als Autoren betrachten ihn eher als Zombie. Denn die Hypothese vom rational handelnden Wesen spukt immer noch in vielen Unternehmen herum und wirkt über alle Funktionen hinweg, von der strategischen Planung bis zur Preisgestaltung. Der Homo oeconomicus erzählt viel über die finanziellen Folgen von Rabattierungen und Preisnachlässen – und unter rein mathematischen Gesichtspunkten hat er auch tatsächlich vollkommen recht. Es lohnt sich also, die mathematische Seite genauer zu betrachten, bevor wir tiefer in die verhaltensbezogenen, psychologischen und neurowissenschaftlichen Aspekte eintauchen.

Beginnen wir mit der Lehrbuchdefinition der B2B-Verkaufsrolle. Verkäufer sollen Kaufentscheidungen so beeinflussen, dass die Entscheidung des Käufers auf das Produkt fällt, das der Anbieter bevorzugt verkaufen will – und am besten zu dem Preis, den sich das Anbieterunternehmen vorstellt. Es mangelt der Welt dabei nicht an ausgeklügelten Wirtschaftstheorien und komplizierten Rechenmodellen – und heutzutage auch nicht an KI-gesteuerten Algorithmen, die dabei helfen sollen, den richtigen, also den bestmöglichen Preis zu finden. Preise nehmen dabei viele variantenreiche Formen und Gestalten an. Es gibt: Ziel-, Höchst-, Mindest-, Äquivalenz-, Ausstiegs-, Durchschnitts-, Brutto- und Nettopreise und viele mehr. Wenn Sie genügend Zeit, Daten und Ressourcen haben, können Sie den optimalen Preis außerdem ermitteln, indem Sie im Markt Angebot und Nachfrage genau analysieren, detaillierte volumenabhängige Kostentabellen erstellen oder Preiselastizitäten nach Kundensegmenten messen. Das ist die konventionelle Herangehensweise, die Sie in jedem Lehrbuch, Universitätskurs oder Training finden und die Ihnen, je nachdem wie viel Zeit, Daten und Ressourcen Sie investieren, eine solide Datenbasis liefern kann.

Sehen wir uns solche Informationen doch mal anhand einer konkreten Situation näher an:

Situation 7.1: Hilfe, mein Geschäft wird neu ausgeschrieben!

Mein Großkunde hat angekündigt, dass er sein gesamtes Einkaufsportfolio zur Disposition stellt, neu ausschreiben und verhandeln will. Da ich schon seit einigen Jahren sein wichtigster Lieferant bin, trifft mich das hart. Mein großes Bestandsgeschäft ist plötzlich gefährdet. Es steht viel für mich auf dem Spiel. Wenn ich nichts unternehme, ist ein Umsatzeinbruch unvermeidlich, schlimmstenfalls droht ein Totalverlust. In der Hoffnung, so viel Umsatz wie irgendmöglich zu retten, werde ich dem Kunden einen Rabatt von 15 Prozent auf den Gesamtumsatz anbieten. Vielleicht kann ich so das Schlimmste verhindern. Wenn ich Glück habe, motiviert das den Kunden sogar dazu, das Geschäft mit mir weiter auszubauen, und ich erhalte mir die Chance, meine Umsatzziele für dieses Jahr doch noch zu erreichen. Ich muss es auf jeden Fall schaffen, mehr zu verkaufen, denn natürlich bedeutet ein Rabatt von 15 Prozent auch, dass ich das Volumen um 15 Prozent erhöhen müsste, um den Umsatz stabil zu halten, korrekt?

Dazu sagt die Wissenschaft: Nein, sogar mehr! Die in diesem Fall angewandte Methodik ist eine simple Break-even-Analyse, eine reine System-

2-Übung. Die zentralen Fragen sind: Wie viele zusätzliche Einheiten müssen Sie verkaufen, wie muss sich Ihr Geschäftsvolumen entwickeln, damit sich der Preisnachlass finanziell rechnet? Und welche finanziellen Auswirkungen hat dieser Rabattdeal auf Ihr Geschäft insgesamt? Selbstverständlich ist die Rettung dieses Geschäftes wichtig, aber zu welchem Preis?

Wie Tabelle 7.1 zeigt, gibt es keine mathematisch lineare Verbindung zwischen einem Rabattprozentsatz und der prozentualen Mengensteigerung, die erforderlich ist, um einen Rabatt zu kompensieren. Das bedeutet, dass der prozentuale Anstieg des Volumens immer höher sein muss als der vereinbarte Rabattprozentsatz.

Rabatt	Umsatz in €	Einzelpreis in €	Volumen	
			Einheiten	Veränderung
0%	10,000	100	100	0%
3%	10,000	97	103	3%
5%	10,000	95	105	5%
10%	10,000	90	111	11%
15%	**10,000**	**85**	**118**	**18%**
18%	10,000	82	122	22%
20%	10,000	80	125	25%
25%	10,000	75	133	33%

Tabelle 7.1: *Erforderliche Mengensteigerung, um den Umsatz trotz eines Rabatts stabil zu halten (Werte sind gerundet[60]).*

Wenn ein Verkäufer einen Rabatt von 15 Prozent pro Stück bzw. Einheit gewährt, sinken die Einnahmen, es sei denn, der Kunde erhöht die gekaufte Menge entsprechend, also um mindestens 18 Prozent. Das ist die Menge an zusätzlichem Volumen, die Sie verkaufen müssten, *nur* um Ihren Umsatz stabil zu halten.

Diese Zahlen werden noch eindrücklicher, wenn wir in der Analyse Ihrer Rabattaktion noch einen Schritt weitergehen und uns Ihre Gewinnsituation ansehen. Nehmen wir mal an, dass Ihr Produkt – bevor Sie irgendwelche Rabatte anbieten – derzeit bei einem Preis von 100 eine Bruttomarge von 20 Prozent hat.[61] Wir gehen ferner sogar vom besten Fall aus, nämlich dass es Ihnen, egal wie hoch Ihre Rabattzusage ausfällt, immer gelingt, den Umsatz durch größere Volumina stabil zu halten. Doch wie verhält es sich mit Ihrem Gewinn? Das zeigt Tabelle 7.2.

In unserem Beispiel gehen wir davon aus, dass Sie 18 Prozent mehr verkauft haben und der Umsatz deshalb trotz des gewährten Rabattes von 15 Prozent auf dem gleichen Niveau geblieben ist. Das allein wäre eine große Errungenschaft. Aber sehen Sie doch nur, was zur gleichen Zeit mit der Gewinnrechnung passiert! Obwohl Sie so hart gearbeitet haben und Ihr Umsatzniveau gehalten haben, führt der Rabatt von 15 Prozent zu einem Margenverfall von 72 Prozent. Und Sie sehen in der Tabelle, je höher der Rabatt, desto stärker ist Ihr Gewinneinbruch.

Rabatt	Umsatz in €	Einzelpreis in €	Volumen		Deckungsbeitrag	
			Einheiten	Veränderung	Summe in €	Veränderung
0%	10.000	100,00	100	0%	2.000	0%
3%	10.000	97,09	103	3%	1.760	-12%
5%	10.000	95,24	105	5%	1.600	-20%
10%	10.000	90,09	111	11%	1.120	-44%
15%	**10.000**	**84,75**	**118**	**18%**	**560**	**-72%**
18%	10.000	81,97	122	22%	240	-88%
20%	10.000	80,00	125	25%	0	-100%
25%	10.000	75,19	133	33%	-640	-132%

Tabelle 7.2: *Wie sich Rabatte auf den Gewinn auswirken, wenn man davon ausgeht, dass nach einem Rabatt kein Umsatzverlust entsteht (Werte außer den Einzelpreisen sind gerundet).*

Unsere Empfehlung: Machen Sie sich schon vor einer Verhandlung Gedanken über die Konsequenzen einer möglichen Rabattierung, sodass Sie vorbereitet sind, wenn das Thema auf den Tisch kommt. Wir wissen doch alle, dass es irgendwann auf den Tisch kommt, oder? Das Modell des Homo oeconomicus hält in diesem Fall mathematische Fakten und überzeugende finanzielle Argumente für Sie bereit. Ganz gleich, wie Sie den Prozentsatz der anfänglichen Bruttomarge in unserem obigen Beispiel verändern, Sie kommen nicht an der Tatsache vorbei, dass niedrigere Preise – in Form von Rabatten – zu geringeren Gewinnen führen. Rabatte sind damit ein ernstzunehmendes Risiko für jedes Geschäft. Und wie die Dominant Response Matrix zeigt, kann ein einfaches »Ja!« längerfristig großen Schaden anrichten. Diese untrainierte dominante Reaktion – der Weg des geringsten Widerstands – ist eine Einbahnstraße und eine teure noch dazu.

Eine offen zur Schau gestellte Bereitschaft, das heißt, eine zu schnelle Rabattwilligkeit ist so, als würde man in New York oder Rio nachts auf der Straße mit einem Bündel 500-Euroscheinen herumwedeln und sich später wundern, warum das Geld weg ist. Die vorbehaltlose Konzessionsbereitschaft macht Sie zu einem bevorzugten Ziel und einer ebenso leichten Beute.

Lassen Sie uns zuletzt noch die Menge berechnen, die Sie verkaufen müssten, um Ihren *Gewinn* konstant zu halten. Die Ausgangssituation ist dieselbe: eine Bruttomarge von 20 Prozent zum aktuellen Preis. Bei einem Preisnachlass von 15 Prozent müssten Sie die Verkaufsmenge vervierfachen (!), um Ihren absoluten Gewinn auf dem Ausgansniveau halten.

Ra-batt	Umsatz in €	Einzel-preis in €	Volumen		Stück-kosten	Deckungs-beitrag	Gewinn in €
			Ein-heiten	Verände-rung			
0%	10,000	100	100	0,0%	80	20	2000
3%	11,446	97	118	17,6%	80	17	2000
5%	12,635	95	133	33,3%	80	15	2000
10%	18,000	90	200	100,0%	80	10	2000
15%	**34,000**	**85**	**400**	**300,0%**	**80**	**5**	**2000**
18%	82,000	82	1000	900,0%	80	2	2000

Tabelle 7.3: *Volumenerhöhung, die erforderlich ist, um den Gewinn trotz Rabattierung zu sichern (alle Werte außer der Volumenänderung wurden gerundet).*

Warum es so schwer ist, »Nein!« zu Rabatten zu sagen

Wenn Rabatte also Gewinne fressen und offensichtlich finanziellen Schaden beim Anbieter anrichten, warum um Himmels willen werden dann jeden Tag Rabatte vereinbart?

Es gibt viele Erklärungsversuche zum Thema Rabattverhalten. In einem Artikel in der Zeitschrift *Entrepreneur* heißt es, dass Rabatte »wie eine Sucht sind. Man muss sich die Verhandlungssucht abgewöhnen«.[62] Unternehmensmanager und Preisexperten führen in der Regel mehrere Gründe an, warum Verkäufer einem Preisdruck nachgeben.[63] Sie weisen auf eine schlechte Preis- und Segmentstruktur, ein unzureichendes Nutzenversprechen, mangelnde Produktdifferenzierung, eine schlechte Verkäuferausbildung, fehlenden Mut, zu wenig Kontrolle oder ein nicht zielführendes Incentive-Programm hin. Mit anderen Worten: Es wird meistens behauptet, dass Verkäufer eine zu große Konzessionsbereitschaft zeigen, weil es im Unternehmen an Regeln und Kontrolle mangelt, nicht genügend datengestützte Argumentationslinien vorhanden sind oder einfach die richtigen monetären Anreize fehlen. Das Fehlen solcher Ankerpunkte würde damit ein so starkes Vakuum erzeugen, dass Verkäufer buchstäblich automatisch auf den Weg des geringsten Widerstands gezogen würden.

Diese Argumentationskette bildet wiederum die Grundlage für die Lösungen, zu denen Unternehmen greifen, um die Konzessionsbereitschaft einzudämmen. Das systemimmanente übliche Verfahren besteht darin, den Weg zum Preisnachlass mit vielen firmeninternen Barrikaden zu pflastern. Die Idee dahinter ist, dass Unternehmen ihre Verkäufer nur mit immer mehr Daten füttern, immer mehr Druck ausüben, immer mehr Papierkram verlangen oder noch mehr Kontrolle ausüben müssten, dann würden sie schon damit aufhören, Geld zu verschleudern.

Ähnlich wie Wälle und Wassergräben mittelalterlicher Burgen sollen administrative Hürden, ein künstlich geschaffener Papierkrieg und mehrstufige Genehmigungsverfahren als Barrieren dienen, um die Schatzkammer eines Unternehmens vor Eindringlingen zu schützen. Einige Unternehmen führen zusätzliche rigorose Kontrollen ein, um Verkäufer zurechtzustutzen, oder versuchen es mit einer Politik von Zuckerbrot und Peitsche, um sie dazu zu bringen, sich an die Unternehmensrichtlinien zu halten. Diese Lösungen laufen alle auf eines hinaus: Zusätzliche administrative Hürden, die Verkäufer mühsam und nur mit hohem zeitlichem Aufwand überwinden können, sollen eine abschreckende Wirkung erzeugen, selbst wenn es sich bei diesen Zusatzbelastungen um unproduktive Aktivitäten handelt, die einen hohen zusätzlichen Verwaltungsaufwand im gesamten Unternehmen verursachen.[64]

Und in der Tat: In der sogenannten »Old Economy« zeigten diese Art von hierarchischen und verfahrenstechnischen Hürden oft zunächst gute

Ergebnisse und lässt die Verantwortlichen glauben, dass sie auf dem richtigen Weg sind. Doch all ihre Maßnahmen adressieren nur Symptome, die im Zusammenhang mit diesem Rabattverhalten auftreten, die eigentlichen Ursachen bleiben unerkannt. So kann sich die Situation paradoxerweise nach und nach sogar wieder verschlimmern, weil Verkäufer mit der Zeit lernen, diese Hürden zu umgehen. Ihr Fokus wird damit von den eigentlichen Unternehmenszielen abgelenkt.

Eine weitere Idee aus dem Lager des Homo oeconomicus, die wir hier erörtern möchten, hat mit dem Glauben zu tun, dass es mehr Geld schon richten wird. Zusätzlich zu oder anstelle von administrativen Hürden ändern Unternehmen ihre Incentive-Systeme in dem Glauben, dass monetäre Anreize die Lösung sind: »Belohne Verkäufer dafür, dass sie zu einem höheren Preis verkaufen, und sie werden es tun.«[65] Das klingt doch nach einer klugen Idee und einem logischen Kompromiss, oder? Diese Änderungen der Incentive-Systeme können simpel und einfach sein, indem die Gewährung von Rabatten bei der Berechnung von Boni und Verkäuferprovisionen überproportional negativ zu Buche schlagen. Andere Programme arbeiten mit ausgeklügelten Punktesystemen, die Verkäuferverhalten entsprechend belohnen oder eben auch abstrafen.

Nur: Es gibt zahlreiche Forschungsstudien, die begründete Zweifel daran äußern, dass eine solche extrinsische, monetäre Motivation ein wirksames Mittel für eine *nachhaltige* Verhaltensänderung ist.

Der Grund, warum Unternehmen versuchen, das Rabattproblem mit mehr Daten, mehr Druck oder mehr Boni zu lösen, ist, dass sie die eigentliche Ursache des Problems nicht erkannt haben. Es ist einfach falsch, dass Verkäufer vorschnell Rabatte akzeptieren, weil sie nicht genug Wissen, Richtlinien oder Kontrolle haben. Sie sagen »Ja!«, weil das ihre untrainierte, dominante Reaktion ist!

Die gute Nachricht – und die Grundlage für die nächsten Kapitel – ist, dass Verkäufer ihre dominanten Reaktionen schulen und sich so von der »Rabattitis« befreien können.

Kapitel 8

Ein »Nein!«, das alle Optionen offen hält

Für den Duden ist ein Preis der »Geldwert« beziehungsweise der »Betrag, der beim Kauf einer Ware bezahlt werden muss«.[66] Eine solche rein mathematische Betrachtungsweise greift allerdings zu kurz, weil sie die emotionale Seite außen vor lässt. Mit anderen Worten: Ein Preis ist auch eine unangenehme Last. Dieser emotionale Faktor spielt bei Verkaufsverhandlungen eine substanzielle Rolle. Denn am Ende geht es immer auch darum, wer die größten emotionalen und finanziellen Zugeständnisse machen musste. Diese Frage wird in Verhandlungen gerne »übersehen«, was vor allem dem Verkäufer das Leben schwer macht. Und die im vorangegangenen Kapitel beschriebenen Scheinlösungen, die ein »Ja!« zu Rabattierungen schwieriger machen sollen, laden ihm noch zusätzliche Bürden auf.

Was aber, wenn wir das Problem aus anderer Perspektive betrachten? Anstatt zu versuchen, es Verkäufern schwerer zu machen, »Ja!« zu sagen, sollten wir es ihnen nicht leichter machen, »Nein!« zu sagen? Dieser Unterschied mag möglicherweise ein wenig wie Haarspalterei klingen, aber die beiden Formulierungen könnten aus praktischer und verhaltenswissenschaftlicher Sicht kaum weiter voneinander entfernt sein.

Es gibt zwei gute Gründe, warum es besser ist, Verkäufern das »Nein!«-Sagen zu erleichtern, anstatt künstliche Hürden aufzubauen, die sie vom »Ja!«-Sagen abhalten sollen. Der erste wesentliche Grund betrifft die Denkfehler und die emotionalen Aspekte des Rabattierens, die dem Homo oeconomicus fremd sind. Denken Sie an die Weinexperimente und die Preis-Qualitäts-Heuristik im vierten Kapitel zurück: Preise haben starke emotionale Auswirkungen, nicht nur finanzielle. Darüber hinaus gibt es mentale Faustregeln, die das »Ja!« als untrainierte, dominante Reaktion verstärken.

In Kapitel 7 sind wir darauf eingegangen, wie Großunternehmen versuchen, das Rabattierungsproblem in den Griff zu bekommen, indem sie sich preislich einigeln. Das führt zu einem hohen Verwaltungsaufwand und einer starken mentalen Belastung der Verkäufer. Es ist darüber hinaus sogar kontraproduktiv, weil Verkäufer immer Wege finden werden, all diese Regeln und Prozesse zu umgehen, um die Forderungen ihrer Kunden doch irgendwie zu erfüllen. Das heißt, dass diese Regeln die Tendenz haben, eher gebrochen, oder besser gesagt, eher umgangen als eingehalten zu werden.

Was meinen wir damit? Nehmen wir an, ein Rabatt von mehr als 10 Prozent muss von der Vertriebsleitung genehmigt werden. Verkäufer können diese Regelung sehr einfach umgehen, indem sie den Rabatt staffeln (indem sie zum Beispiel zuerst 6 und dann 4 Prozent gewähren), um unter dem Schwellenwert zu bleiben. Selbst die Vertriebsleitung geht manchmal den Weg des geringsten Widerstands. Wenn ein Verkäufer um 11:30 Uhr per E-Mail ein 20-seitiges Formular vorlegt, um einen von ihm geplanten Rabatt genehmigen zu lassen, und die Zustimmung kommt zwei Minuten später, hat dann wirklich irgendjemand all diese Seiten gelesen? Dieser Ansatz führt noch zu einer anderen, wohl eher unbeabsichtigten Interpretation bei Verkäufern: Wenn sie aufgefordert werden, Rabatte so aufwendig zu verteidigen, dann müssen es die Rabatte doch wirklich wert sein, verteidigt zu werden, oder etwa nicht?

Kommen wir nun zum zweiten Grund, warum es vernünftiger ist, das »Nein!« zu erleichtern, als ein »Ja!« zu erschweren. Die »New Economy« mit ihrem rasanten digitalen Fortschritt zeichnet sich durch flache Hierarchien und Agilität aus. Schnelligkeit und eine hohe Anpassungsfähigkeit sind die neuen Schlüsselfaktoren für den Erfolg dieser Unternehmen. Großunternehmen verändern ihre Organisation, um mit der Agilität kleinerer Wettbewerber Schritt zu halten. Diese agilen Start-ups vertrauen organisatorisch auf das Konzept lernender Teams. Entscheidungskompetenzen verlagern sich von der Zentrale weg an die Verantwortlichen vor Ort, damit die Unternehmen – so nah wie möglich am Kunden – entscheiden und schneller handeln können.

Deren Kunden wiederum erwarten, dass sie mit Mitarbeitern zu tun haben, die eigenständig und kompetent agieren können und nicht durch langsame Prozesse und bürokratische Hemmnisse aufgehalten werden. Denn wer will in dieser Situation schon mit einem Verkäufer verhandeln, dessen Handlungsspielraum durch eine Vielzahl von Regeln und Prozessen stark eingeschränkt ist? Die digitale Wirtschaft braucht Verkäufer, die über eine sinnvolle Preisgestaltungsautonomie verfügen. Der Aufbau und die Pflege von administrativen Hürden und komplizierten internen Prozessen ist in dieser Welt obsolet.

Dies ist das schlagende Argument dafür, es Verkäufern und Verkäuferinnen leichter zu machen, »Nein!« zu sagen, wenn sie nach Preisnachlässen gefragt werden. Diese Fähigkeit – die geschulte dominante Reaktion – wird in Zukunft immer wichtiger werden, weil das Fortschreiten der Digitalisierung und weitgehende Automatisierung von Prozessen die Art und Weise menschlicher Zusammenarbeit verändern wird. In dieser neuen Welt greifen Verkäufer viel später in den Verkaufsprozess ein. Sie werden wohl häufig nur noch in Situationen gebraucht, in denen die beste verfügbare Maschine – ein menschliches Gehirn – nachdenken, abwägen und echte Entscheidungen treffen muss.

Laut Daten der Boston Consulting Group (BCG) bearbeiten professionelle Einkäufer im Durchschnitt 57 Prozent eines Einkaufsprozesses, bevor sie überhaupt mit einem Verkäufer in Kontakt treten.[67] Dies zeigt, wie grundlegend sich die Rolle des Verkäufers bereits verändert hat. In der Old Economy waren Verkäufer dafür verantwortlich, ihr Produkt bekannt zu machen und potenziellen Interessenten alle grundlegenden Informationen zukommen zu lassen. In der New Economy verfügt ein Einkäufer oft über mehr Informationen, Daten und Fakten, als ein einzelner Verkäufer ihm je vermitteln könnte. Das bedeutet, dass Verkäufer sich heutzutage eher als »Influencer« positionieren sollten, anstatt sich darauf zu konzentrieren, Informationen zu vermitteln.

Die Wissenschaft des Jasagens

Sie wollen in Zukunft agiler und autonomer handeln und Entscheider aktiver beeinflussen können? Dann sollten Sie verinnerlichen, was wir zu Beginn von Teil II dieses Buches gesagt haben: Verkäufer können Preise nicht steuern, solange sie nicht verstehen, wie Preise menschliches Verhalten steuern. »Verhalten« bezieht sich in diesem Fall explizit auf beide Seiten des Verhandlungstisches, dasjenige von Einkäufern und Verkäufern.

Ein leicht über die Lippen kommendes »Nein!« zu Rabattanfragen ist also das Ziel. Allerdings verstärken vier universelle Effekte das »Ja!« als dominante Antwort:

1. Es fällt leichter, »Ja!« zu sagen, wenn Ressourcen begrenzt sind oder künstlich Druck aufgebaut wird.
2. Es ist leichter, unbequeme Fakten zu ignorieren, als sie zu akzeptieren.
3. Selbst wenn letztendlich das Gleiche dabei herauskommt: Es schmerzt mehr, zu verlieren, als dass gewinnen begeistert.
4. Ein Gesichtsverlust oder der Verlust einer Geschäftsbeziehung schmerzt stärker als der Verlust von Geld.

Die Einfachheit dieser Aussagen täuscht darüber hinweg, wie allgemeingültig und tief verwurzelt diese Effekte im menschlichen Denken sind. Sie sind mächtig und allgegenwärtig. Deshalb haben sie auch einen wesentlichen Einfluss auf das Ergebnis von Verkaufsverhandlungen. Preise adjustieren nicht nur den Wert im herkömmlichen finanziellen Wortsinn. Preise verändern auch das emotionale Spektrum einer Verhandlung und deren Intensität, so wie ein höherer Preis den Geschmack ein und desselben Glases Wein beeinflusst.

Es gibt natürlich auch viele Faktoren, die während einer Verkaufsverhandlung auf den Einkäufer einwirken. Die wichtigsten werden wir in Teil III dieses Buches vorstellen, wenn wir darüber sprechen, wie Sie Preisanpassungen und -erhöhungen offensiv angehen können. Für den Moment konzentrieren wir uns darauf, was im Kopf des Verkäufers vor sich geht.

1. Es fällt leichter, »Ja!« zu sagen, wenn Ressourcen begrenzt sind oder künstlich Druck aufgebaut wird.

Aus psychologischer Sicht fühlt sich ein Verkäufer erleichtert und emotional gelöst, wenn er einfach mal »Ja!« sagen darf. Das gilt besonders für Unternehmen, die selbst unter großem Umsatzdruck stehen. Es kann verlockend sein, einer Forderung nach einem niedrigeren Preis zuzustimmen, um den Kunden zufriedenzustellen. Wenn man zustimmt, endet die Verkaufsverhandlung meist mit einem Abschluss, und alle Ängste und das Risiko einer Niederlage fallen weg.

Es liegt in der Natur der Sache, dass sich in diesem Moment des Jasagens auch die eigene Arbeitsbelastung verringert. Dieses schnelle »Ja!« kann auf der persönlichen Ebene sofort für einen freien Tag mit der Familie sorgen. Ein »Nein!« hingegen kann zu vielen weiteren zusätzlichen Arbeitsstunden führen, bis das Problem mit dem Kunden endlich gelöst ist.

2. Es ist leichter, unbequeme Fakten zu ignorieren, als sie zu akzeptieren.

Stellen Sie sich vor, Sie lesen in einem Werbeprospekt, dass die Teilnehmer einer Konferenz lernen werden, die Gewinne ihrer Unternehmen um die Hälfte zu reduzieren. Der Veranstalter verkauft sogar T-Shirts und

Tassen mit der Aufschrift Money Loser. Würden Sie Ihren Vertriebsleiter wirklich darum bitten, Ihre Teilnahme an dieser Konferenz zu genehmigen? Natürlich nicht. Jeder vernünftige Mensch würde sich von einer solchen Konferenz fernhalten.

Und doch ...tagtäglich unterschreiben Unternehmen Verträge, die Rabattierungen vorsehen und damit auf das Gleiche hinauslaufen. Ein Deckungsbeitrag von 20 Prozent reduziert sich durch einen Rabatt von 15 Prozent um mehr als 70 Prozent, selbst wenn durch den Preisnachlass zusätzliche Mengen verkauft werden und der Umsatz stabil gehalten wird, wie wir in Tabelle 7.3 gesehen haben.

Also warum gewähren wir Rabatte, wenn wir doch die damit verbundenen Kosten genau kennen? Warum tun wir das, selbst wenn wir die Gegenargumente auswendig aufsagen und den Schaden auf einem Bierdeckel ausrechnen können? Laut dem Bremer Hirnforscher Gerhard Roth[68] ist es für Menschen wichtig, dass sie mit ihren Entscheidungen »leben können«, also dass ihre Erfahrungen, Überzeugungen und Handlungen – in der Vergangenheit, in der Gegenwart und auch in Zukunft – in sich stimmig sind und bleiben. Im Idealfall sollte das, was wir heute tun, nicht nur mit unserem riesigen Erfahrungsschatz aus der Vergangenheit übereinstimmen, sondern auch etwas sein, zu dem wir auch morgen noch stehen können.[69] Wir alle streben nach dieser Kongruenz, nach Stimmigkeit zwischen dem, wie wir uns in der Außenwelt verhalten, und unserem inneren Selbstbild. Unsere heutigen Entscheidungen werden oft von unseren früheren Erfahrungen beeinflusst, selbst wenn wir bewusst versuchen, diesen Einfluss zu reduzieren oder ganz zu verdrängen. Nicht jeder von uns lebt in der Vergangenheit, aber die Vergangenheit lebt in jedem von uns.

Wenn wir also auf Konflikte statt auf Kongruenz stoßen, erleben wir ein psychologisches Phänomen, das als »kognitive Dissonanz« bekannt ist. Diese Dissonanz entsteht zum Beispiel, wenn Verkäufer zwar die trockene Mathematik hinter den Tabellen 7.1, 7.2 und 7.3 verstehen, die Konsequenzen aber mit einer Ausrede wie beispielsweise »Das Wachstum wird die Verluste schon ausgleichen« einfach schönreden. Selbst die Tatsache, dass es auf manchen Märkten gar nicht genug zusätzlichen Bedarf gibt, um ihren Umsatzverlust auszugleichen, wird dann schnell mal ignoriert. Signifikante Rabattzusagen führen fast zwangsläufig dazu, dass Unternehmen weniger Geld verdienen.

Wenn wir vor dem Dilemma stehen, »Nein!« sagen zu müssen, aber »Ja!« sagen zu wollen, dann wirken mit System 2 und System 1 zwei gegensätzliche Kräfte auf uns ein. Damit bleiben Ihnen als Verkäuferin oder Verkäufer zwei Alternativen, damit Ihre Handlung mit Ihrer prinzipiellen Einstellung kongruent, also in sich stimmig bleibt:

- **Sie ändern Ihre Handlungsweise:** Sie wählen den schwierigeren Weg, indem Sie lernen, »Nein!« zu sagen. Und gönnen Sie sich das Gefühl, das Richtige getan zu haben.
- **Sie ändern Ihre Einstellung:** Sie sagen »Ja!« zu der Rabattanfrage und finden dafür vermeintlich gute rationale Gründe, die ein »Ja!« rechtfertigen und Ihnen erlauben, weiterhin daran zu glauben, ein »Ja!« sei sinnvoller ist als ein »Nein!«.

Menschen finden immer Wege, um ein »Ja!« scheinbar *rational* zu begründen, obwohl diese Reaktion einfach nur ihre untrainierte dominante System-1-Reaktion ist. Manchmal begründen Verkäufer ihr Entgegenkommen damit, das Geschäft oder der Kunde sei schließlich »strategisch« bedeutsam, können aber nicht erklären, worin denn diese Strategie besteht. Auch wenn das aktuelle Volumen, um das es geht, zunächst unverändert bleibt, geben sich Verkäufer manchmal der Illusion hin, dass Kunden ein Zugeständnis dadurch belohnen, dass sie »in Zukunft« mehr kaufen werden.

Der Wunsch nach »einem guten Grund«, nach *rationalen* Begründungen, warum etwas nicht geklappt hat, kann so stark sein, dass manche Verkaufsteams ihre Ausreden im Voraus genauso gut planen wie das eigentliche Verkaufsgespräch. Menschen finden Trost darin, schon im Vorfeld über mögliche Erklärungen nachzudenken, warum ein bestimmtes Ergebnis nicht zu erzielen sein wird. Diese dem Geschehen vorauseilenden Entschuldigungsstrategien können jedoch leicht zu sich selbst erfüllenden Prophezeiungen werden.

Die englische Sprache kennt den Begriff »rationalization« sogar als Bezeichnung dafür, dass jemand »nach Entschuldigungen für etwas sucht«. Das Wort impliziert damit, dass das Geschehen, das mit einem unerwarteten oder ungünstigen Ergebnis in Zusammenhang steht, von Anfang an irgendwie irrational gewesen sein muss. Aber wie wir im ersten Teil dieses Buches erläutert haben, geht es bei den Konflikten zwischen System 1 und System 2 nicht um Fragen von Rationalität oder Irrationalität. Beide Denksysteme erfüllen jedes für sich einen sinnvollen Zweck. Beide führen zu wünschenswerten Ergebnissen, wenn wir verstehen, wie sie funktionieren und wann wir sie einsetzen sollten.

Die dramatischste Folge kognitiver Dissonanz ist eine Änderung der Einstellung mit der Folge, dass sich die Aktivitäten eines Verkäufers gegen sein eigenes Unternehmen richten. Er denkt dann vielleicht: »Mein Unternehmen kümmert sich nicht um mich. Sie zahlen mir nicht genug und wissen meine Arbeit nicht zu schätzen. Also muss ich mich um mich selbst kümmern und mein Eigeninteresse und meine persönliche ›Rentabilität‹ an die erste Stelle setzen.« Verkäufer mit diesem Mindset fühlen sich besser, wenn sie einen Preisnachlass anbieten, und sind selbst dann noch mit sich zufrieden, wenn das »Ja!« sie einiges an Provisionen kostet. Wenn ein Verkäufer eine »Selbstoptimierungsstrategie« verfolgt, die den Interessen des Arbeitgebers zuwiderläuft, führt das immer in eine gefährliche Sackgasse.

Jedes »Ja!« mag wie eine einmalige Sache erscheinen, aber wenn jemand seine Einstellung ändert, ist das praktisch eine Garantie dafür, dass er diese Handlung wiederholen wird. So werden einmalige rationale Begründungen zu dauerhaften Denkmustern und verstärken die dominante Reaktion. Es ist eine Henne-Ei-Frage, ob die Einstellung das Handeln oder das Handeln die Einstellung bestimmt. Bei Verkäufern ist oft Letzteres der Fall. Der Wunsch, »Ja!« zu sagen, überwiegt und kann sich im Laufe der Zeit zu einer starken Doktrin entwickeln.

3. Selbst wenn letztendlich das Gleiche dabei herauskommt: Es schmerzt mehr, zu verlieren, als dass gewinnen begeistert.

Nun folgt eine neue, diesmal etwas komplexere Fragestellung. Schauen Sie sich bitte die zwei folgenden Ereignisse an, die jeder Verkäufer, der lange genug im Geschäft ist, sicher irgendwann mal erleben wird. Nachdem Sie das erste Ereignis gelesen haben – aber bevor Sie fortfahren – schreiben Sie bitte kurz auf, wie Sie sich fühlen würden, wenn Ihnen so etwas passieren würde. Vielleicht können Sie sich ja sogar an ein ähnliches Erlebnis in Ihrer eigenen Karriere erinnern? Verfahren Sie dann bitte genauso beim zweiten Ereignis.

Ereignis A: Ein neuer Kunde kündigt an, Produkte im Wert von 500.000 Euro bei Ihnen einzukaufen. Sie und Ihr Team verlassen die Videokonferenz zufrieden und planen, diesen Abschluss bald zu feiern. Während Sie auf das Eintreffen der formellen Bestellung warten, informieren Sie bereits den Rest der Organisation und klären Produktions- und Lieferfristen ab. Zwei Tage später kommt die böse Überraschung. Sie erhalten eine E-Mail von der Einkaufsleitung Ihres vermeintlich neuen Kunden. Die Mail beginnt mit einer beschönigenden Erklärung, dass es eine ausführliche interne Prüfung Ihres Angebotes gegeben habe. Man sähe einige potenzielle Interessenskonflikte, müsse dringend noch offene rechtliche Fragen klären und so weiter. Und dann kommt der eigentliche sprichwörtliche Schlag ins Gesicht: Die telefonisch erklärte Bestellabsicht wird zurückgezogen. Das Geschäft ist geplatzt.

Bevor Sie Ereignis B lesen, schreiben Sie jetzt bitte schnell auf, wie Sie sich fühlen. Dann pausieren Sie bitte für einen Moment, um zu überlegen, was eigentlich gerade passiert ist und was Ihre nächsten Schritte sein könnten. So erhalten Sie eine System-1- und eine erste System-2-Perspektive.

Danach können Sie mit Ereignis B fortfahren.

Ereignis B: Sie und Ihr Team verhandeln mit einem Kunden die Verlängerung eines Auftrags im Wert von 500.000 Euro. Das Geschäft hatten Sie eigentlich für das laufende Jahr schon fest budgetiert. In den letzten drei Jahren waren diese Verhandlungen kaum mehr als eine Routineangelegenheit mit vielleicht ein paar kleinen Änderungen an den Randbedingungen. Die Geschäftsbeziehung an sich wurde dabei allerdings nie infrage gestellt. Nicht so in diesem Jahr. Sie verlassen die Videokonferenz erschöpft und enttäuscht. Nach diesem langwierigen Verhandlungsprozess, den Sie Ihrer Meinung nach ganz gut gemeistert haben, tauchen ernstzunehmende Gerüchte auf, dass der Kunde den Vertrag nicht verlängern wird. Die 500.000 Euro, mit denen Sie gerechnet haben, scheinen sich in Luft aufgelöst zu haben. Noch bevor eine Post-mortem-Analyse angesetzt wird, schmieden Sie Pläne, wie Sie das unerwartete Loch in Ihrem Budget füllen können. Zwei Tage später kommt die Überraschung und Sie erhalten eine E-Mail vom Einkaufsleiter. Er entschuldigt sich dafür, dass er in der letzten Sitzung etwas vage und ausweichend war, aber es gab noch einige interne Fragen zu klären. Dann kommt er zum Kern der Sache: Sie werden den Auftrag doch erhalten. Das Geschäft läuft weiter!

Schreiben Sie nun bitte kurz auf, wie Sie sich ganz spontan fühlen und was Ihnen bei einigem Nachdenken dazu einfällt. Vergleichen Sie dann Ihre Reaktionen auf jedes der beiden Ereignisse.

Die Verhaltensökonomie prognostiziert, dass Sie sich durch Ereignis A wahrscheinlich wütend, verärgert, übervorteilt oder gedemütigt gefühlt hätten, während Ereignis B bei Ihnen eher Erleichterung, Zufriedenheit oder vielleicht sogar Glückszustände erzeugt hätte.

Beim Ereignis A dachten Sie, Sie hätten ein Zusatzgeschäft im Wert von 500.000 Euro gewonnen. Doch tatsächlich kam dieses Geschäft dann ein paar Tage später nicht zum Abschluss. Bei Ereignis B gingen Sie davon aus, Sie würden 500.000 Euro Ihres fest eingeplanten Umsatzes verlieren, nur um einige Tage später festzustellen, dass Sie Ihr Geschäft behalten haben. In beiden Fällen ist der finanzielle Nettoeffekt gleich Null. Ihre Einnahmebasis bleibt in beiden Fällen unverändert.

Wie Sie sich fühlen, ist jedoch etwas ganz anderes. Die Erklärung liegt in der sogenannten »Prospect Theory«, die eine Reihe hochrelevanter Konzepte vereint, für die Daniel Kahneman 2002 den Nobelpreis erhalten hat.[70] Für Verkaufsverhandlungen hat die Prospect-Theorie einen hohen praktischen Nutzen. Tversky und Kahneman führten verschiedene Studien durch, in welchen die Teilnehmer monetäre Entscheidungen treffen mussten, die mit Unsicherheit behaftet waren. Ihre Ergebnisse brachten sie auf einen einfachen Nenner: Die psychologische Wahrnehmung von Gewinnen und Verlusten ist nicht rational im ökonomischen Sinn. Menschen haben eine psychologische oder emotionale Baseline, die von ihrem objektiven finanziellen Nullpunkt abweichen kann. Wenn bestimmte Ergebnisse in einer bestimmten Reihenfolge präsentiert werden, kann dies zu einer Neukalibrierung der emotionalen Baseline führen, auch wenn die finanziellen Auswirkungen eigentlich gleich null sind.

4. Ein Gesichtsverlust oder der Verlust einer Geschäftsbeziehung schmerzt mehr als der Verlust von Geld.

Eine Gruppe von Vertriebsmitarbeitern wurde gebeten, die Qualität der Kundenbeziehungen des Unternehmens zu bewerten.[71] Die Kunden waren zufällig aus einer Liste ausgewählt worden. Verwendet wurde ein Ampelsystem: Grün bedeutete, dass man gut miteinander auskam. Der Kunde mochte einen und umgekehrt. Die Verhandlungen verliefen in der Regel reibungslos. Gelb bedeutete, dass die Beziehung neutral und fair war, wobei beide Seiten auf Kompromisse hinarbeiteten, bei denen sich keine Seite benachteiligt fühlen musste. Der Verkäufer betrachtete den Kunden weder als besonders freundlich noch als besonders streitsüchtig. Rot dagegen bedeutete, dass die Kundenbeziehung Reibungs- oder Konfliktpunkte aufwies. Der Umgang mit diesen Kunden war unangenehm und schwierig.

Die Ergebnisse der Bewertungen wurden dann in einem Streudiagramm zusammengefasst, in dem die Kundengröße mit dem durchschnittlichen Rabatt verglichen wurde, den der Kunde für das Hauptprodukt des Unternehmens erhielt (siehe Abbildung 8.1). Die Grauschattierung zeigt den Unterschied zwischen Rot, Gelb und Grün (von oben nach unten).

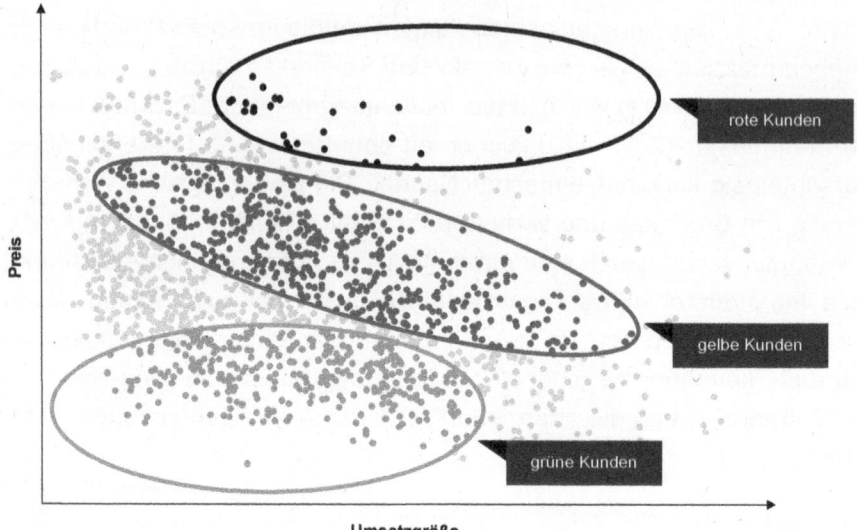

Abbildung 8.1: Hier werden Preise und Einkaufsvolumina in einem Schaubild abgetragen und diese Relation wird mit der Qualität der Kundenbeziehungen (Rot-Gelb-Grün) verglichen.

Die roten Kunden im oberen Oval – die als die schwierigsten wahrgenommen wurden – erhielten unabhängig von der Größe der Aufträge die niedrigsten Rabatte. Die Rabatte für die gelben Kunden (mittleres Oval) schienen sowohl intuitiv als auch ökonomisch richtig angepasst zu sein. Auftragsvolumina und Rabatte korrelierten positiv: je größer der Auftrag, desto größer der Rabatt. Das Unternehmen verfügte hier offensichtlich über ein Rabattsystem, das plangemäß funktionierte. Den gelben Kunden wurde die nötige Aufmerksamkeit zuteil und das Verkaufspersonal widmete ihnen mehr Aufmerksamkeit.

Die grünen Kunden im unteren Oval erhielten jedoch in der Regel die höchsten Rabatte, und zwar unabhängig von der Größe der Aufträge. In anschließenden Gesprächen mit den Verkäufern stellte sich heraus, dass es im grünen Kundensegment auch die meisten »Service-Schnorrer« gab, also Kunden, die ständig kostenfreien Service einforderten und diesen auch in vielfältigster Form erhielten. Scheinbar *erkauften* sich die Verkäufer die freundschaftlichen Beziehungen, indem sie diese Kundengruppe mit ständigen Zugeständnissen bevorteilte.

Das Ampel-Farbschema schien die Beziehungen zwischen Käufer und Verkäufer ironischerweise gut widerzuspiegeln. Ein grüner Kunde hatte freie Fahrt, mehr zu verlangen, da klar war, dass der Verkäufer stets seinen Wünschen nachkommen würde. Gelbe Kunden handelten nach dem Prinzip des Gebens und Nehmens. Rote Kunden erhielten keine Zugeständnisse, kauften das Produkt jedoch erstaunlicherweise trotzdem und sogar zu vergleichsweise hohen Preisen.

Doch warum erhalten die grünen Kunden so hohe Rabatte und Zugeständnisse? »Ja!« zu sagen, ist zu einer Gewohnheit geworden, die einen evolutionären Selektionsvorteil darstellt: dem Wunsch, gemocht zu werden. Gemocht zu werden, ist eine zentrale Motivation für die grünen Beziehungen. Anders ausgedrückt: Wenn »Ja!« die untrainierte, vorherrschende Reaktion eines Verkäufers ist, wird er sich unwohl fühlen, wenn er »Nein!« zu einem Preisnachlass sagt. Er stimmt einer Bitte um einen Preisnachlass zu, um die als positiv empfundene Beziehung nicht zu gefährden.

Das angeborene Verlangen, gemocht zu werden, ist der Hauptgrund für das Problem, nicht »Nein!« sagen zu können. Aus evolutionärer Sicht ist dies ein weiteres Beispiel dafür, warum der moderne Mensch im Grunde ein Steinzeitmensch in Designerkleidung ist. Vor 10.000 Jahren war es ein Todesurteil, aus der Gemeinschaft ausgeschlossen oder aus dem Stamm verstoßen zu werden. Gemocht zu werden, spielte eine wichtige Rolle bei der Eingliederung und damit bei der Verbesserung der eigenen Überlebenschancen. Dieses Bedürfnis bringt uns dazu, alles zu verstecken oder zu unterdrücken, was unsere Zugehörigkeit zum Stamm gefährden könnte.

Der Anthropologe Clifford Geertz hat dieses Konzept in seinem bahnbrechenden Werk *The Interpretation of Cultures* erläutert: »Die Übereinstimmungen von Blut, Sprache, Sitte etc. haben eine [...] Zwangsläufigkeit an und für sich [...]. Die allgemeine Stärke solcher ursprünglichen Bindungen und die Spielarten von ihnen unterscheiden sich von Person zu Person, von Gesellschaft zu Gesellschaft und sind ein wenig abhängig vom Zeitgeist. Aber für praktisch jeden Menschen, in jeder Gesellschaft und zu fast allen Zeiten, scheinen einige Bindungen mehr aus einem Gefühl natürlicher [...] Affinität als aus sozialer Interaktion zu erwachsen.«[72]

In einer extremen Variante kognitiver Dissonanz kann der Wunsch, mit einer Gruppe verbunden zu bleiben, sogar stärker sein als der Glaube an den Stamm selbst. Bei der Beschreibung des Verhaltens von Balinesen in ihren Tempeln – einer Kultur, die er ausgiebig studierte – hält Geertz fest: »Man kann praktisch alles glauben, was man will [...]. Aber wenn man die rituellen Pflichten, deren Einhaltung allgemein erwartet wird, nicht erfüllt, wird man geächtet, und zwar nicht nur von der Tempelgemeinde, sondern von der ganzen Gemeinschaft.« In Verkaufsverhandlungen kann es für einen Verkäufer beängstigend sein, »Nein!« zu einer Rabattanfrage sagen zu müssen, da er unbewusst befürchtet, dass er dadurch aus wichtigen Vorgängen ausgeschlossen wird. Die gleiche Angst vor Ausgrenzung tritt auch bei Mitgliedern eines Stammes auf. Dieses Abgeschnittensein kann sich darin äußern, dass man keinen Zugang zum Kunden mehr hat, also der Kunde nicht mehr bereit ist, den Verkäufer zu treffen, oder dass die gesamte Geschäftsbeziehung beendet wird. In einer Zeit, in der Beziehungen für den Erfolg eines Verkäufers entscheidend sind, möchte niemand das Risiko eingehen, sich am Spielfeldrand als Zuschauer wiederzufinden.

Und wo stehen wir jetzt?

Bevor wir Ihnen im folgenden Kapitel konkrete und bewährte Schritte zeigen, die Ihnen helfen können, »Nein!« zu Ihrer dominanten Antwort zu machen – und damit eine Grundlage für unwiderstehliche Preise zu schaffen – lassen Sie uns zunächst die bisherigen Erkenntnisse aus dem zweiten Teil des Buches rekapitulieren.

- **Preise können sowohl Freude als auch Schmerz verursachen:** Sie lösen verschiedene Emotionen aus. Das bedeutet, dass eine Preisentscheidung immer auch eine emotionale Entscheidung ist und keine rein mathematische oder logische. Diese Entscheidung stellt

Anforderungen an System 1 und System 2. Es gibt mehrere mentale Faktoren, die die Risiko- und Ergebniseinschätzung von Einkäufern und Verkäufern verzerren. Diese Kräfte wirken universell.

- **Preisnachlässe sind für den Verkäufer der Weg des geringsten Widerstands**: Der Verkäufer tendiert meist dazu, der Forderung des Einkäufers um ein Zugeständnis nachzugeben, insbesondere der Bitte um einen niedrigeren Preis oder einen Rabatt. Dies entspricht seiner untrainierten, dominanten Reaktion.

- **Rabatte sind kostspielig:** Der Geist des Homo oeconomicus hat immer noch einige Wahrheiten auf Lager. Die Mathematik zeigt, dass es für ein Unternehmen schwierig ist, sein Umsatzniveau zu halten, wenn Rabatte gewährt werden. Noch schwieriger, wenn nicht vollkommen unmöglich ist es, den Deckungsbeitrag auf vergleichbarem Niveau zu halten.

- **Mehrere Effekte machen es schwer, vom Weg des geringsten Widerstands abzuweichen:** Manchmal wird argumentiert, Geld sei für Verkäufer der einfachste Weg, Kunden zufriedenzustellen und eine Kundenbeziehung ohne größeren Aufwand intakt zu halten, weil Geld die einfachste Stellschraube sei. Der Effekt der kognitiven Dissonanz verleitet uns, Mathematik und Logik zu ignorieren, die uns doch eigentlich deutlich zeigen, dass Rabatte nicht nur den Gewinn des Unternehmens auffressen, sondern darüber hinaus möglicherweise auch langfristig den Unternehmenswert mindern. Die Prospect-Theorie zeigt uns, wie wir dazu verleitet werden, den Wert unserer Kundenbeziehungen falsch einzuschätzen. Und schließlich haben Menschen ein tief verwurzeltes Bedürfnis, gemocht zu werden. Die allseits grassierende Wachstumsbesessenheit verstärkt diese drei Effekte noch, weil es für Verkäufer heutzutage immer und überall einfach ist, ihre Umsätze genau zu verfolgen. Im Gegensatz dazu braucht es meist ein Team – und manchmal viel Zeit –, um die Gesamtrentabilität eines Geschäfts zu ermitteln.

- **Die Lösung besteht darin, die dominante Antwort des Verkäufers hin zu einem »Nein!« zu ändern:** Preisnachlässe sind emotionale

Entscheidungen. Sie einzuschränken oder zu verhindern, erfordert daher eine emotionale, wissenschaftlich fundierte Gegenstrategie. Die natürliche, selbstbewusste und konsequente *dominante Reaktion* eines Verkäufers sollte »Nein!« lauten, wenn ein Käufer um ein Zugeständnis bittet.

- **Der Schlüssel zum Erfolg liegt darin, das »Nein!« zu erleichtern:** Herkömmliche Ansätze, eine dominante Reaktion zu verändern, beinhalten oft den Versuch, die untrainierte, dominante Reaktion zu unterdrücken, um ein »Ja!« zu erschweren. Doch der Fokus sollte eigentlich darauf liegen, das Neinsagen leichter zu machen. Trotz Schulungen, Anreizen, Regeln und Verfahren zur Unterdrückung oder Verhinderung der untrainierten, zustimmenden Reaktion bleiben Preisnachlässe nach wie vor weit verbreitet.

Der Erfolg im unsichtbaren Spiel setzt Verhaltensänderung voraus. Deshalb beschäftigt sich das nächste Kapitel unter anderem mit modernen Selbst-Management-Techniken.

Kapitel 9

Wie Sie Ihre Komfortzone erweitern können

Auch wenn es in Verhandlungen im Grunde immer darum geht, ein Ergebnis zu erzielen, zu dem alle Parteien Ja sagen, so ist »Nein!« doch das wichtigste Wort, das ein Verkäufer im Verlauf dieser Verhandlung nutzen kann.[73] Dieses »Nein!« hat sowohl einen taktischen als auch einen strategischen Wert.

Die Ausbildung von Einkäufern folgt im Allgemeinen mehr oder weniger demselben Drehbuch. Sie trainieren, mehr zu verlangen – sei es beim Preis oder bei anderen Konditionen – und zwar so lange, bis sie schlussendlich ein entschiedenes »Nein!« aus dem Munde eines Verkäufers hören. Ihr Spielplan besagt, dass expressis verbis eine Verhandlung erst durch solch ein klares »Nein!« ein Ende findet.

Es wäre naheliegend, einen Verkäufer an dieser Stelle mit dem Spruch »Dann sag doch einfach Nein!« aufzustacheln. Doch das wäre so, als würde man einem von Phobien geplagten Menschen sagen, er solle doch einfach aufhören, Angst zu haben. Solche »praktischen« Vorschläge gehen an der Realität der Betroffenen vorbei, mögen sie auch noch so gut gemeint sein. Wenn sie versuchen, ein überzeugendes »Nein!« auszusprechen, aber ihre Körpersprache nicht mitspielt und sie sich durch Schwitzen, fehlenden Augenkontakt, ein Brechen ihrer Stimme oder irgendeine andere

Geste selbst widersprechen, dann haben sie ihr »Nein!« ad absurdem geführt. Ihre Chancen auf ein besseres Verhandlungsergebnis haben sich in diesem Moment in Luft aufgelöst. Ihre Verhandlungsposition ist schwächer als zuvor.

Der Weg ist das Ziel. Wenn man die eigene dominante Reaktion weiterentwickelt, geht es darum, das eigene Verhalten *schrittweise* zu verändern. In diesem Buch über Verkaufen und Verhandeln konzentrieren wir uns bewusst auf eine bestimmte, sich häufig wiederholende Verkaufssituation: Das »Nein!« soll zu Ihrer dominanten Antwort werden, wenn ein Käufer ein Zugeständnis verlangt. Wir wollen außerdem, dass Sie dieses »Nein!« entspannt, selbstbewusst und in sich stimmig kommunizieren können. Der Lernprozess, den wir in diesem Kapitel erläutern, lässt sich allerdings auch auf jede andere Situation anwenden, in der jemand eine neue dominante Reaktion entwickeln möchte.

Es steckt eine tiefe Wahrheit in dem alten Sprichwort, dass der einzige Mensch, der »Veränderung« herbeisehnt, ein Baby mit einer nassen Windel ist. Veränderungen sind eine störende Herausforderung für System 1, das erst durch die Entwicklung von Routinen höchste Effizienz erreicht. Dieses Kapitel erklärt Schritt für Schritt, wie Veränderung trotzdem gelingen kann.

Komfortzonen sind eine bequem-effiziente Realität

Betrachten Sie Ihre persönliche Komfortzone als die Summe aller Verhaltensweisen, die sich *für Sie* in der Vergangenheit bewährt haben. All diese Erfahrungen sind in Ihrem System 1 als Handlungsmenü abgespeichert. Ein System, auf das Sie sich jederzeit verlassen können. Sie können in Sekundenschnelle darauf zugreifen, um Situationen zunächst »als alltäglich« einzustufen, um dann mit einer Ihrer vorgefertigten Lösungen effizient darauf zu antworten.

Je mehr Standardsituationen es in Ihrem Leben gibt, für deren Bearbeitung Standardlösungen ausreichen, desto umfassender wird Ihr System-1-Autopilot – auf Basis dieses tiefsitzenden, aber vielleicht eingeschränkten Erfahrungsschatzes – Ihr Verhalten bestimmen ... und damit Ihren Handlungsspielraum immer kleiner werden lassen.

»Du musst aus dieser Komfortzone raus!«

Dies ist ein viel gelesener und viel gehörter Rat zur Veränderung, der sich aus unserer Sicht aber aus mehreren Gründen als wirkungslos erweist. Erstens ist der bloße Gedanke, die eigene Komfortzone zu verlassen, für viele Menschen geradezu beängstigend, sodass diese Aufforderung eher Ängste schürt als zum Aufbruch animiert. Darüber hinaus aber macht die Idee, die eigene Komfortzone zu verlassen, weder semantisch noch praktisch Sinn. Denn unsere Komfortzone besteht aus bewährten Verhaltensmustern, also einer Fülle positiver Erfahrungen, die wir in der Vergangenheit abgespeichert haben. Diese bilden das Fundament unseres System-1-Handlungssystems, das tief in uns verankert ist und uns – aus Sicht unseres Gehirns – bestens managt. So gesehen: Welcher Mensch, der bei klarem Verstand ist, würde all das einfach so ganz hinter sich lassen und in die totale Ungewissheit aufbrechen?

Aus unserer Sicht ist ein anderer Ansatz zielführender: Nutzen Sie neuen Input, neue Erfahrungen, um die Grenzen Ihrer Komfortzone, die durch frühere Lernprozesse und Erfahrungen entstanden sind, *zu erweitern*. Betrachten Sie Ihre Komfortzone als eine Art Softwarepaket, das Sie hoffentlich auch regelmäßig aktualisieren. Nur wer seine Komfortzone kontinuierlich durch neue Erfahrungen herausfordert, wird in einer sich rasch ändernden Geschäftswelt die Nase vorn haben.

Bauen Sie *Premieren* in Ihr Leben ein

Stellen Sie sich das so vor: Zunächst suchen Sie nach einer *Premiere*, nach etwas, das Sie zum ersten Mal tun wollen – und lassen dieser Premiere dann *Zugaben* folgen. Durch die Wiederholung des Vorgangs entsteht ein Lern- und dann ein Gewöhnungseffekt, der in einer größeren Komfortzone mündet. Sie beginnen mit etwas scheinbar Trivialem und arbeiten sich dann zu mental schwierigeren Herausforderungen vor.

Sie müssen sich ja nicht gleich um einen neuen Job in Brasilien bewerben, Mandarin lernen oder einen Improvisationskurs bei einer Schauspielschule belegen. Suchen Sie doch zunächst einmal nach naheliegenden neuen Aktivitäten, bevor Sie zu ganz neuen Ufern aufbrechen. Sie könnten zum Beispiel – ganz einfach und sofort umsetzbar – Ihren Anfahrtsweg zur Arbeit variieren. Am Arbeitsplatz könnten Sie sich um die Mitarbeit in anderen als den sonst üblichen Teams bewerben. Oder wie wäre es, wenn Sie sich für neue Themen und Initiativen engagieren würden? Sie könnten die neuen IT-Programme ausprobieren, gegen die Sie sich schon so lange gewehrt haben. Oder Sie könnten endlich mal das Kundengespräch führen, das Sie schon so lange vor sich herschieben, weil Sie wahrscheinlich nichts Positives zu hören bekommen oder weil einfach die Chemie mit diesem Kunden nicht so richtig zu stimmen scheint.

Ist der Anfang einmal gemacht, wird sich Ihnen ein Füllhorn neuer Möglichkeiten eröffnen.

Der wissenschaftliche Dreh- und Angelpunkt dieses Lernprozesses ist das Konzept der »Neuroplastizität«. Dieses Konzept ist »ein allgemeiner Überbegriff, der sich auf die Fähigkeit des Gehirns bezieht, im Laufe des Lebens und als Reaktion auf Erfahrungen sowohl die (eigene) Struktur als auch die Funktion zu modifizieren, zu verändern und anzupassen«.[74] Die Veränderungen des Gehirns korrelieren dabei mit der Art der gemachten Erfahrungen. Mit anderen Worten: Positive Erfahrungen spiegeln sich im Allgemeinen in positiven neuen Verhaltensweisen wider. Dauerstress hingegen kann positive Änderungen im Gehirn hemmen oder zu hinderlichem Verhalten führen. Ein in diesem Zusammenhang relevanter Teil des Gehirns ist die Amygdala, eine Hirnregion, die bestimmt, wie wir auf Angst- und Stresssituationen reagieren und unsere Emotionen steuern.

Robert Sapolsky schreibt dazu in seinem Buch *Gewalt und Mitgefühl: Die Biologie des menschlichen Verhaltens*, dass Dauerstress zahlreiche negative Effekte hat. »Die Amygdala wird überaktiv und verbindet sich stärker mit den Bahnen habituellen Verhaltens. [...] Wir verarbeiten emotional gewichtige Informationen rascher und automatischer, aber auch ungenauer. Frontale Funktionen – Arbeitsgedächtnis, Impulskontrolle, exekutive Entscheidungsfindung [...] – sind beeinträchtigt und der frontale Kortex hat weniger Kontrolle über die Amygdala. Darüber hinaus verhalten wir uns weniger empathisch und prosozial. Die Reduzierung des Dauerstresses ist eine Win-win-Situation für uns und für die, die mit uns zu tun haben.«[75]

Die Wiederholung von Premieren und Zugaben wird Ihnen helfen, Ihren Erfahrungsschatz zu erweitern und neue System-1-Routinen zu entwickeln. Im Ergebnis bedeutet das für Sie ein größeres Leistungsvermögen *und* gleichzeitig weniger Stress für Sie und Ihre Umgebung.

Wie Sie in Teil I gelernt haben, sind Erfahrungen und Erlebnisse der beste Treibstoff für System 1.

Stufenweises Lernen

Soldaten, Profisportler und Rettungssanitäter trainieren regelmäßig alle dominanten Reaktionen, die sie für ihren Einsatz brauchen. Ihr System 1 hat sich dauerhaft verändert, weil kontinuierliche Wiederholung der erwünschten dominanten Reaktion Ihren persönlichen Autopiloten trainiert und Ihren Handlungsspielraum erweitert hat. System 2 mag erkennen, ob jemand Hilfe braucht. Es weiß theoretisch, welche Maßnahmen zu ergreifen wären. System-1-Reaktionen aber entscheiden darüber, ob jemand tatsächlich handelt und das Leben eines Menschen rettet.

Es liegt in der Natur der Sache, dass Einkäufer Kontakt zu vielen Verkäufern unterschiedlichster Unternehmen haben. Einkäufer sind dadurch *automatisch* einer größeren Bandbreite an Produkten, Argumenten, Persönlichkeiten und Verhandlungssituationen ausgesetzt. Ein nützlicher Nebeneffekt ihres Jobs ist folglich, dass ihre Komfortzone schon allein durch mehr Exposition größer wird, der Einkäufer also durch mehr Erfahrungen aus einer höheren Zahl an verschiedenartigen Verhandlungssituationen lernt.

In einem vergleichbaren Zeitraum treffen Verkäufer aber auf durchschnittlich weniger unterschiedliche Einkäufer aus unterschiedlichen Unternehmen. Sie werden somit im Vergleich zu ihren Einkaufskollegen in weniger verschiedenartige Verhandlungssituationen, in denen sich ihre

Fähigkeiten *automatisch* entwickeln können, hineingezogen. Deshalb ist Training für Verkäufer so immens wichtig. Ähnlich wie körperliches Krafttraining erfordern automatisierte Verhaltensweisen intensives repetitives Training, damit sich ihre Komfortzone zu einer für jede Herausforderung gerüsteten Kraftquelle entwickeln kann. Im Gegensatz zu ihren Kollegen auf der Einkaufsseite müssen sie deshalb kontinuierlich aktiv nach Gelegenheiten suchen, damit sie ihr System-1-Handeln durch simulierte Situationen vorprogrammieren können.

Wie Sie »Nein!« zu Ihrer dominanten Antwort machen

Die Furcht, »aus der Gruppe ausgestoßen« zu werden, gehört zu den Ur-Ängsten unserer Spezies. Auch der moderne Mensch trägt diese unbewusste diffusive Angst in sich, von Verhandlungspartnern persönlich abgelehnt oder von wichtigen Kontakten abgeschnitten zu werden.

Je öfter wir uns selbst in verschiedenen Situationen beim *Neinsagen zuhören* können, desto weniger angstbeladen wird dieser Moment für uns. In der Folge antizipieren wir ein bevorstehendes »Nein!« mit weniger Nervosität und fürchten uns weniger vor möglichen sozialen Konsequenzen wie Ausgrenzung.

Wenn Sie den Grenzen Ihrer persönlichen Komfortzone auf die Spur kommen wollen, dann nehmen Sie den Begriff doch mal wortwörtlich als »Komfort und Wohlgefühl« im Gegensatz zu »Unwohlsein und Unbehagen«. Analysieren Sie Ihren Erfahrungshorizont nach folgenden Kriterien:

- In welchen Momenten erlebe ich Stress, zum Beispiel in ganz bestimmten Konfliktsituationen mit ganz spezifischen Mustern?
- Wie unterschiedlich oder ähnlich sind diese Situationen und der Kontext, in dem diese Muster auftauchen?
- Wie häufig kommen diese Situationen überhaupt in meinem Alltag vor?

Es ist so: Je häufiger Sie sich einer für Sie mit Stress beladenen Situation – in möglichst verschiedenartigen Kontexten – aussetzen können, desto schneller können Sie die von Ihnen gewünschte dominante Reaktion entwickeln.

Und: Es fällt schwer, in stressigen Situationen ein klares »Nein!« zu äußern, wenn dies ungewohnt und untrainiert ist. Besonders schwierig wird es, wenn man noch nie zuvor in einer ähnlichen Situation oder zumindest in einer, die System 1 als vergleichbar einstuft, ein solches »Nein!« ausgesprochen hat.

Unser Tipp

In diesem Kapitel geht es um Verkaufssituationen, in denen Ihnen ein »Nein!« als dominante Reaktion dabei hilft, Ihren Verhandlungsspielraum zu wahren. Die hier gezeigte Abbildung »Make NO your dominant response« illustriert die Idee, die eigene dominante Reaktion kontinuierlich zu trainieren. Sie können diesen Spickzettel übrigens auf der am Ende des Buches genannten Webseite herunterladen.

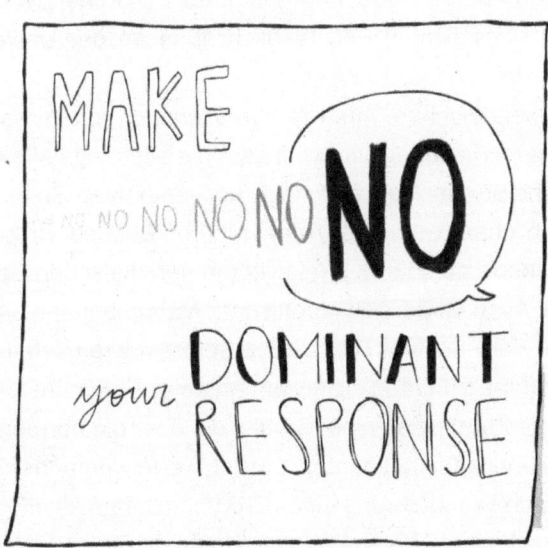

John Bargh, Sozialpsychologe an der Yale Universität, bezeichnet den Autopiloten als automatisierten Willen. Er betont, dass wir oft unbewusste Motive verfolgen, die dahinterstehenden Ziele aber durchaus bewusst regulieren können. Wenn wir beispielsweise versuchen, eine neue Gewohnheit zu etablieren, wie regelmäßiges Sporttreiben oder eine gesunde Ernährung, dann erfordert dies zu Beginn oft bewusste Anstrengung und Selbstkontrolle. Mit der Zeit kann sich jedoch die Kontrolle von bewusst zu automatisch verlagern, was bedeutet, dass die Verfolgung der Ziele zur Gewohnheit wird und weniger bewusste Anstrengung erfordert.[76]

Können Verkäufer und Verkäuferinnen sich diese Art von automatischer Kontrolle oder automatisiertem Willen von dem Bargh spricht, tatsächlich zu eigen machen? Ja, können sie! Gaby ist dafür ein gutes Beispiel. Als langjährige B2B-Verkaufsverantwortliche kennt sie diese verführerische innere Stimme, die »Ja!« sagen und das Geschäft abschließen will, nur zu gut. Um ihre eigene dominante Reaktion weiterzuentwickeln, suchte sie – abseits der üblichen Trainingspfade, die versuchen das Jasagen zu vermeiden – nach Alternativen, um das *Neinsagen leichter zu machen*. Sie stieß dabei auf eine wissenschaftlich fundierte Selbstmanagement-Methode namens ZRM® (Zürcher Ressourcen Modell), die von Maja Storch und Frank Krause an der Universität Zürich entwickelt wurde.

ZRM® und vergleichbare Ansätze befassen sich mit Verhaltensänderungen in vielen verschiedenen Umgebungen, die allerdings alle eines gemeinsam haben: Ihr Stressniveau ist hoch und effektives Selbstmanagement kann zu erheblichen Verbesserungen führen. Besonders bekannt wurde die ZRM® -Methode durch ihre Effektivität in der klinischen Behandlung von Essstörungen. Auch im Bereich chronischer Asthmabehandlungen kam eine Metastudie zu dem Schluss, dass »das Selbstwirksamkeitserleben bei erwachsenen Asthmapatienten signifikant ansteigt«[77]. Für uns besonders interessant sind die Ergebnisse einer Studie, die über die hormonelle Messung des als Stressindikator bekannten Cortisolwertes demonstriert hat, dass Probanden »nach Durchführung eines ZRM® -Trainings signifikant niedrigere Cortisolwerte zeigen als entsprechende Kontrollgruppen«.[78] [79]

Abbildung 9.1 stellt unseren mehrstufigen Entwicklungsansatz dar, der sich auf ein sehr solides Fundament aus Wissenschaft und Praxis berufen kann. Ach ja, und auch wir Autoren feiern unsere eigenen kleinen Premieren. Nach unserem Wissensstand werden die dem ZRM® zugrunde liegenden Ideen hier zum ersten Mal auf Verhaltensänderungen im B2B-Verkauf angewendet.

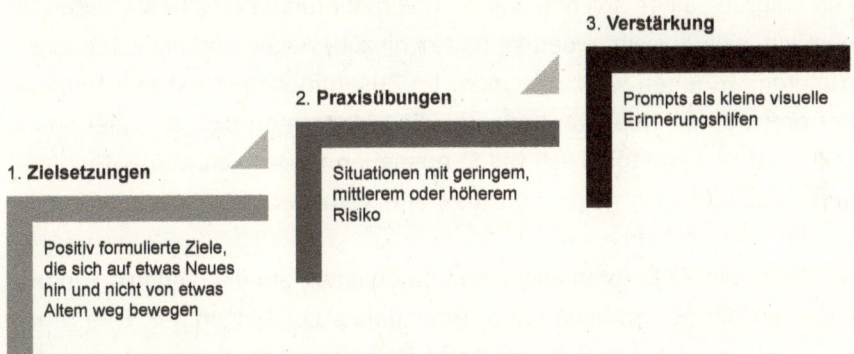

Abbildung 9.1: Drei Schritte auf dem Weg zu einer größeren Komfortzone und einer adaptierten dominanten Reaktion

Schritt 1: Zielsetzungen. Schaue nach vorne und nicht zurück!

Es ist gängige Praxis, einen guten Vorsatz oder ein neues Ziel sprachlich als das »Loslassen von alten schlechten Gewohnheiten« zu formulieren. Typische Vorsätze können wie folgt lauten: »Ich will keine Angst mehr vor dieser bestimmten Situation haben.« oder: »Ich will abnehmen.« Auch konkreter formulierte Vorsätze enden manchmal als Vermeidungsziele, wie: »Ich werde nicht zum ›Stress-Esser‹, wenn mir die Arbeit zu viel wird.« Ähnliche Formulierungen im Beruf wären: »Ich will nicht gleich die Geduld verlieren, wenn mein Kollege es wieder mal nicht kapiert.« oder: »Ich werde nicht nachgeben, wenn ich das nächste Mal wegen eines Preisnachlasses unter Druck gesetzt werde.«

Alle diese Aussagen haben eines gemeinsam: Sie enthalten alle eine doppelte Negativkonstruktion, bei der das *Vermeiden* von schlechten Gewohnheiten mit einem anderen negativen Wort wie *nicht* oder *verlieren* kombiniert wird. Das ist sehr viel, schwer zu verdauende, negative Energie für unser System 1!

Der ZRM® -Ansatz empfiehlt, Ziele anders, nämlich positiv zu formulieren. Das macht nicht nur semantisch einen Unterschied. Der Effekt eines solchen positiven Mottozieles ist wissenschaftlich gut begründet. In der Formulierung eines solchen positiven Veränderungszieles beschließen Sie nämlich, sich auf ein neues Verhalten hinzubewegen und nicht von einem früheren Verhalten wegzukommen. Im Zusammenhang mit der Änderung der dominanten Reaktion bedeutet dies, dass man sich das Ziel positiv und bejahend vorstellt (»Ich will fit aussehen.« oder »Ich werde ›Nein!‹ sagen.«), anstatt sich negativ auf das alte Verhalten zu konzentrieren (»Ich werde nicht nachgeben.«).

Hinter dieser Empfehlung steckt das Wissen um die negative Wirkung, die eine negative Sprache auf zu erbringende Leistungen hat. Eine Studie von zwei kanadischen Forschern zum Beispiel ergab, dass »eine negative Zielformulierung mit einer schlechteren zukünftigen Leistung einhergeht, unabhängig von der Höhe des Ziels, der Erwartung und der früheren Leistung«.[80]

Mit anderen Worten: Wenn Sie Ihre Zielformulierung mit negativen Begriffen bestücken, vermindert dies direkt Ihre Chancen, das Ziel auch tatsächlich zu erreichen.

Eine negative Formulierung ist außerdem meist ergebnisoffen. Sie wirft Fragen nach dem »Wie?« auf: Wie schaffe ich das? Welches Verhalten will ich zeigen oder welche Maßnahmen ergreifen, um ein Nachgeben zu vermeiden? Eine positive Formulierung dagegen ist spezifischer, was Ihrem System 1, das es mit klaren, positiven Richtungshinweisen leichter hat, entgegenkommt.

Indem Sie Ihre Ziele positiv formulieren, können Sie Ihren Fortschritt und Erfolg klarer messen. Es geht nicht mehr darum, wie weit Sie sich von Ihrem Ausgangspunkt entfernen, sondern um die Strecke, die noch vor Ihnen liegt, um Ihr Ziel zu erreichen. Ihre gesamte Perspektive und Ihr Maßstab ändern sich dadurch.

Gibt es etwas Motivierendes, als das vor uns liegende Ziel schon vor Augen zu haben?

Schritt 2: Gelegenheiten suchen. Schwierigkeitsgrade aktiv steuern.

Um neue Verhaltensweisen zu üben, schlägt die ZRM® -Methode progressives Lernen vor, das vorsieht, Übungssituationen nach A-, B- und C-Klassen einzuordnen. Um Verwechslungen mit anderen, in wirtschaftlichen Zusammenhängen genutzten A-B-C-Klassifizierungen zu vermeiden, verwenden wir stattdessen eine Einordnung nach Situationen, die für den Handelnden mit »einem geringen«, »einem mittleren« oder »einem hohen Risiko« verbunden sind.

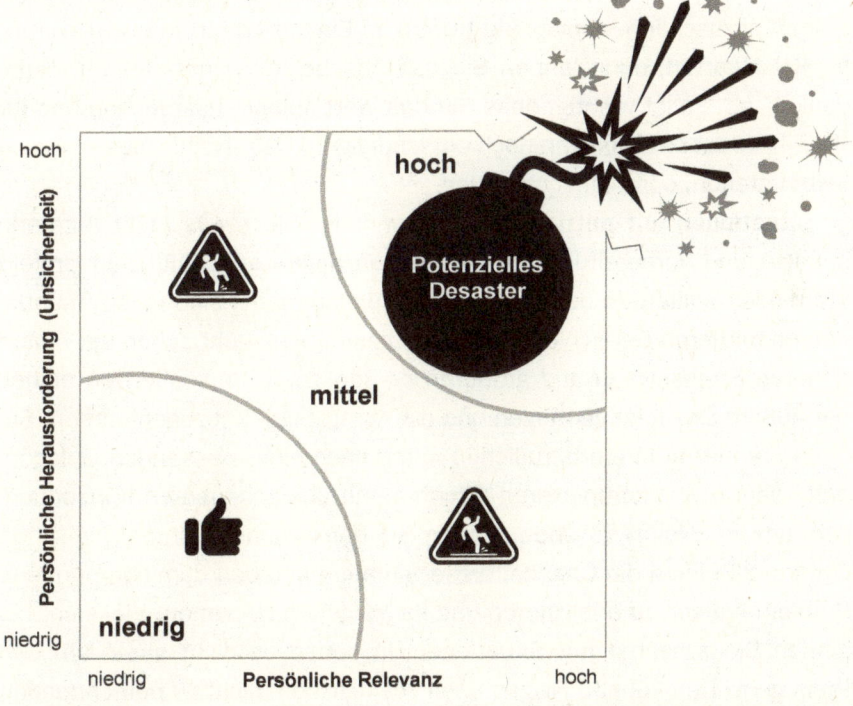

Abbildung 9.2: Die Dominant Response Matrix, hier als Darstellung individueller Herausforderungen und deren Auswirkungen auf persönlicher Ebene

Wir sehen uns an dieser Stelle die Dominant Response Matrix noch einmal an, dieses Mal allerdings gewichten wir auf der einen Achse, wie groß Ihre persönliche Herausforderung in einer bestimmten Situation ist, und auf der anderen, welche Auswirkung Ihre Leistung für Sie persönlich, zum Beispiel auf Ihr Einkommen oder Ihre Stellung im Unternehmen, hat.

Welche Ereignisse oder Situationen könnten Sie sich zum Beispiel im unteren linken Bereich vorstellen?

Diese **Situationen mit geringem Risiko** sind einfach zu bewältigen, stressarm und deshalb ideale Gelegenheiten dafür, neue Absichten und Verhaltensweisen einzuüben, wie zum Beispiel »Nein!« zu sagen. Eine häufig vorkommende risikoarme Alltagssituation ist unser privater Einkauf. Wenn Sie also das nächste Mal in ein Geschäft gehen und an der Supermarktkasse wird Ihnen vorgeschlagen, sich dem hauseigenen Bonusprogramm anzuschließen, oder Sie treffen im Einkaufszentrum einen Werber für Kreditkarten, dann lehnen Sie das Angebot mit einem klaren »Nein, danke!« ab. Es ist wichtig, dass Sie das Wort selbst aussprechen und Ihr »Nein!« weder beschönigen noch entschuldigen. Das »Nein!« muss für sich selbst stehen, ohne Einschränkung.

Situationen mit mittlerem Risiko widmen Sie etwas mehr Aufmerksamkeit und Vorbereitung, da sie eher in einem geschäftlichen Umfeld stattfinden sollten. In der Dominant Response Matrix sind diese Situationen im mittleren Bereich angesiedelt. Diese Ebene geht schon mit einem höheren Stressniveau und größeren persönlichen Konsequenzen einher, der äußere Druck ist gestiegen und die Komplexität hat zugenommen. Suchen Sie hier in Ihrem beruflichen Alltag nach einer passenden Gelegenheit, einer etwas komplexeren Situation mit überschaubaren Konsequenzen, um Ihr »Nein!« zu üben. Geben Sie dann zunächst Ihrem logischen System-2-Denken die Chance, diese Situation und das damit verbundene Problem kritisch zu analysieren und Ihr Vorgehen zu planen. Vielleicht beginnen Sie zunächst mit Situationen, in denen es nicht direkt um den Preis geht. Das können Fragen nach zusätzlichen, nicht zu berechnenden Dienstleistungen, kürzeren Lieferzeiten, zusätzlichen kostenlosen Mustern oder der Verzicht auf Liefergebühren oder ähnliche Aufschläge sein, die Sie normalerweise berechnen würden, der Kunde aber in diesem Fall nicht zahlen möchte.

Auch Social Facilitation kann hier eine unterstützende Rolle spielen. Erinnern Sie sich an die Studie mit den Kakerlaken? Wenn Ihnen eine Menschenmenge bei einer einfachen, sich routinemäßig wiederholenden Aufgabe zusieht, ist die Wahrscheinlichkeit hoch, dass Sie eine bessere Leistung erbringen, als wenn Sie die Aufgabe ohne Zuschauer erledigen.

Sobald Sie also Ihre ersten »geheimen« Versuche gemeistert haben, suchen Sie nach Situationen, in den Zuschauer präsent sind, und lassen Ihre Fortschritte beobachten. Das wird Ihre neue dominante Reaktion verstärken. In einer Situation, in der Sie von anderen dabei beobachtet werden, wie Sie »Nein!« sagen, erleben Sie ein anderes Stressniveau und Sie nehmen sich selbst automatisch noch mehr in die Verantwortung. Eine Studie der Dominican University in Kalifornien ergab, dass, wenn man anderen seine Ziele verbindlich kommuniziert und regelmäßig über den Fortschritt berichtet, die Chance steigt, diese Ziele zu erreichen.[81] Eine im *Bulletin of the American Psychological Association* veröffentlichte Metastudie kam zu einem ähnlichen Ergebnis. Darin wurde festgestellt, dass »die Überwachung der Fortschritte größere Auswirkungen auf die Zielerreichung hatte, wenn die Ergebnisse berichtet oder veröffentlicht wurden und wenn die Informationen physisch aufgezeichnet wurden«. Die Ergebnisse deuteten darauf hin, »dass die Überwachung des Zielfortschritts eine wirksame Selbstregulierungsstrategie ist und dass Maßnahmen, die die Häufigkeit der Fortschrittsüberwachung erhöhen, wahrscheinlich eine Verhaltensänderung fördern«.[82]

Situationen mit hohem Risiko sind Ihre persönliche Meisterklasse. Diese Situationen sind am schwierigsten zu bewältigen. Oft reicht schon der Gedanke daran, Sie ins Schwitzen zu bringen. In diesen Fällen ist der Einsatz hoch, es geht um viel. Sie sind deshalb mit großem Stress verbunden. Es kann sich aber auch um Situationen handeln, die Sie aus früheren Verhandlungen kennen, in denen Sie damals aber nicht erfolgreich waren. In der Dominant Response Matrix liegen solche Situationen im oberen rechten Quadranten.

Diese Situationen erfordern Ihre besondere Aufmerksamkeit und detaillierte Vorbereitungen. Sie beginnen mit der Formulierung Ihres neuen Ziels. Erinnern Sie sich? Negativität bitte vermeiden! Es ist Ihre Reise hin zu einem neuen Verhalten, es geht nicht darum, von etwas, das in der Vergangenheit passiert ist, wegzukommen. Sprachlich suchen Sie für Ihr neues angestrebtes Verhaltensziel also nach einer positiven Formulierung. Wählen Sie eine Situation, in der Ihnen das Neinsagen bislang sehr schwergefallen ist. Dabei kann es sich um ein Preiszugeständnis oder um eine andere, ungerechtfertigte Forderung eines Kunden handeln. Vielleicht denken Sie dabei sogar an einen bestimmten Kunden und seine typischen »unverschämten« Forderungen. Lassen Sie diese Situation vor Ihrem inneren Auge ablaufen. Dann treffen Sie eine bewusste Entscheidung, nämlich dass Sie das nächste Mal, wenn dieser Kunde Sie um ein Zugeständnis bittet, mit einem »Nein, das wird nicht möglich sein« antworten. Nennen Sie dafür höchstens drei Gründe. Die Angabe dieser Gründe zusammen mit Ihrem »Nein!« ist ein wichtiger Schritt. Sie nähern sich damit der Methode, die wir im ersten Teil dieses Buches empfohlen haben, nämlich dem optimalen Zusammenwirken von System 1 und System 2 – ein entscheidender Wettbewerbsvorteil im unsichtbaren Spiel!

Für alle Meisterklasse-Situationen ist es sehr wichtig, dass Sie Ihr anvisiertes neues Verhalten schriftlich, am besten sogar handschriftlich, kurz und unmissverständlich vorformulieren, und zwar nach folgendem Schema: »Wenn der Kunde nach ... fragt, dann werde ich ...«

Bei der Vorbereitung solch detailliert vorbereiteter Aussagen arbeiten Ihr System 1 und System 2 eng zusammen, damit Sie auch in einem Moment höchsten Stresses eine angemessene Antwort abrufen können.

Seien Sie nachsichtig mit sich selbst. Meisterklasse-Situationen kennen keine 100-prozentige Erfolgsquote. Aber jedes gelungene »Nein!« ist ein Meilenstein auf Ihrem Weg zu einer größeren Komfortzone.

Schritt 3: Visuelle und haptische Erinnerungshilfen.
Hinschauen und Anfassen erlaubt!

Wir alle kennen das: Auch die besten Vorsätze können scheitern. Wir hatten doch alle schon mal solch ehrgeizige Pläne, die immer zum Jahresanfang in unseren Gedanken auftauchen. Ein paar Kilo zu verlieren, ist vielleicht eines der am häufigsten geäußerten Ziele. Andere Vorsätze betreffen unsere Haushaltsführung, wie zum Beispiel, alle sechs Monate den Luftfilter in der Dunstabzugshaube über dem Herd zu reinigen. Oder auch ganz beliebt: Ich sollte wirklich öfter den Weg zur Arbeit für die telefonische Netzwerkpflege nutzen.

Um all diese Vorhaben besser einzuhalten, mag es helfen, im eigenen, vielleicht elektronischen Kalender entsprechende »Wiedervorlagen« einzurichten. Solche Wiedervorlagen können aber nichts für Sie tun, wenn es um ein situatives Verhaltensziel geht. Sie sind nicht zur Stelle, wenn ein Zoom-Call Ihren Puls in die Höhe treibt, Schweißtropfen auf Ihrer Stirn auftauchen und alte dominante Reaktionen Sie wieder in frühere Verhaltensmuster zurückfallen lassen wollen.

Um Wege aufzuzeigen, wie Menschen bei ihren Vorhaben die üblichen Umsetzungsprobleme überwinden können, führten Todd Rogers von der Harvard University und Katy Milkman von der Wharton University eine Studie mit insgesamt sechs Einzelexperimenten durch – einige davon online und einige offline.[83] Sie testeten verschiedene Formen von Erinnerungshilfen und fanden heraus, dass Erinnerungshilfen dann am besten wirkten, wenn sie mit einer spezifischen Situation verbunden waren.

In einem ihrer Experimente verteilten sie an Besucher eines Cafés einen Gutschein für ein Freigetränk ihrer Wahl. Wie sicherlich so mancher von uns das selbst auch schon erlebt hat, vergaßen viele der Beschenkten, diese Gutscheine auch tatsächlich einzulösen. Die Frage, die das Experiment untersuchte, war: Was würde die Besucher daran erinnern, ihre Gutscheine einzulösen?

Die Hälfte der Teilnehmer an dem Experiment erhielt nur einen einfachen Papiergutschein. Die andere Hälfte erhielt diesen Gutschein auch, es war allerdings zusätzlich ein Bild eines Alienstofftiers darauf abgebildet, zusammen mit einer Erklärung: »Am Donnerstag wird diese Figur an der Kasse stehen, um Sie an Ihren Gutschein zu erinnern.«

Der Spielzeugalien, der am Donnerstag tatsächlich an der Kasse zu sehen war, stellte sich als eine wirksame visuelle Erinnerungshilfe dar. Tatsächlich war die Zahl der eingelösten Gutscheine bei der Gruppe, die den Außerirdischen auf ihrem Gutschein gesehen hatten, größer als bei der Vergleichsgruppe, die Gutscheine ohne Bild erhalten hatten. Weitere fünf Experimente wiesen in die gleiche Richtung und veranlassten Rogers und Milkman, die Nutzung spezifischer Erinnerungshilfen zu empfehlen. Unabhängig davon wurde in einer anderen aufwendigen Hirnscan-Studie festgestellt, dass im unteren rechten Gesichtsfeld einer Person platzierte greifbare Gegenstände besondere Aufmerksamkeit erregen.[84]

All diese Studien zeigen auf, dass es hilfreich ist, einen figürlichen Gegenstand als spezifische visuelle Erinnerungshilfe in unserem Sichtfeld zu platzieren, um unser Unterbewusstsein an ein bestimmtes »neues« Verhaltensziel zu erinnern. In der Praxis bedeutet das, dass Sie sich, besonders für Meisterklasse-Situationen, Ihre eigenen Erinnerungshilfen aussuchen, um sich so für das unsichtbare Spiel zu rüsten. Mit einer Referenz an Kapitel 4: Wie wäre es denn beispielsweise mit einem kleinen Spielzeug-Anker direkt neben Ihrem Telefon?

Auch der ZRM®-Ansatz empfiehlt explizit solche visuellen Erinnerungshilfen, kurz »Primes« oder »Prompts« genannt. Konkret schlägt der ZRM®-Ansatz vor, dass Menschen »ihre Umgebung systematisch mit Erinnerungshilfen einrichten und ausstatten, um sicherzustellen, dass der neue neuronale Pfad immer aktiviert wird, auch wenn ihre Aufmerksamkeit mit anderen Dingen beschäftigt ist«.[85] Solche Objekte können dann die gewünschte (Aufmerksamkeits-)Wirkung haben, auch wenn der kausale Zusammenhang nicht bewusst wahrgenommen wird.[86]

Prompts haben immer einen individuellen und privaten Charakter. Solange Sie niemanden in Ihr Geheimnis einweihen, weiß ja auch kein anderer, dass ein bestimmter Gegenstand oder ein bestimmtes Bild Ihnen als Erinnerungshilfe dient. Sie können das Objekt oder das Bild frei wählen, solange der Gegenstand in Ihnen eine Assoziation mit dem von Ihnen angestrebten Verhaltensziel hervorruft. Betrachten Sie diese Erinnerungshilfe als eine mentale Tankstelle. In Online-Meetings ist es einfach, diese Prompts in Ihrem Sichtfeld zu platzieren. Sie können sie auf dem Schreibtisch oder an der Wand hinter Ihrem Computer aufstellen oder aufhängen, aber natürlich immer außerhalb des Blickfeldes der Kamera. Für eine Offline-Verhandlung könnte die Erinnerungshilfe so klein sein, dass sie in eine Jackentasche passt, oder Sie verwenden einen neuen Stift, den Sie extra als Prompt für das neue Verhaltensziel *in dieser Verhandlung* gekauft haben. Und wenn nichts anderes zur Verfügung steht, dann wählen Sie einen Gegenstand, der sich bereits im Konferenzraum befindet, zum Beispiel einen bestimmten Stuhl oder ein Flipchart. Was immer Sie aussuchen, achten Sie darauf, dass die Erinnerungshilfe Sie wirklich anspricht, Sie also emotional mit dem angestrebten Verhaltensziel verbindet.

Irgendwann wird das neue Verhalten, das Sie anstreben – in diesem Fall das »Nein!« in einer Verkaufssituation – plötzlich förmlich ganz natürlich aus Ihnen »herausfließen«. Ein wunderbarer Moment. Das »Nein!« ist zu einer dominanten Reaktion geworden, die nicht mehr von einer Erinnerungshilfe getriggert werden muss. Wenn dieser Zeitpunkt gekommen ist, müssen Sie diese spezifische Erinnerungshilfe mental loslassen, am besten sogar entsorgen. Recycling funktioniert hier leider nicht. Jedes neue Verhaltensziel braucht einen neuen Prompt.

Im letzten Kapitel dieses zweiten Teiles werden wir jetzt einen Blick in ein »Einkäuferhandbuch« werfen und einige der am häufigsten gebrauchten Taktiken untersuchen. All diese Tricks zielen im unsichtbaren Spiel darauf ab, den Stresspegel in einer Verhandlung künstlich zu erhöhen, um die Verkaufsseite in die Defensive zu drängen.

Kapitel 10

Verhandlungen und ihre Dramaturgie: tickende Uhren und die Kunst des taktischen Schweigens

Eine Verhandlung braucht zunächst immer einen Verhandlungsgrund, der alle Parteien miteinander verbindet, oder anders gesagt, einen Anlass, der die Spieler an den Verhandlungstisch bringt. Das ist aber schon das Ende der Gemeinsamkeiten. Denn einen Wimpernschlag später und schon vor Beginn der eigentlichen inhaltlichen Diskussion startet eine in vielen Aspekten unsichtbare Vor-Verhandlung, die Einfluss auf das gesamte Verhandlungsgeschehen nimmt.

Neben Vereinbarungen über Ort und Zeit wird ein erster Verhandlungsrahmen festgelegt. Dieser Moment ist entscheidend, da jede Verhandlungspartei mittels Framing versucht, den Rahmen aktiv zu beeinflussen, indem sie ihn zu ihren Gunsten gestaltet. Es ist in etwa so, als wollten Sie zu Werbezwecken ein digitales Foto veröffentlichen. Je nachdem, wie Sie das Foto bearbeiten und den Bildausschnitt wählen, beeinflussen Sie, was alle anderen zu sehen bekommen. In einer Verhandlung ist es genauso. Welche Aspekte hervorgehoben werden, beeinflusst die Wahrnehmung der Verhandlungsparteien genauso, wie die für jedes Thema angesetzte

Gesprächsdauer und die Reihenfolge der zu diskutierenden Themen. Es können dabei zum Beispiel sogenannte *Nudges*, kleine Gedankenschubser eingebaut werden, die die Wahrnehmung der anderen Verhandlungspartei in eine bestimmte Richtung lenken. Es kommt aber auch vor, dass eine Partei plötzlich versucht, alle Spielregeln, die sich vielleicht zwischen den Parteien vorher über einen längeren Zeitraum etabliert hatten, über Bord zu werfen, um ein ganz neues, für sie vorteilhafteres Spielfeld aufzumachen. Alles ist möglich!

Einkäufer spielen mit verschiedenen Techniken, in denen sie Aspekte wie Zeitdruck, Timing, Unsicherheit, Angst oder auch taktisches Schweigen nutzen, um sicherzustellen, dass Verhandlungen auf dem von ihnen gewünschten Spielfeld und nach für sie vorteilhaften Regeln ablaufen, selbst wenn sie dafür die Regeln neu schreiben oder den gesamten Verhandlungsrahmen dafür neu gestalten müssen.

Wir beenden Teil II des Buches mit einem Blick in das taktische Handbuch eines Einkäufers. Wir zeigen Ihnen, wie einige der am häufigsten gebrauchten Taktiken funktionieren, und wie Sie sich gegen daraus resultierende negative Effekte wappnen können. Verkäufer müssen bei Verhandlungsbeginn darauf achten, welche Rahmenbedingungen ihnen aufgezwungen werden sollen, und – falls notwendig – sogar zunächst eine Verhandlung über die Rahmenbedingungen anstreben. In jedem Fall sollten sie von Anfang an jede Gelegenheit nutzen, eigene Rahmenbedingungen einzubringen und ihre Interessen offensiv zu vertreten.

Am Verhandlungstisch sind Zeitspiele erlaubt

Der Faktor Zeit ist ein oft unterschätzter, aber für unser Verhandlungsmindset sehr gefährlicher Feind. Einkäufer können aus der Kontrolle der zeitlichen Aspekte einer Verhandlung, wie zum Beispiel durch das Setzen von Fristen, Anfangs- und Endzeiten von Meetings oder das Festlegen einer Konferenzdauer, viele unbemerkte Vorteile ziehen. Im Allgemeinen unterschätzen Menschen, in welchem Ausmaß sie Zeitdruck mental aus der Bahn werfen und sie sogar in ihren Grundüberzeugungen erschüttern kann.

Nehmen wir uns an dieser Stelle kurz Zeit für ein weiteres Quiz: Jemand ist in einer Kleinstadt zu einer Besprechung eingeladen. Er ist spät dran und hat es deshalb eilig, ans Ziel zu kommen. Auf dem Weg dorthin trifft er auf eine andere Person, die offensichtlich Hilfe braucht.

Wie wahrscheinlich ist es, dass er stoppt und der anderen Person seine Hilfe anbietet? Was meinen Sie?

a. 1 Prozent
b. 10 Prozent
c. 25 Prozent
d. 40 Prozent

Die meisten Menschen sind mit dem Begriff »Barmherziger Samariter« bezüglich einer Person, die einem Fremden in Not hilft, vertraut. Das ursprüngliche Gleichnis über den Barmherzigen Samariter im Lukas-Evangelium umfasst keine 300 Wörter und hat sich doch über Jahrhunderte hinweg zu einem Verhaltenskodex entwickelt, der viele Menschen inspiriert.[87]

Doch wie lässt sich diese Geschichte auf unser modernes Leben mit all unserer Hektik und dem ganz alltäglichen Druck übertragen? Zwei Professoren der Princeton University führten dazu ein Experiment durch. Sie wollten herausfinden, ob Menschen zum »Barmherzigen Samariter« würden – selbst in einem Moment, in dem sie unter Druck und in Eile wären. Die Versuchsteilnehmer wurden aufgefordert, in einem nahen gelegenen Gebäude einen Vortrag zu halten. Die Professoren gaben den verschiedenen Versuchsteilnehmern dabei drei unterschiedliche Ausgangssituationen vor: große Eile (»Oh, Sie sind bereits spät dran. Sie hätten schon vor einer Weile dort sein sollen. Sie sollten sich besser beeilen.«), mittlere Eile (»Sie werden schon erwartet. Sie sollten gehen.«) und geringe Eile (»In ein paar Minuten werden sie dort drüben so weit sein. Sie könnten durchaus schon einmal loslaufen.«). Auf dem Weg zur Veranstaltungsstätte begegnete jeder der Versuchsteilnehmer unerwartet dem sprichwörtlichen »Fremden in Not«.

Bevor wir Ihre Quiz-Antwort mit den Ergebnissen der Princeton-Studie vergleichen, wollen wir unserem Quiz noch ein paar Variablen hinzufügen: Was wäre, wenn unsere Versuchsteilnehmer alle zu einem Priesterseminar gehörten, sich also auf das Priesteramt vorbereiteten? Was wäre, wenn der Vortrag, den sie halten sollten, eine Predigt über den Barmherzigen Samariter wäre? Würden Sie Ihre Antwort unter diesen neuen Gegebenheiten ändern?

Wir haben Ihnen diese Eckdaten nicht ohne Grund genannt. Tatsächlich waren das genau die Rahmenbedingungen, unter denen das Princeton-Team seinen Versuch durchgeführt hat. Die Versuchsteilnehmer waren Theologiestudenten.

Die Ergebnisse des Experiments werden Ihnen zeigen, wie Menschen so durch Zeit und Zeitdruck beeinflusst werden, dass sie sogar gegen ihren eigenen Wertekodex verstoßen. Und hier sind nun die Detailergebnisse dieser Studie: Rund 63 Prozent der Theologiestudenten mit geringer Eile hielten tatsächlich an, um dem Hilfebedürftigen beizustehen. In dem Szenario der mittleren Eile halfen noch 45 Prozent der Teilnehmer. Aber im Fall der großen Eile – in dem die Studenten schon zu spät zu ihrer Predigt kommen würden – unterbrachen nur 10 Prozent ihren Weg und wurden zum sprichwörtlichen Barmherzigen Samariter. Und das ganz unabhängig davon, ob das Thema der Predigt der Barmherzige Samariter war oder eine eher allgemeine Predigt über das Geben und Helfen.[88]

Die Erkenntnis aus diesem Experiment ist: *Zeitdruck* wirkt sich mental negativ auf uns aus. Man kann es kaum glauben. Diese Effekte können immer und überall auftreten und sogar tiefe moralische Überzeugungen aus den Angeln heben – auch in Verkaufsverhandlungen.

In der folgenden, auf wahren Begebenheiten basierenden Geschichte berichtet ein Verkaufsteam darüber, was es kurz vor Beginn eines wichtigen Meetings mit einem ihrer Großkunden erlebt hat:

Es ist 9:50 Uhr, Josie sitzt mit ihren Teamkollegen an der Rezeption der *Shielding AG*, die sich ein schickes modernes Bürogebäude in der Hauptstadt leistet.[89] Sie hat ihre Gruppe bereits für die 10:00-Uhr-Sitzung mit Anton Smith, dem Leiter des Einkaufs, anmelden lassen. Ihr Team hat sich gut auf dieses wichtige Meeting vorbereitet, bei dem es um die Verlängerung eines großen Liefervertrags um ein weiteres, drittes Jahr geht. Die Stimmung im Team ist gut. Josie und ihr Team haben einen richtigen Adrenalinkick. Wie vor jeder wichtigen Verhandlung sind sie alle ein bisschen aufgeregt und aufgedreht. Ihr Unternehmen hat diesen Vertrag in den vergangenen Jahren bereits zweimal gegen starke Wettbewerber gewinnen können. Alle rechnen fest mit einer Vertragsverlängerung und den daraus resultierenden 10 Millionen Euro Umsatz. Es wird von Josie und ihrem Team erwartet, den Deal heute unter Dach und Fach zu bringen.

Die Zeiger der Uhr bewegen sich in Richtung 10:05 Uhr. Verspätungen sind eigentlich bei diesem Kunden nicht üblich. Aber sie sitzen immer noch im Empfangsbereich.

Josie fragt vorsichtshalber an der Rezeption nach, ob sie vielleicht einen Fehler beim Einchecken gemacht hat. Doch an der Rezeption wird ihr versichert, dass alles in Ordnung sei. Langsam steigt die Spannung im Team. Sie fangen an, sich zu wundern, und spekulieren über die Gründe, warum man sie warten lässt. Gab es vielleicht plötzlich einen Krisenfall? Oder lässt man sie aus taktischen Gründen warten? Soll die Wartezeit sie verunsichern und nervös werden oder sie energetisch in ein Loch fallen lassen? Sie haben keine Ahnung, was los ist, und starren mit zunehmender Nervosität auf die Uhr im Empfangsbereich: 10:10, 10:11, 10:12 ... 10:15.

Um 10:20 Uhr entscheidet sich Josie eine WhatsApp-Nachricht an Anton Smith zu schreiben:

»Guten Morgen Herr Smith. Ich vermute, es kam Ihnen etwas dazwischen. Das tut mir sehr leid. Wir möchten Ihnen nicht noch zusätzlich zur Last fallen und werden deshalb jetzt wieder aufbrechen. Ich melde mich dann morgen wieder bei Ihnen, um einen neuen Termin zu vereinbaren.«

Keine Minute später klingelt das Telefon an der Rezeption. Josie und ihr Team werden gebeten, zu warten, da Herr Smith sie gleich abholen wird. Drei weitere Minuten vergehen, bevor Anton Smith zusammen mit dem Geschäftsführer der Shielding AG den Aufzug verlässt. Beide berufen sich auf ein kurzes ungeplantes Vorstandsmeeting und entschuldigen sich vielmals für die Verspätung. Für Josie, die Anton Smith schon länger kennt, klingt das nach einer lahmen Entschuldigung, nach einer dieser typischen Einkäuferausreden. Sie denkt nicht weiter darüber nach, lächelt freundlich und nimmt die Entschuldigung an. Beide Parteien gehen die Treppe hoch in den Konferenzraum. Die Verhandlung kann beginnen.

Was sich zwischen beiden Parteien in der Zeit zwischen 9:50 Uhr und 10:30 Uhr abgespielt hat, war in Wahrheit ein unsichtbarer Kampf um Macht und Kontrolle. Die Einkäuferseite versuchte, Josies Team zu verunsichern und bestenfalls sogar einzuschüchtern. Dieser Versuch wurde jedoch von Josie mit einem geschickten Konter ausgehebelt. Das Verkaufsteam konnte nun in die Verhandlung eintreten, ohne dass sich das Machtgefüge zwischen den Parteien zum Nachteil der Verkäufer verschoben hätte.

Josie hat sich im Laufe ihrer Tätigkeit antrainiert, sich solchen Machtspielchen rechtzeitig zu stellen und sie nicht einfach hinzunehmen. Der Drang, sich der Situation zu beugen, sich zu fügen, also die Handlungen der anderen Seite einfach zu akzeptieren, geht auf unseren tiefen menschlichen Wunsch, akzeptiert und gemocht zu werden, zurück. Darüber haben wir ausführlicher in Kapitel 8 gesprochen. Josie hat ihrem System 1 beigebracht, diesem inneren Drang, »zu gefallen«, nicht nachzugeben. Deshalb konnte sie einer solchen Situation mit einem klaren »Nein! Nicht akzeptabel!« entgegentreten und handeln.

Wäre Josie gegangen, wenn der Einkaufsleiter nicht bei der Rezeption angerufen hätte? Auf jeden Fall! Im Laufe der Jahre hat sie gelernt, keine leeren Drohungen auszusprechen. Sie wäre in jedem Fall gegangen, wie schwer das in diesem Augenblick, bei dem so viel auf dem Spiel stand, auch gewesen wäre. Sie wusste, dass es für ein Gleichgewicht der Kräfte wichtig war, deutlich zu machen, dass die eigene Zeit genauso wertvoll ist wie die Zeit ihres Kunden.

Der Faktor Zeit ist ein, sowohl offensiv wie defensiv, mächtiger Hebel, insbesondere weil Zeit meist eine knappe Ressource ist.

Menschen können Zeit für »Auszeiten« nutzen, um Informationen mental zu verarbeiten oder ihrem System-2-Denken eine Pause zu gönnen. Auch darüber haben wir schon gesprochen. Menschen können Zeit aber auch künstlich verknappen und so Zeitdruck erzeugen, der die andere Partei zu Handlungen verleitet, die ihren eigenen Interessen oder Überzeugungen widersprechen. Seien Sie sich darüber im Klaren, dass der Faktor Zeit immer auch als eine wirkungsvolle Taktik eingesetzt werden kann, um Meinungsbildung und Entscheidungsfindung innerhalb einer Verhandlung zu beeinflussen. In welchem Umfang dies passiert, hängt davon ab, wie stark ein Verhandelnder den Faktor Zeit steuern kann. Denken Sie bitte noch einmal an die Studie mit den Kakerlaken zurück. Was passiert mit unserer dominanten Reaktion, wenn jemand eine Situation künstlich unter Stress setzt? Das Schlüsselwort in diesem Satz ist »künstlich«. Viele der Zwänge, die Menschen privat und beruflich empfinden, verleiten sie dazu, sich immer weiter von dem Verhalten zu entfernen, das sie sich eigentlich wünschen und auch an den Tag legen würden, wenn die Zwänge nicht da wären. Wenn sie ständig sich wiederholenden Zwängen ausgesetzt sind, können Menschen Ängste entwickeln, die sich in bestimmten wiederkehrenden Verhaltensmustern äußern. Professionelle Einkäufer wissen um diesen Effekt und nutzen ihn, wenn man sie lässt.

Lassen Sie uns noch einen Moment bei den psychologischen und physiologischen Auswirkungen der Komponente Zeit verweilen. Wir stellen uns vor, dass Sie eine kurze Rede halten sollen. Sie dürfen zwischen zwei Optionen wählen: Entweder sprechen Sie genau zwei Minuten lang, oder Sie sprechen so lange, bis eine Scheibe Brot aus einem Toaster springt. Welche Variante würden Sie wählen?

Wir vermuten, dass Sie die »Zwei-Minuten-Option« wählen würden, weil dies ein genau definierter Zeitrahmen ist, der Ihnen damit ein gewisses Gefühl von Sicherheit vermittelt. Außerdem würde Ihnen diese Variante erlauben, Ihren Vortrag zeitlich genau zu planen, etwas, das Sie nicht tun könnten, wenn das zeitliche Ende nicht offensichtlich wäre. Und doch hätte Ihre Wahl einen klaren Nachteil. Sie würden freiwillig auf vielleicht wertvolle Redezeit verzichten! Denn eine Studie hat nachgewiesen, dass die ideale Zeitspanne für das Toasten einer Scheibe Brot 216 Sekunden, also 3 Minuten und 36 Sekunden beträgt.[90]

Zu sagen, dass unser Verstand *Ungewissheit* einfach nicht mag, wäre eine zu grobe Vereinfachung. Was uns mental und körperlich wirklich nervös macht, ist *Antizipation*, also das Gefühl der Unsicherheit, das Erleben eines Vakuums zwischen dem von uns erwarteten Zeitpunkt eines Ereignisses und dem tatsächlichen Eintreten dieses Ereignisses.

Auch die von uns gerühmten Auszeiten kennen diese Kehrseite der Medaille. Im ersten Teil des Buches haben wir diskutiert, dass Sportmannschaften Auszeiten nutzen, um sich kurz zu sammeln, ihre Strategie zu überdenken und sich neu zu formieren. Aber Sportteams nutzen Auszeiten auch als taktisches Manöver, nämlich immer dann, wenn sie spät im Spiel eine Auszeit nehmen, um einen Gegner zum Beispiel vor einem Basketball-Freiwurf zu irritieren.

Einkäufer tun etwas Ähnliches, wenn sie Besucher in der Lobby sitzen oder lange draußen warten lassen, obwohl die Besprechung schon lange hätte beginnen sollen. Bei Verkäufern ruft dies oftmals ein Schulterzucken hervor, mit dem sie dieses Verhalten als psychologische Taktik seitens der Einkäufer abtun. Unserer Meinung nach muss man diesem Verhalten aber auf den Grund gehen und für sich selbst nach einem wirksamen Gegenmittel suchen. Für uns ist an dieser Stelle die dahinterliegende Frage wichtig: Warum wirkt diese Taktik selbst in Fällen, in denen die Zielperson schon davon ausgeht, dass die andere Partei diese Taktik einsetzt?

Auf Situationen gefühlter Ungewissheit antwortet die untrainierte dominante Reaktion mit wilden Spekulationen darüber, was passiert sein könnte. Alle möglichen Ursachen für die Verzögerung erscheinen vor unserem inneren Auge, und wir suchen nach Fehlern – vor allem bei uns. Es wäre keine Überraschung, aber vielleicht verheerend, wenn uns das in letzter Minute zu einem Strategiewechsel veranlasst, weil uns Fragen nervös machen, wie: Steht unsere Verhandlungsposition auf wackligem Boden? Was müssen wir tun?

Es ist wie eine Situation aus einem Thriller: »Das Licht geht aus. Du spürst, da ist etwas hinter dir. Du hörst es, du spürst seinen Atem an deinem Ohr, aber wenn du dich umdrehst, ist da nichts.« Selbst wenn dort im Nichts wirklich nichts ist, je länger wir warten müssen, desto wilder spekuliert unser Inneres: Was geht hier vor? Eine unbekannte Angst kriecht langsam unseren Nacken hoch ...

Genau so definiert der Schriftsteller Stephen King »Horror«.[91]

Warum Einkäufer mit den Faktoren Unsicherheit und Angst spielen

System 1 hasst jede Form von Ungewissheit und sucht nach Beständigkeit und Stabilität. Dieses Bedürfnis ist besonders ausgeprägt, wenn in einer Situation Eile geboten, eine Krise zu managen ist oder Angst eine Rolle spielt. Je größer die wahrgenommene Dringlichkeit zum Handeln oder je größer die mit der Situation verbundene Ungewissheit und Angst ist, desto mehr ignorieren Menschen ihr System-2-Denken und verlassen sich auf System 1 als ihren Entscheider. »Fight or Flight«-Reaktionen (»Kampf oder Flucht«) sind viszerale Entscheidungen, die im übertragenen Sinne »aus dem Bauch« heraus getroffen und von System 1 gesteuert werden. Dies ist ein im Grunde primitiver Selbsterhaltungsmechanismus, der in all seiner Kraft und Stärke allerdings auch dem modernen Menschen innewohnt.

Ein Problem einer solchen »Fight or Flight«-Entscheidung ist, dass unser evolutionäres System 1 sich nicht ausreichend weiterentwickelt hat. Es kann mit unserem heutigen, primär von System-2-Denken geprägten Leben nicht wirklich Schritt halten. Schließlich ist es doch wohl eher unwahrscheinlich, dass ein Büroarbeiter an seinem modernen Arbeitsplatz Entscheidungen trifft, die unmittelbar zu seinem Tod führen. Und trotzdem ruft »das Unbekannte und Ungewisse« genau wie beim Steinzeitmenschen eine Ur-Angst vor einem schweren Verlust, auch vor dem eigenen Tod hervor. Diese Angst schleicht sich sogar in die Sprache von Verkäufern und äußert sich in Sätzen wie: »Wenn wir diesen Auftrag verlieren, sind wir am Ende.« oder »Von diesem Auftrag hängt mein Überleben ab.« In diesem Moment geht es für System 1 um alles. Auch wenn in dieser Situation kein realer Tod droht, wird System 1 doch alles tun, um den metaphorischen Tod zu verhindern.

Angst ist der schlimmste Ratgeber, den man sich vorstellen kann. Im professionellen Verkauf ist es wichtig, sich mit den Themen Verlust und Furcht, mit der zentralen Angst, ein Geschäft zu verlieren, auseinanderzusetzen, weil sich viele andere Ängste davon ableiten. Diese Furcht unterwandert Ihre Gedanken und Ihr Verhalten. Wenn Sie von vorneherein Angst haben, einen Auftrag nicht zu bekommen, dann geht diese Angst mit Zweifeln an Ihren generellen Fähigkeiten einher. Diese Zweifel führen zu weiteren negativen Gedanken und der Befürchtung, dass Sie das vorgegebene Jahresziel nicht erreichen werden und deshalb den Bonus nicht bekommen, mit dem Sie Ihr studierendes Kind unterstützen, einen Überraschungsurlaub mit der Familie finanzieren oder sich einen SUV kaufen wollten. Im schlimmsten Fall machen Sie sich sogar Sorgen, dass Sie Ihren Job verlieren könnten und wie Sie dann für den Unterhalt Ihrer Lieben sorgen sollen. Uff!

Natürlich ist all dies dem Einkaufsteam, das Ihnen gegenübersitzt, bekannt. Es gibt einen Satz, den angehende Einkäufer in ihren Trainings immer wieder zu hören bekommen: »Die größte Angst des Verkäufers ist es, den Auftrag zu verlieren.«

Einkäufer wissen, dass sie die Intensität in einer Verhandlung hochschrauben können, indem sie die Möglichkeit einer Niederlage nicht nur implizit im Raum stehen lassen, sondern explizit auf die Möglichkeit des Verlierens hinweisen. Besonders in wettbewerbsintensiven Branchen mit wenig Differenzierung zwischen den Anbietern ist das ein beliebtes Vorgehen.

Warum nutzen Einkäufer diese Waffe so häufig? Ganz einfach, weil sie die Wirkung der Angst kennen. Sie wissen, wie stark dieser eine ominöse Satz über den Verlust des Geschäfts psychologisch und physiologisch auf einen Verkäufer wirkt. Diese Drohung beeinflusst, ja lähmt förmlich das Denken des Verkäufers für eine kurze Zeit und bietet dem Einkäufer eine Chance, den Verhandlungsrahmen zu seinen Gunsten zu verändern. Einkäufer wissen auch, dass der Verkäufer in dieser Situation anfällig wird für rhetorische Wiederholungen von kurzen klaren »Muss«-Botschaften, die System-1-Reaktionen auslösen, wie: »Ich brauche ...« oder »Das muss ...«

Wenn Ihnen das passiert (und das wird es), wie werden *Sie* darauf reagieren?

Wenn Ihr Ansatz darin besteht, schnell wieder festen *berechenbaren* Boden unter die Füße zu bekommen, wenn Sie versuchen, die Ungewissheit schnellstens auszuräumen, um Ihrer Angst Herr zu reden, dann machen Sie sich selbst kleiner, als Sie sein müssten und als Sie in Wirklichkeit sind. Mit dieser Positionierung werden Sie sich dann wahrscheinlich den weiteren Forderungen des Einkäufers einfach beugen müssen.

Einkäufer, die den Verhandlungsrahmen auf diesem Wege dominieren, zwingen Verkäufer, die sich darum bemühen, sich den neuen Rahmenbedingungen *anzupassen*, förmlich in stereotype, leicht berechenbare Verhaltensweisen.

Wenn das System-1-Denken des Verkäufers allerdings durch Training und eine Reihe von früheren Erfahrungen differenzierter geschult ist, dann kann er den neuen Rahmen als das erkennen, was er ist: ein Versuch des Einkäufers, Ängste zu schüren und aus künstlich erzeugtem situativem Stress Kapital zu schlagen. Schon diese simple innere Einsicht wird Ihnen helfen, der Versuchung, »einfach nachzugeben«, zu widerstehen.

Die Kunst des taktischen Schweigens

»Funkstille« zwischen Verhandlungspartnern ist eine unglaublich wirkungsvolle Form der Kommunikation, wie Gaby aus eigener Erfahrung bestätigen kann. Sie hatte eine sehr enge geschäftliche Beziehung zur Leiterin der Einkaufsabteilung eines sehr großen Kunden. Die Einkäuferin war etwa im gleichen Alter wie Gaby und pflegte einen sehr freundschaftlichen Umgang. Sie meldete sich fast täglich bei Gaby und nicht nur, um sich über aktuelle Geschäftsthemen, von denen es immer reichlich gab, auszutauschen, sondern auch, um ein lockeres persönliches Gespräch zu führen.

Und dann, eines Tages brach der persönliche Kontakt plötzlich ab. Gaby hatte kurz zuvor eine Forderung nach einem Preisnachlass abschlägig beantwortet. Fast einen Monat lang rief die Kundin daraufhin weder selbst an noch reagierte sie auf Gabys Anrufe. Genauso plötzlich nahm sie den Kontakt wieder auf, kam aber auch nie mehr auf den Vorfall zurück, der in Gabys Augen der Auslöser für die schweigende Behandlung gewesen war, nämlich ihr »Nein!« zu einem Preisnachlass.

Interessant war für Gaby, welche Emotionen in dieser Zeit der Funkstille in ihr selbst hochkochten. Sie waren den Gefühlen bei einem Familienstreit, wenn sich jemand danebenbenimmt und dafür die kalte Schulter gezeigt bekommt, sehr ähnlich. Es war irgendwie klar, dass sich alles irgendwann wieder einrenken würde, denn schließlich gab es ein Geschäft, das sie miteinander verband. Und trotzdem, gerade weil der Kontakt vorher so regelmäßig und freundschaftlich war, war es schwer auszuhalten. Es lehrte Gaby, welch mächtiges Schwert Schweigen im Umgang mit anderen Menschen sein kann. Gaby beobachtete ihre emotionalen »Entzugserscheinungen« und kämpfte gegen den Drang an, doch noch nachzugeben und eine Mail mit dem Inhalt »Entschuldigung, natürlich bekommst du den gewünschten Preisnachlass!« loszuschicken.

Viele Verkäufer können sicher ähnliche Geschichten erzählen. »Taktisches Schweigen« ist eine weitere Framing-Variante im unsichtbaren Spiel. Verkäufer müssen sich dies immer wieder vor Augen führen und Selbstbeherrschung üben. Manchmal liegt das Geheimnis des Erfolges darin, ein solches Schweigen – eine kommunikative Eiszeit – einfach zu ertragen. Das bedeutet auch, dem eigenen inneren Drang, etwas zu tun, etwas vielleicht wieder gut zu machen, zu widerstehen und darauf zu warten, dass sich die andere Seite wieder meldet. Andernfalls bringen Sie Ihrem Kunden bei, dass sein Schweigen der beste Weg ist, Sie einknicken zu lassen.

Situation 10.1: Keine Nachrichten sind schlechte Nachrichten. Ich habe es vermasselt!

Vor ein paar Tagen habe ich einem Großkunden ein wichtiges Angebot zur Entscheidung vorgelegt. Wenn dieser Auftrag klappen würde, hätte ich meinen Bonus für dieses Jahr so gut wie in der Tasche. Doch was war bloß los? Ich hatte mit einer schnellen Entscheidung gerechnet, hatte aber seitdem nichts mehr vom Kunden gehört und saß auf glühenden Kohlen. Ich zählte die Stunden und Minuten und aktualisierte ständig meinen Posteingang in der Hoffnung, dass sich endlich was täte.

Warum meldete sich der Kunde nicht? Hatte ich etwas falsch gemacht? Entsprach mein Angebot nicht den Erwartungen? War ich preislich zu hoch rangegangen? Sollte ich dem Kunden vielleicht noch eine Zusatzmail schicken und ihm sagen, dass der Preis noch verhandelbar sei?

Meine Nerven lagen blank, aber zum Glück habe ich keine solche Mail geschickt. Heute – ziemlich genau eine Woche, nachdem ich das Angebot abgeschickt hatte – wurde der Auftrag erteilt. Der Kunde entschuldigte sich für die Verzögerung mit der Begründung, dass die zuständige Kollegin krank und eine Woche lang nicht im Büro gewesen sei.

Dazu sagt die Wissenschaft: Dieser Effekt wird als *fundamentaler Attributionsfehler* bezeichnet. Er tritt in vielen Formen und bei vielen Gelegenheiten auf und führt uns unter anderem in Versuchung, aktiv zu werden, obwohl wir eigentlich auf die Reaktion einer anderen Partei warten sollten. Der fundamentale Attributionsfehler besagt, dass Menschen dazu neigen, die Bedeutung und die Art der aktuellen Situation zu unterschätzen, während sie die Bedeutung der stabilen zugrunde liegenden Aspekte überschätzen. Infolgedessen spekulieren Menschen wild darüber, warum etwas passiert, während die tatsächlichen Gründe und Ursachen fast immer viel einfacher, weniger dramatisch und von temporärer Natur sind.

Menschen führen unerwünschte Ergebnisse gerne auch auf ihre eigene Person und ihr eigenes Verhalten und weniger auf äußere Umstände zurück. Das erklärt auch ihre Neigung zu glauben, dass alle anderen auf ihre Handlungen achten und dass ihr Einfluss auf eine Situation größer ist, als es tatsächlich der Fall ist.

Unsere Empfehlung: Bleiben Sie ruhig, warten Sie ab. Versuchen Sie mehr über die tatsächlichen Ursachen zu erfahren. Als Faustregel gilt, dass das Ausbleiben einer Antwort in 99 Prozent aller Fälle situationsbedingt ist und nichts mit Ihnen persönlich zu tun hat. Natürlich setzt das voraus, dass Sie im Vorfeld Ihre Hausaufgaben gemacht, sich gründlich über den Kunden und das Wettbewerbsumfeld informiert haben und Ihr Angebot somit nach bestem Wissen ausgestaltet haben. Wenn dem so ist, heißt das: Solange Sie keine neuen Informationen erhalten, die die Ausgangslage verändern, steht Ihr Angebot. Punkt.

Denn wenn Sie Ihr Angebot in einer solchen Situation in »vorauseilendem Gehorsam« ändern, dann riskieren Sie, Ihr Gesicht oder Ihre Glaubwürdigkeit zu verlieren. Oder beides. Schauen Sie sich skeptisch auf die Finger, wenn Sie unruhig und nervös werden, weil Sie auf eine wichtige Antwort über Gebühr warten müssen. Ziehen Sie keine voreiligen Schlüsse. Vielleicht kennen Sie im Unternehmen Ihres Kunden jemanden, dem Sie vertrauen und den Sie anrufen und in ein freundliches Gespräch verwickeln können, um bei der Gelegenheit ein bisschen Hintergrundrecherche zu betreiben. Vielleicht wirkt das ja beruhigend auf Ihre Nerven und liefert darüber hinaus sogar ein paar Informationen darüber, warum Sie bislang keine Antwort erhalten haben.

Unser Tipp

In der Situation 10.1 geht es darum, die Ruhe zu bewahren und nicht vorschnell aktiv zu werden. Die hier gezeigte Abbildung »Situation – Relax – Explanation« illustriert die Idee, dass die Erklärung in diesem Fall der Situation und nicht Ihnen persönlich zuzuschreiben ist. Sie können diesen Spickzettel übrigens auf der am Ende des Buches genannten Webseite herunterladen.

Während eines Gespräches oder einer Verhandlung an der richtigen Stelle einen Moment lang zu schweigen, ist außerdem eine sehr wirkungsvolle Technik in westlichen »Redekulturen«. Ein solches Element kann Ihnen einen Vorteil verschaffen, denn es passt nicht in das Schema eines Gesprächspartners (vgl. Kapitel 3). Sie können die Technik anwenden, wenn Sie mehr Informationen von Ihrem Gegenüber brauchen oder auch wenn es für den anderen an der Zeit ist, eine Entscheidung zu treffen. Die meisten Menschen tun sich schwer damit, weil sie auf Dialog und Kommunikation gepolt sind, und dann plötzlich Stille eintritt. Sie verspüren den

Drang, diese Stille auszufüllen, und erzählen Ihnen mehr, als sie eigentlich wollten. Versuchen Sie es doch einmal mit einem solchen Moment des Schweigens, wenn Sie die Gelegenheit dazu haben. Lächeln Sie Ihr Gegenüber an und schweigen Sie 10 bis 15 Sekunden lang. Sie werden überrascht sein, was dabei zum Vorschein kommt.

Wie Einkäufer Regeln umschreiben oder das Spielfeld neu definieren

Stellen Sie sich vor, Sie arbeiten für einen Zulieferer namens Xevono. Über Ihr Netzwerk erfahren Sie, dass ein Unternehmen namens Starlight im Begriff ist, einen Ihrer wichtigsten Kunden zu übernehmen: Es geht um die Firma Peter & Friends, ein Start-up, das sich erfolgreich im Markt für Herrenkosmetik etabliert hat.[92] Starlight dagegen ist einer der Großen in der Kosmetikindustrie mit einer breiten Palette von Körperpflegeprodukten, die das Unternehmen über eigene Outlets vertreibt. Die modernen Pflegelinien von Peter & Friends sind auch aus Ihrer Sicht eine perfekte Ergänzung für das Starlight-Sortiment.

Ihr Unternehmen Xevono hat das Start-up Peter & Friends von Anfang an aktiv unterstützt. Sie haben kräftig in den Aufbau dieser neuen Marke mit investiert, zum Beispiel durch professionelle Hilfestellung bei der Entwicklung einer ersten Marketingstrategie. Sie haben aber auch ganz profan erste Distributionsversuche finanziell unterstützt. Alles in allem ist so sehr schnell eine für beide Seiten vorteilhafte Beziehung entstanden. Auch Xevono hat von diesem Arrangement mit deutlichen Umsatz- und Gewinnsteigerungen profitiert. Auf der anderen Seite aber war Ihr Unternehmen bislang nie in der Lage, eine ebenso erfolgreiche Verkaufsbeziehung zu dem viel größeren Starlight aufzubauen. Sie hoffen, dass sich durch die anstehende Fusion neue Chancen für Ihre Geschäftsbeziehung zu Starlight ergeben. Sie nehmen sich vor, die Starlight-Verantwortlichen mit der hervorragenden Aufbauarbeit, die Sie bei Peter & Friends geleistet haben, so zu beeindrucken, dass man Ihnen eine engere Zusammenarbeit anbietet.

Doch so überraschend, wie diese Gelegenheit am Horizont auftaucht, so schnell platzt die Seifenblase Ihrer Wünsche und Hoffnungen. Kurz nach Bestätigung der Übernahme erhalten Sie nämlich eine E-Mail aus der Einkaufsabteilung von Starlight. In dem allgemein gehaltenen Rundschreiben wird auf die nun stärkere Marktposition und eine größere Kaufkraft hingewiesen. Als Voraussetzung für den Fortbestand der Geschäftsbeziehung mit Peter & Friends als Teil des Starlight-Gruppe werden zwei Forderungen erhoben: ein sofortiger On-boarding-Rabatt von 25 Prozent und eine Verlängerung der Zahlungskonditionen auf 150 Tage.

Was war Ihr erster Gedanke, nachdem Sie diese Geschichte gelesen haben? Was meinen Sie, wie sollte Xevono auf diese Forderungen reagieren? Was würden Sie tun?

Zunächst einmal wissen wir alle, dass solche Forderungen üblich sind. Überall auf der Welt erhalten Myriaden von Lieferanten unterschiedlichster Branchen nahezu wöchentlich ähnliche Ultimaten. Die betroffenen Lieferanten werden sich genauso wie Sie gerade den Kopf darüber zerbrechen, wie sie darauf antworten sollen.

Lassen Sie uns Ihr mögliches Vorgehen auf zwei alternative Optionen reduzieren, die beide aufgreifen, was Sie in Teil II gelernt haben.

1. **Sagen Sie explizit, klar und unmissverständlich »Nein!«**: Sie antworten Starlight schriftlich und erklären, dass Ihre Kalkulation keine Rabatte in dieser Höhe zulässt und dass Sie auf Zahlungsfristen von 150 Tagen wegen der damit verbundenen negativen Cashflow-Effekte nicht eingehen können.

2. **Sie sagen implizit »Nein!«, indem Sie Starlight um ein Treffen bitten**: Sie schreiben zurück und laden das Einkaufsteam von Starlight zu einer Besprechung ein, um den Rabatt von 25 Prozent und die 150 Tage persönlich zu besprechen. Ihr Ziel – das Sie in Ihrer Antwort nicht explizit angeben – ist, die Forderungen in diesem Meeting auf ein vernünftigeres Maß herunterzuhandeln.

Falls Sie sich für die erste Option entscheiden, sollte das Buch Sie zu diesem Zeitpunkt darauf vorbereitet haben, Ihr »Nein!« mit einer ordentlichen Portion Selbstvertrauen abzuliefern. Denn wenn eine Forderung nach Preisnachlass eine energische Ablehnung verdient, dann ist es doch wohl dieses Rundschreiben von Starlight, das der Besonderheit Ihrer Beziehung zu Peter & Friends so gar keine Beachtung geschenkt hat. Oder?

Die zweite Option hat einige potenziell wichtige Vorteile. Zum einen kreiert diese unverbindliche Antwort eine Art Ungewissheit beim Starlight-Einkaufsteam. Zum anderen verschafft sie Ihnen mehr Zeit für eine gründlichere Zahlenanalyse, um darauf aufbauend ein präzises Gegenangebot vorzubereiten. Und schließlich werden Sie der anderen Seite damit den Eindruck vermitteln, dass Sie sich ernsthaft mit der Situation auseinandersetzen und eine seriöse Antwort geben wollen.

Wenn Sie uns Autoren fragen: Es mag Sie überraschen, aber wir empfehlen keine dieser beiden Optionen.

In Teil II dieses Buches haben wir Ihnen gezeigt, wie Sie während einer Verhandlung »Nein!« zu einer bestimmten Forderung eines Kunden sagen können. Im folgenden Teil III erforschen wir gemeinsam, wie man »Nein!« zum *gesamten Kontext* einer Verhandlung sagt, um dann selbst aktiv einen vorteilhafteren Rahmen einbringen zu können.

Warum?

Die aggressiven Forderungen der Starlight-Einkäufer sind ein klassischer taktischer Eröffnungszug, mit dem sie versuchen, die Oberhand im sichtbaren und unsichtbaren Spiel zu gewinnen. Die Intention von Starlight ist klar zu erkennen als der Versuch, die vorteilhafteren Konditionen für die neue Gruppe zu etablieren, also zumindest die Konditionen von Peter & Friends den eigenen anzupassen oder besser noch die Konditionen für die Gruppe insgesamt zu verbessern.

Die Motivation hinter einem allgemeinen Rundschreiben, wie dem von Starlight, besteht dann zunächst darin, entsprechende Anker zu setzen. Ob Sie Option 1 oder Option 2 wählen, in beiden Fällen hat der von Starlight ausgelegte Anker verfangen. Auch wenn Sie den Vorschlag abgelehnt haben oder angedeutet haben, dass Sie ein Gegenangebot machen werden, Sie haben zunächst einmal den gesetzten Anker akzeptiert und damit stillschweigend einem neuen Verhandlungsrahmen zugestimmt. Unabhängig davon, was schlussendlich dabei an Zahlen tatsächlich herauskommt, Sie sind ab jetzt dazu gezwungen, innerhalb der Grenzen, die Starlight durch das Setzen von Ankern definiert hat, zu verhandeln.

Was sollten Sie also stattdessen tun? Die im Folgenden beschriebenen Maßnahmen setzen die bisher im Buch beschriebenen Ideen um, wie zum Beispiel das Training unseres Situationsbewusstseins, das Setzen von Ankern und Gegenankern bis hin zum Aufbau von mehr Selbstvertrauen und mehr Selbstkontrolle.

- **Schränken Sie den internen Verteiler für das Starlight-Rundschreiben ein:** Denn was wird passieren, wenn Sie dieses Schreiben per E-Mail intern weitergeben, damit jeder Kollege seine gerechte Empörung über die Unverfrorenheit und Unfairness von Starlight teilen kann? Sie werden plötzlich in allen Gesprächen die Zahlen 25 und 150 hören, und das ist genau das, was Starlight mit ihren Ankern beabsichtigt hat. Ankerzahlen sind wie Kaugummis: hartnäckig. Wenn sie sich einmal festgesetzt haben, sind sie schwer wieder zu entfernen. Durch das interne Weiterverteilen des mit Ankern gespickten Starlight-Rundschreibens spielen Sie Starlight in die Hände, denn Sie stellen sicher, dass diese beiden toxischen Zahlen auch wirklich in den Köpfen aller Kollegen verankert wird. Machen Sie nicht auch noch deren Arbeit, indem Sie die Anker in Ihrem Unternehmen viral gehen lassen, also im wahrsten Sinne des Wortes für die negativ ansteckende Wirkung verantwortlich zeichnen. Machen Sie sich nicht zum Komplizen.

- **Nutzen Sie Ihr geschultes Situationsbewusstsein:** Sie sollten das Rundschreiben als das erkennen, was es ist: ein genereller Versuch, die zukünftige Verhandlungsposition zugunsten von Starlight zu beeinflussen. Nehmen Sie diesen Versuch als legitim zur Kenntnis, aber ignorieren Sie – soweit es irgendwie geht – die genannten Zahlen. Solche Rundschreiben werfen nicht nur Anker aus, sie zielen auch darauf ab, eine möglichst spontane Reaktion zu provozieren. Der Absender versucht herauszufinden, inwieweit die neue Situation Bestandslieferanten verunsichert, wie stark seine neue Verhandlungsposition ist und wie er die anstehende Veränderung kurzfristig für sich nutzen kann.

- **Schicken Sie eine freundliche Antwort, aber ignorieren Sie die Ankerzahlen.**
Eine sehr energische Art und Weise, »Nein!« zu sagen, könnte darin bestehen, sofort mit einem eigenen Anker zu kontern. Es gibt Unternehmen, die in diesem Fall direkt mit Preiserhöhungen (zum Beispiel um bis zu 15 Prozent) antworten, um einen eigenen Anker zu setzen. Wir dagegen würden Starlight zunächst einen freundlichen Brief schicken, zur Übernahme von Peter & Friends gratulieren, für das Interesse an unseren Produkten danken und ein Treffen vorschlagen, um die weitere Geschäftsbeziehung zu besprechen. In diesem Fall ist es entscheidend, dass die Antwort keinerlei Hinweis auf die von Starlight gesetzten Anker enthält. Die Zahlen 25 und 150 dürfen überhaupt nicht erwähnt werden.

Diese Herangehensweise ist sozusagen eine Variante des unsichtbaren Spiels für Fortgeschrittene. Sie ermöglicht einem Verkäufer, ein »Nein!« zu vermitteln, ohne tatsächlich sofort ausdrücklich Nein sagen zu müssen. Im besten Fall gelingt es dem Verkäufer sogar, zu ignorieren, dass es überhaupt eine Frage gab. Der Verkäufer zielt stattdessen darauf ab, einen eigenen Rahmen für die Geschäftsbeziehung mit der neuen Starlight-Gruppe zu schaffen und seine eigenen Preisanker einfließen zu lassen.

Was wir in Teil II gelernt haben

Im zweiten Teil dieses Buches haben wir gezeigt, wie Sie einen stärkeres Mindset entwickeln können, das Sie dazu befähigt, leichter »Nein!« zu sagen, sei es zu einem Rabatt oder irgendeiner anderen Forderung. Um an diesen Punkt zu gelangen, haben wir eine Reise durch die emotionalen Seiten einer Verkaufsverhandlung unternommen.

Unsere Reise begann mit der emotionalen und sensorischen Wirkung, die Preise auf Käufer und Verkäufer ausüben. Preise sind genau der Bereich, in dem die Grenzen zwischen dem sichtbaren Spiel und dem unsichtbaren Spiel meist verschwimmen. Verkäufer sind sich oft nicht bewusst, dass Einkäufer durchaus eine Wohlfühlpreisgrenze im Kopf haben, die in der Regel deutlich über den Preisen liegt, die zwischen den Parteien explizit besprochen werden. Einkäufer arbeiten hart daran, dass dies so bleibt. Wenn man sie lässt, beeinflussen sie den Verhandlungsrahmen zu ihren Gunsten und versuchen damit, den Stresspegel für die Verkäufer hoch und die Preise niedrig zu halten.

Verkäufer überwinden ihre Angst vor dem »Nein!«, indem sie die Hintergründe dieser Angst kennenlernen und akzeptieren. Sie erweitern ihre Komfortzone, indem sie ihre Verhaltensziele positiv formulieren und sich auf die Suche nach neuen Erfahrungen begeben. Prompts begleiten die Veränderungen als unbewusste visuelle Erinnerungshilfen. Fortschritt und Erfolg sind nicht davon abhängig, von etwas wegzukommen, sondern messen sich an der Strecke, die auf dem Weg zum Ziel noch zurückzulegen ist.

Teil III

Offensiv spielen und die Kunst, Einfluss zu nehmen

Erfolgreiche Verkäufer gewinnen nicht nur, weil sie aktiv im unsichtbaren Spiel mitspielen. Sie gewinnen vor allem, weil sie die Regeln definieren, nach denen gespielt wird. Ab dem ersten Moment einer Verhandlung arbeiten sie an der Gestaltung der Rahmenbedingungen. Sie analysieren die Vor- und Nachteile möglicher Verhandlungsergebnisse und beeinflussen, in welche Richtung die Verhandlung geht. Sie achten darauf, dass ihr Handlungsspielraum gewahrt bleibt und sorgen für klare Entscheidungskriterien sowie eine möglichst ausgeglichene Risikoverteilung.

Die alles entscheidende Frage ist, ob sie mit dem Blatt, das ihnen von anderen zugeteilt wird, gewinnen können, oder ob sie Ihren Erfolg doch lieber selbst in die Hand nehmen wollen.

In diesem Sinne verlagert sich der Schwerpunkt des Buches ab jetzt auf Fragen des Offensivspiels. Es geht darum, wie Verkäufer sich einen Heimvorteil verschaffen und diesen auch bewahren, anstatt immer nur defensiv auf von Einkäufern definierten und kontrollierten Spielfeldern zu spielen. Als erfahrene Verkäufer wissen wir nur zu gut, dass die Stärke einer Verhandlungsposition von den in einer Geschäftsbeziehung herrschenden Machtverhältnissen abhängt. Ausgeglichene Machtverhältnisse bieten Verkäufern immer einen größeren Spielraum. Doch auch in unausgeglichenen Beziehungen gibt es Faktoren, die Verkäufer zu ihrem Vorteil nutzen können.

Im nächsten Kapitel betrachten wir die Machtverhältnisse zwischen Kunden und Lieferanten oder Dienstleistern als eine Mischung aus faktischen Marktpositionen auf der einen und persönlicher Autorität und Durchsetzungskraft auf der anderen Seite.

Aus den bisherigen Kapiteln nehmen wir mit, dass alle Spieler, Einkäufer wie Verkäufer, »Steinzeitmenschen in Designerkleidung« sind, die vergleichbare Denkmuster aufweisen. Wir wissen, wie diese Denksysteme den Umgang von Einkäufern mit ihren Lieferanten beeinflussen und haben uns mit Entscheidungsmechanismen beschäftigt. Im weiteren Verlauf werden wir im Detail erörtern, welche Wahrnehmungseffekte mit »Gewinn oder Verlust« verbunden sind und warum Preisänderungen deshalb meist ein schwieriges und konfliktreiches Thema sind. Beenden werden wir Teil III mit einer Reihe von praxisnahen Handlungsempfehlungen. Dort beschreiben wir, wie Verkäufer den gesamten Verhandlungsrahmen aktiv zu ihren Gunsten gestalten und aus unwiderstehlichen Angeboten Kapital schlagen können. Darum geht es, wenn wir im unsichtbaren Spiel offensiv vorgehen wollen.

Kapitel 11

Marktmacht vs. Durchsetzungskraft: Wer sitzt am längeren Hebel?

Es gibt eine im Sport häufig gebrauchte Floskel, die Außenseitermannschaften gerne anbringen, nachdem sie eine ihnen eigentlich überlegene Mannschaft besiegt haben: »Genau deshalb spielen wir dieses Spiel.«[93] Wenn wir dieses Bild auf die Geschäftswelt übertragen, dann bedeutet das, dass man qua Datenlage eigentlich aussichtslose Spiele durchaus doch noch gewinnen kann. Um den Hintergrund solch unerwarteter Siege zu erklären, unterscheiden wir zunächst zwischen zwei wesentlichen Erfolgsfaktoren: zum einen dem faktischen Vorteil, der durch eine starke Position im Markt entsteht, und zum anderen dem Faktor der persönlichen Autorität und der Durchsetzungskraft, die die Spieler individuell mitbringen.

Wie stark die eigene Position im Markt ist, bestimmt maßgeblich, wie viel Entscheidungsmacht man im sichtbaren Spiel ausüben kann. Diese Bewertung stützt sich auf Daten, Fakten und Argumente und definiert, welche Partei objektiv Vorteile für sich in Anspruch nehmen kann.

Im unsichtbaren Spiel dagegen spielt das Ausmaß an persönlicher Autorität und Durchsetzungskraft eine wesentliche Rolle. Dieser Vorteil beruht auf psychologischen Faktoren und der Fähigkeit, geschäftliche Entscheidungen, zum Beispiel durch intelligentes Framing, smarte Angebots-architekturen und andere Techniken, zu beeinflussen.

In Geschäftsbeziehungen tauchen nicht selten Ergebnissituationen auf, die auf ein Ungleichgewicht zwischen Marktposition und persönlicher Autorität hindeuten. Diese Diskrepanz ist ein wesentlicher Grund dafür, warum Verkaufs*verhandlungen* heutzutage überhaupt noch stattfinden. Denn wenn persönliche Autorität in einer Verhandlung keine Rolle spielen würde, dann könnten alle Kaufentscheidungen quasi automatisch, aus-schließlich auf Basis von Datenanalysen oder Excel-Berechnungen oder durch leistungsstarke Algorithmen getroffen werden. Werden sie aber nicht. Diese objektiven Analysen mögen sogar zeigen, welcher Wettbewer-ber überlegen ist und eigentlich gewinnen *sollte*. Und trotzdem gewinnt dieser Wettbewerber nicht immer und schon gar nicht automatisch. Den-ken Sie noch einmal an den Pitch zurück, den Gaby in der allerersten Geschichte in diesem Buch beschrieben hat. Auf dem Papier hätte das Unternehmen von Herrn Henderson das Geschäft gewinnen *müssen*. Aber am Ende der Verhandlungen war es die Außenseiterin, die New York mit einem Geschäftsabschluss in der Tasche verließ.

Durchsetzungskraft und die ganz persönliche Autorität eines Spielers können entscheidend sein, wenn es darum geht, die Vorteile, die ein Wett-bewerber objektiv mitbringt oder die ein Einkäufer vielleicht durch seine beherrschende Marktposition hat, auszugleichen. Besonders in einem wettbewerbsintensiven Markt kann es von entscheidendem Vorteil sein, wenn Sie Ihre persönliche Autorität in die Waagschale werfen können. Ihr persönlicher Einfluss wiegt auch dann besonders schwer, wenn es an Dif-ferenzierung zwischen konkurrierenden Anbietern mangelt.

Wie aber können Sie Ihre persönliche Autorität stärken und mehr Ein-fluss ausüben, wenn es darauf ankommt? Nämlich in Situationen, in denen die vorherrschenden Machtverhältnisse eigentlich gegen Sie sprechen? Der erste Schritt ist immer, dass Sie schon vor der Verhandlung damit beginnen, ein *Relationship Mapping* (Beziehungslandkarte) anzufertigen, also die persönlichen Verbindungen aller in der Verhandlung agierenden Personen visuell darzustellen. Sie denken bei dieser Übung darüber nach, welche Rolle der persönliche Einfluss der verhandelnden Personen, also auch Ihr eigener, bei einer Entscheidung – zu unterschiedlichen Zeitpunkten – spielen kann. Der zweite Schritt ist, diese Einschätzung im Verlauf der Verhandlung regelmäßig neu zu bewerten. Denn tatsächlich erweist es sich zu Anfang oft als schwierig, zu einer realistischen Einschätzung der persönlichen Machtverhältnisse zu kommen, da es häufig an Informationen über die anderen verhandelnden Personen und deren Netzwerke mangelt. Die erste Einschätzung hängt deshalb auch vom Grad Ihres Situationsbewusstseins ab. Danach ist es eine Frage kontinuierlicher Recherche und der Arbeit mit Szenarioanalysen, in denen Sie Hypothesen aufstellen und Ihre Annahmen immer wieder infrage stellen. Wenn andere Spieler aktiv in das Geschehen eingreifen und Einfluss auf den Rahmen, die Parameter und den Ablauf einer Verhandlung ausüben können, dann ist das ein klarer Indikator für persönliche Autorität. Es ist wichtig, auch die Stärke der eigenen Verhandlungsposition möglichst gut einzuschätzen *und* diese dann auch wirkungsvoll bei Entscheidern einzusetzen.

Die Einkaufsseite wird meistens genauso vorgehen. Denn alle Spieler in diesem Spiel haben auf einer tieferen menschlichen Ebene die gleichen Ängste. Sie unterliegen den gleichen Illusionen und mentalen Denkmustern. Ungewissheit wirkt wie ein Damoklesschwert. Niemand will sich in diesem Spiel machtlos fühlen und sich den Entscheidungen und vielleicht sogar Launen anderer hilflos ausliefern. Die Partei mit einer besseren Analyse *und* einem besseren Verständnis der Gesamtsituation geht mit einem besseren Blatt in die Verhandlung.

Viele Verkaufsabteilungen gliedern ihr Kundenportfolio nach bestimmten Kriterien, zum Beispiel um dem Markt unterschiedliche Servicepakete anbieten zu können. Manchmal sind sie dabei so auf ihre eigenen Modelle fixiert, dass sie übersehen, dass auch viele Einkäufer ihre Lieferantenbeziehungen mithilfe von Kategorisierungen steuern. Der klassische Ansatz, den Einkäufer verwenden, um ihr Lieferantenportfolio zu gewichten, ist eine Segmentierungsmatrix, die auf einer A-B-C-Analyse und der bekannten Pareto-Regel basiert, ähnlich wie in Abbildung 11.1 dargestellt. Diese Technik hat sich seit der Einführung durch einen Manager von General Electric vor 70 Jahren zu einem beliebten Standard im Repertoire professioneller Einkäufer entwickelt.[94] In einem typischen Unternehmen halten etwa 20 Prozent der Lieferanten etwa 80 Prozent des Einkaufsvolumens. Von den verbleibenden 20 Prozent des Einkaufsvolumens werden etwa 15 Prozent als mittleres Risiko eingestuft und die verbleibenden 5 Prozent werden in der Regel als ein zu vernachlässigender Rest bezeichnet. Damit sich seine persönliche Autorität und sein Einfluss voll entfalten kann, ist es für einen Verkäufer und sein Unternehmen wichtig, zu den oberen, für den Einkäufer bedeutungsvollen, strategischen 20 Prozent zu gehören.

Die Bedeutung eines Lieferanten hängt in diesem Modell von zwei Faktoren ab, dem derzeitigen Einkaufsvolumen, das man objektiv messen kann, und der Bedeutung, die die eingekauften Produkte oder Dienstleistungen unmittelbar und mittelbar für das Geschäft des einkaufenden Unternehmens haben. Dies sind eher subjektive, oft auch weniger greifbare Effekte, die man erst mit der Zeit genauer einschätzen lernt.

Die strategischen A-Lieferanten landen im oberen rechten Quadranten, weil sie einen bedeutsamen Anteil am Einkaufsvolumen repräsentieren und damit ihr Einfluss auf das operative Geschäft des Einkäufers signifikant ist. Aufgrund ihres spezifischen Know-hows wären sie außerdem nur mit viel Aufwand und Mühe oder nur mit hohen »Switching Costs« (Wechselkosten) zu ersetzen.

Die A-Lieferanten im unteren rechten Quadranten liefern zwar immer noch große Mengen, haben aber insgesamt weniger strategischen Wert für das Geschäft des Einkäufers. Sie sind vor allem auch leichter zu ersetzen. Sie liefern vielleicht keine einfachen Allerweltsprodukte im eigentlichen Sinne, aber der Ausfall oder Ersatz eines dieser Lieferanten stellt kein signifikantes Risiko für das operative Geschäft dar. Finden Sie Ihr Unternehmen in diesem Quadranten wieder, wird es schwierig, wenn nicht gar unmöglich, der Marktmacht des Einkäufers auf der Beziehungsebene zu trotzen.

Die B-Lieferanten im oberen linken Quadranten sind in der Regel kleinere Versionen der strategischen A-Lieferanten aus dem oberen rechten

Quadranten. Die C-Lieferanten im unteren linken Quadranten stellen in der Regel das Schlusslicht dar. Im Englischen werden diese Produkte und Lieferanten gerne als »The Tail«, der Rest, bezeichnet. Um den Verwaltungs- und Zeitaufwand für diese meist große Zahl kleinster Lieferanten zu reduzieren, greifen viele Unternehmen hierfür zu Standardisierungs- und Automatisierungslösungen.

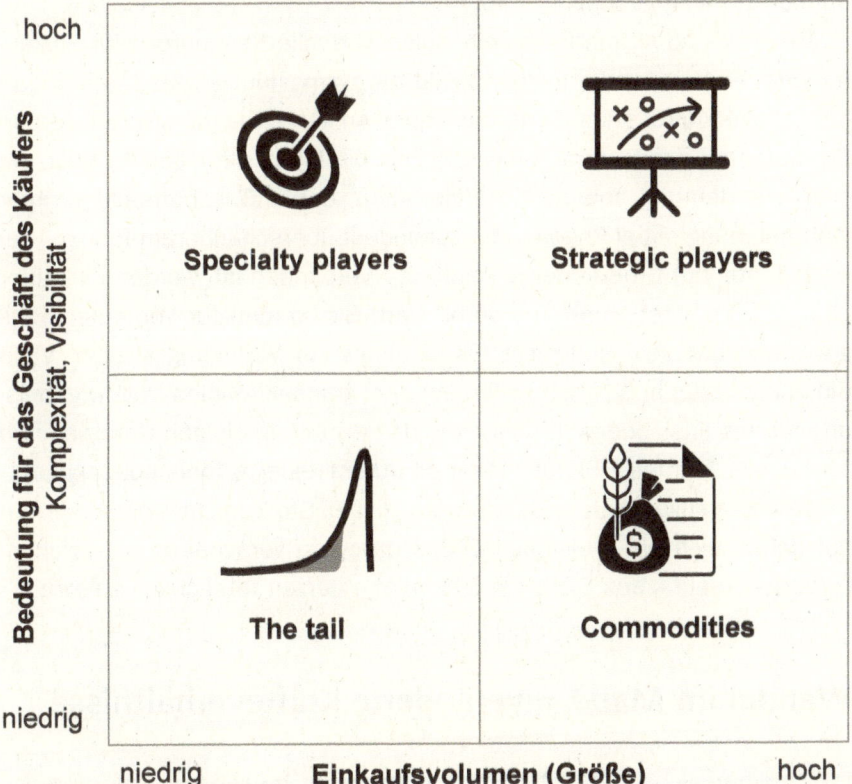

Abbildung 11.1: Viele Einkäufer arbeiten mit der klassischen A-B-C-Analyse, um zu entscheiden, welche Lieferanten ihre Aufmerksamkeit verdienen und einen größeren Teil ihrer wertvollsten Ressource erhalten: ihre Zeit. Die wichtigen A-Lieferanten werden vom Einkäufer als für das Unternehmen strategisch bedeutsam eingeordnet.

Dieser etablierte Segmentierungsansatz arbeitet meist mit Zwölfmo-
natsdaten aus dem laufenden oder vorhergehenden Geschäftsjahr. Dem
Wirtschaftsingenieur Joseph M. Juran wird nachgesagt, dass er als Erster die 80/20-Pareto-Regel im Managementkontext angewandt hat. Er beschrieb die Rolle der A-B-C-Analyse einmal als ein Instrument, das Unternehmen hilft, zwischen den »lebenswichtigen Wenigen« und den »trivialen
Vielen« zu differenzieren, um dann zu entscheiden, wem wie viel Zeit und
Aufmerksamkeit geschenkt wird.[95]

Da »Zeit und Aufmerksamkeit« solch wertvolle Ressourcen für Einkäufer sind, bietet sich der folgende Fakt als zwangsläufiger Maßstab an, an
dem ein Verkäufer seine Bedeutung ablesen kann: Die meiste Zeit werden
Einkäufer mit den Lieferanten verbringen, die für ihr aktuelles Portfolio die
größte Bedeutung haben. Mit Lieferanten, deren Geschäftsfeld in ihrer
Wahrnehmung mit geringem oder zumindest überschaubarem Risiko – sei
es in Bezug auf Größe oder Bedeutung – verbunden ist, werden Einkäufer
eher weniger oder keine Zeit verbringen. Sie werden für Verkäufer weniger erreichbar sein und nicht für Meetings zur Verfügung stehen. Viele
Einkäufer legen in solchen Fällen ein eher transaktionales, rein ergebnis-
orientiertes Friss-oder-stirb-Verhalten an den Tag. In einigen Unternehmen
wird dieser Teil des Einkaufs sogar an automatisierte Tools ausgelagert.

Wunschdenken hilft Verkäufern an dieser Stelle nicht weiter. Sie tun
gut daran, sich ein realistisches Bild davon zu verschaffen, in welchem
Quadranten sie – aus Sicht der Einkäufer – derzeit tatsächlich spielen.

Wandel im Markt = veränderte Kräfteverhältnisse

Die herkömmliche A-B-C-Matrix mit ihren leicht messbaren Faktoren wie
Umsatzgröße spielen in der Old Economy eine wichtige Rolle. Für die New
Economy reicht dieser auf Größe und das laufende Geschäft fokussier-
te Ansatz jedoch nicht mehr aus. Die Notwendigkeit zur »Transformation«
zwingt Einkäufer zu einer erweiterten Analyse mit einem starken Fokus auf
das Thema »Innovation«.

»Was können Sie für uns tun?« interessiert Einkäufer immer noch. Die Frage »Was haben Sie in letzter Zeit für unser Unternehmen getan?« und eine daraus abgeleitete gewisse Loyalität dem Lieferanten gegenüber verliert zunehmend an Bedeutung. Die entscheidende neue Frage ist: »Welche Fähigkeiten entwickelt Ihr Unternehmen (Lieferant) jetzt, mit denen Sie uns (Kunde) morgen helfen können, im Markt zu bestehen?« Und darauf aufbauend: »In welchen Bereichen können wir gemeinsam innovieren?« Der Grund für diese Veränderungen liegt in dem tiefgreifenden Wandel, den Unternehmen und damit auch deren Lieferanten durchlaufen müssen, um in einem sich rasch wandelnden Marktumfeld zu reüssieren.

Die einzige Konstante in diesem Spiel ist der Wandel – nicht nur für Sie.

Kein Einkäufer kann es sich leisten, die Zukunft des eigenen Unternehmens aufs Spiel zu setzen. Die Ungewissheit, wie diese Zukunft aussehen kann, macht die Arbeit nicht einfacher. Der neue »Heilige Gral« für Einkäufer, deren Unternehmen innovativer werden müssen, ist das Hightech- und Highend-Potenzial, die Innovationskraft ihrer Lieferanten, die sie sich zunutze machen wollen. Einkäufer erweitern ihre Analysen deshalb um qualitative Kriterien, mit denen sie die Transformationsbereitschaft und -fähigkeit ihrer Lieferanten bewerten. Die Einstufung als »innovationsstarker Lieferant« wird zu einem Synonym für »hervorragende Zukunftsaussichten« und führt dazu, dass der Einkauf den sprichwörtlichen roten Teppich ausrollt.

Dieses Modell (11.2) zeigt, wie sich die klassische Matrix eines Einkäufers ändert, wenn er sich auf die Suche nach Innovation oder sogar Transformation begibt.

Um als strategischer Lieferant anerkannt zu werden, reichen ein großer Anteil am derzeitigen Einkaufsvolumen, wenig Alternativen am Markt oder hohe Wechselkosten nicht aus. Um jetzt im oberen rechten Quadranten des Einkäufers in Abbildung 11.2 zu landen und dort zu bleiben, muss ein Lieferant oder Dienstleister die Zukunftsfähigkeit des eigenen Unternehmens darstellen. Jetzt heißt es, Einblicke in die eigenen Transformationsprozesse zu geben und die Innovationskraft des eigenen Unternehmens zu »verkaufen«. Verkäufer müssen also beim Kunden den Glauben und das Vertrauen wecken, dass ihr Unternehmen mit seinen einzigartigen Fähigkeiten, seiner Innovationskraft und Agilität entscheidend zum zukünftigen Erfolg des Kundenunternehmens beitragen wird. In einer ungewissen Zeit hängt alles von ihrem Versprechen ab, dass die Zusammenarbeit mit ihnen ein Garant für eine erfolgreiche Zukunft ist. Eine Zukunft, die nicht wirklich vorhersehbar oder berechenbar ist – das wissen wir doch alle. In gewisser Weise müssen Verkäufer den Kunden also zum »Träumen« bringen, was zweifelsohne ein besonders großes Maß an persönlicher Stärke und Autorität erfordert.

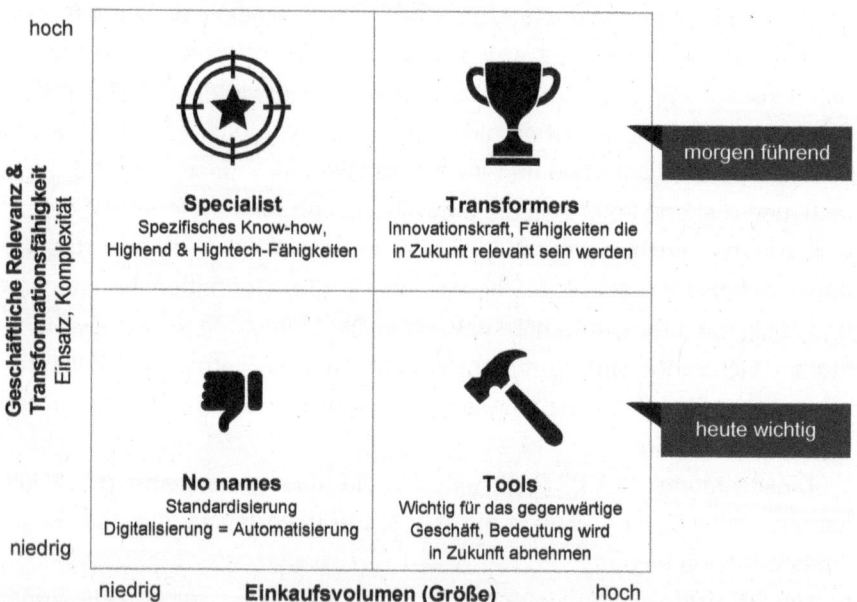

Abbildung 11.2: Um ihre eigenen Transformationsprozesse zu unterstützen, idealerweise sogar zu beschleunigen, suchen Unternehmen nach Innovationspartnern mit ausgesuchten Fähigkeiten. Einkäufer verlagern den Schwerpunkt ihrer Lieferantenbewertung auf die zukünftige Entwicklung ihres Geschäftes. Das Ringen um eine erfolgreiche Zukunft stärkt die Rolle und die Bedeutung, die persönliche Autorität hat. Aus der Sicht der Verkäufer sollte die gesamte Kundenstrategie, einschließlich der Preisgestaltung, seinen Lieferantenstatus widerspiegeln.

Während sie mit der Zukunft beschäftigt sind, laufen Verkäufer gleichzeitig Gefahr, dass ihr laufendes Geschäft – ganz oder teilweise – in den unteren rechten Quadranten rutscht. Das ist ein Alarmsignal, denn es bedeutet, dass ihr Portfolio in den Augen des Einkäufers für den Moment zwar gut genug ist, aber in Zukunft weniger relevant sein wird. Und wieder ist die Zeit, die ein Einkäufer mit einem Lieferanten verbringt – oder eben nicht verbringt – ein guter Gradmesser für eine notwendige, schonungslose Selbsteinschätzung. Halten Sie also immer ein Auge auf Veränderungen im Kundenverhalten. Ihre Alarmglocken sollten läuten, wenn die Kundenorganisation, allen voran die Einkaufsabteilung, anfängt, Ihnen weniger Aufmerksamkeit und Zeit zu widmen.

Das Gleichgewicht zwischen Marktmacht und Durchsetzungskraft

Je mehr sich Ihr Lieferantenstatus in die obere Hälfte von Abbildung 11.2 bewegt, desto bedeutsamer wird Ihr persönlicher Einfluss. Im oberen linken Quadranten mag ein Lieferant zwar verhältnismäßig klein sein, als anerkannter Spezialist spielt er aber eine wichtige Rolle bei der Wertschöpfung des einkaufenden Unternehmens. Im oberen rechten Quadranten übernimmt persönliche Autorität eine Führungsrolle. Hier kann Beziehung die Oberhand über reine Marktmacht gewinnen. Diese Lieferanten leisten einen großen Beitrag zur zukünftigen Wertschöpfung des einkaufenden Unternehmens, verhelfen dem Kunden zu mehr Differenzierung, erbringen wertvolle Zusatzleistungen oder sind vielleicht bereits organisatorisch vollkommen in bestimmte Abläufe integriert, bestenfalls sogar Teil der Innovationsprozesse. Eventuell verfügen diese Lieferanten aber auch über Fähigkeiten, auf die das einkaufende Unternehmen ein Auge geworfen hat und zukünftig zur Stärkung der eigenen Innovationskraft gegebenenfalls sogar als Teil der eigenen Transformationsagenda zugreifen möchte. Dadurch entsteht eine grundlegend andere Einkäufer-Verkäufer-Beziehung als in jedem anderen Quadranten.

Im unteren rechten Quadranten haben Einkäufer »Standardisierung und Automatisierung« im Sinn, wenn sie über diese Lieferanten nachdenken. Ihr tatsächliches Verhalten hängt davon ab, wie stark die Position des Lieferanten im Markt ist. Persönliche Autorität hat da wenig Chancen, die Verhältnisse zu verändern. Größere Investitionen in den Aufbau und die Pflege nachhaltiger Beziehungen sind, offen gesagt, für beide Seiten eine Verschwendung von Ressourcen. Persönlicher Einfluss hat hier im besten Fall nur einen schwachen Effekt. Die strategische Bedeutung eines Lieferanten und eventuelle Wechselkosten sind in der Regel selbst bei großen Liefermengen gering und objektiv messbar. Damit wird der Preis zum wichtigsten Entscheidungskriterium und es gibt für Verkäufer wenig individuellen Spielraum, diese Preisgestaltung zu beeinflussen. Verkäufer können bestenfalls versuchen, den Verhandlungsrahmen selbst zu beeinflussen, indem sie ihre Angebote geschickt formulieren und zum Beispiel mit smarten Entscheidungsarchitekturen arbeiten, die wir diesem Teil III noch beschreiben werden.

Beziehungen im unteren rechten Quadranten können schnell einen transaktionalen Charakter annehmen. Wenn das passiert, muss bei jeder Transaktion auf ein ausgeglichenes Geben und Nehmen zwischen den agierenden Parteien geachtet werden. Es gibt nur selten einen Good-Will-Transfer auf andere Funktionen oder zukünftige Transaktionen. Die Chancen, dass persönliche Autorität hier einen Unterschied macht, sind daher eher gering, um nicht zu sagen, gar nicht vorhanden. In diesem Umfeld sollten sich Verkäufer darauf konzentrieren, immer ein Quidproquo herzustellen, also für jeden Gefallen direkt eine Gegenleistung zu erhalten. In Kundengeschenke, Rabatte oder unaufgeforderte Dienstleistungen zu investieren, die darauf abzielen, dass sich der Kunde daran später wohlwollend erinnert und diese Vorleistung bei nächster Gelegenheit sogar durch ein besonderes Entgegenkommen honoriert, sind meist eine reine Geld- und Zeitverschwendung.

Sie wollen Ihren Status als Lieferant besser einschätzen?

Dann versetzen Sie sich in die Rolle des Einkäufers und fertigen selbst eine solche Matrix an, in die Sie sowohl das eigene Unternehmen wie auch Ihre Wettbewerber einordnen. Seien Sie schonungslos ehrlich mit sich und so objektiv wie möglich. Diese Matrix geht über die Fragen »Welche Rolle spiele ich für diesen Kunden?« oder »Welchen Mehrwert biete ich?« hinaus. Es geht darum, was der Kunde hinter verschlossenen Türen über Ihr Unternehmen und dessen Fähigkeiten sagt, wie Sie eingestuft und welche Kriterien für diese Einstufung herangezogen werden. Die folgenden Fragen können Ihnen dabei vielleicht helfen.

- Wie viele Alternativen hat der Einkäufer? Mit welch anderen Optionen, vielleicht sogar neuen Geschäftsmodellen liebäugelt er?
- Welche herausragenden Fähigkeiten haben Sie, die für den Anbieter heute und morgen attraktiv sind?
- Wie wichtig und wertvoll sind Sie für Ihren Kunden sowohl in objektiver als auch in emotionaler Hinsicht?
- Was ist der tatsächliche hintergründige »Wert«, den Ihr Kunde in Ihrem Unternehmen sieht?
- Ist die Zusammenarbeit mit Ihnen aus Kundensicht schwierig oder einfach, wenn es um Ihren Service und Ihre Fähigkeit zur »Zusammenarbeit und Co-Innovation« geht?

Vielleicht lassen Sie die Antworten auf diese Fragen herausfinden, ob Sie zu den »wenigen Wichtigen oder zu den trivialen Vielen« gehören oder vielleicht irgendwo dazwischen agieren. Versuchen Sie, sich in die Situation Ihres Einkäufers zu versetzen. Setzen Sie keine der Gegebenheiten als unveränderlich voraus. Vielleicht schätzt der Kunde bestimmte Aspekte Ihrer Tätigkeit, die Sie wiederum eher für selbstverständlich halten. Umgekehrt misst er vielleicht Aspekten, die Sie für äußerst wichtig halten, wenig Bedeutung zu. Suchen Sie nach signifikanten positiven Momenten, die beide Unternehmen miteinander erlebt haben, und lassen sich so von Ihrer gemeinsamen Erfolgsgeschichte inspirieren.

Wenn Ihre Analyse zu dem Ergebnis käme, dass Sie als Lieferant zwar heute eine hohe Relevanz haben, Sie Ihre Bedeutung für diesen Kunden in Zukunft aber wahrscheinlich verlieren werden, dann würden Sie natürlich eine sehr bittere Pille schlucken müssen. Aber alles zusammengenommen ist es für Ihr Unternehmen besser, sich rechtzeitig auf diese Situation, zum Beispiel durch die Akquise neuer Kunden, vorbereiten zu können, als eines Tages vollkommen unvorbereitet plötzlich aussortiert und abgeschrieben zu werden.

Wir schließen die kritische Lieferantenanalyse damit ab. Wir wissen nun, wann und wo unsere persönliche Autorität die größte Hebelwirkung hat. Um in die Offensive zu gehen, kommt es jetzt darauf an, einen Plan zu entwickeln, der diesen Hebel erfolgreich einsetzt. Für den nächsten Schritt in der Entwicklung dieses Plans beleuchten wir die Hintergründe von Einkaufsentscheidungen. Das führt uns zu Kapitel 12.

Kapitel 12

Wie Einkäufer ticken und Entscheidungen treffen

L assen Sie uns zunächst zwei in diesem Zusammenhang wichtige Begriffe klären, nämlich den Unterschied zwischen einer *Auswahl* und einer *Entscheidung*. Besser als Reinhard K. Sprenger, Managementberater und Buchautor, kann man es wahrscheinlich nicht formulieren: »Eine Entscheidung ist keine Rechenaufgabe, sondern ein Springen durch die Feuerwand des Zweifels. Nur wenn es unklar ist, wohin die Reise geht, dann ist eine Entscheidung fällig. Mithin ist jede Wahl eine Entscheidung; aber nicht jede Entscheidung ist eine Wahl. Entscheidung ist der größere Begriff.«[96] Bei einer Auswahl werden also alle Alternativen gegen eine Liste objektiver Auswahlkriterien geprüft. Aus dieser System-2-Analyse ergibt sich quasi automatisch ein einziger infrage kommender Anbieter mit einem spezifischen Produkt oder einer bestimmten Dienstleistung. Mit dem Begriff »Entscheidung« wird eine subjektive Ermessensentscheidung beschrieben. Dabei würde eine System-2-Analyse der zur Verfügung stehenden objektiven Kriterien allein zu keinem eindeutigen Ergebnis führen. Es kann auch sein, dass diese Kriterien zu zahlreich oder zu komplex sind, um alle einzeln prüfen zu können. In diesen Fällen werden oft nur einzelne Kriterien zur Bewertung herangezogen und erfahren dadurch eine stark subjektive Gewichtung. An dieser Art von Ermessensentscheidung ist immer System 1 oder idealerweise eine Mischung aus System 1 und System 2 beteiligt.

Für Produzenten ist es heutzutage immens schwierig, ihre Produkte und Dienstleistungen gegenüber Wettbewerbern im Markt objektiv zu differenzieren und sich dann in einer solchen Führungsposition dauerhaft zu behaupten. In vielen Branchen ergeben sich deshalb immer weniger Gelegenheiten für eine eindeutige und objektive Wahl. Außerdem hängen kommerzielle Einkaufsentscheidungen, wie gesagt, inzwischen von einer großen Vielzahl komplexer Faktoren ab, die ein Einkäufer in seinem Tagesgeschäft kaum alle im Detail prüfen kann.

Dies stellt Verkäufer vor völlig neue Herausforderungen. In der Vergangenheit war ihre primäre Aufgabe, einen Einkäufer von ihrem Angebot als die bestmögliche *Wahl* zu überzeugen, in Zukunft dagegen werden sie immer häufiger den unsichtbaren Teil einer vielfach sogar unbewussten *Ermessensentscheidung* beeinflussen müssen. Deshalb ist es für Verkäufer so wichtig, zu verstehen, wie Einkäufer in den sie betreffenden Bereichen zu Entscheidungen kommen und welchen Denkmustern sie dabei folgen.

Einkaufsentscheidungen sind allerdings nicht leicht zu beeinflussen. Besonders in großen Organisationen gibt es inzwischen ausgefeilte Regeln und Prozesse, die das Beschaffungswesen in all seinen Entscheidungen steuern und damit gleichzeitig als Verteidigungslinie gegen subjektive Einflüsse dienen sollen. Das macht die Herausforderung für den Verkäufer größer, die Aufgabe an sich aber nicht unmöglich. Die Abwehrmechanismen, die Einkäufern antrainiert werden, machen deren mentale Systeme ja nicht immun. Sie bleiben menschliche Wesen mit den gleichen fundamentalen neuronalen Schaltkreisen wie alle anderen auch. Für Sie als Verkäufer gilt, je mehr Einblick Sie in die sichtbaren Entscheidungsprozesse der Einkaufsabteilung gewinnen und je mehr Sie diese zu Ihrer eigenen Arbeitsgrundlage machen, desto stärker werden Sie auch die unsichtbaren inneren Abläufe erkennen können. Wenn Ihnen das gelingt, dann können Sie Ihre Strategie entsprechend anpassen und die Rahmenbedingungen, unter denen Einkäufer ihre Entscheidungen treffen, zu Ihren Gunsten beeinflussen. Abhängig von dem Quadranten (siehe Abbildung 11.2), in dem

Ihr Unternehmen in den Augen des Einkaufs agiert, kann Ihre Recherche mit folgenden Fragen beginnen:

- **Welche Vorgaben und Regeln hat der Einkäufer zu beachten?** Ob implizit oder explizit, jede Beschaffungsorganisation hat Erwartungen daran und vielleicht sogar einen schriftlichen Einkaufsleitfaden, der definiert, wie Einkäufer sich gegenüber Lieferanten verhalten sollen. Die Beobachtung des alltäglichen Verhaltens Ihrer Gesprächspartner kann Ihnen Aufschluss darüber geben: Treten die Einkäufer immer und überall aggressiv auf? Oder üben sie in einigen Bereichen faktischen Druck aus, während sie im persönlichen Umgang freundlich auftreten?
- **Wo liegt der wahre finanzielle »Pain Point« des Einkäufers?** Pain Points sind die Schmerzpunkte, also Stellen, an denen es dem Einkäufer oder (im übertragenen Sinne) seinem Unternehmen »richtig weh tut«. Wenn ein Einkäufer mauert, ist es leicht, seine negative Reaktion auf den von Ihnen angebotenen Preis zurückzuführen. Dabei könnte in manchen Fällen der wahre Pain Point in Cashflow-Problemen und nicht in der Kostensituation an sich liegen. In solchen Fällen könnten Konzessionen in den Lieferbedingungen oder Zahlungskonditionen helfen.
- **Wo liegt der Fokus? Welche Prioritäten setzt das Unternehmen derzeit?** Im Fokus eines jeden Unternehmens stehen die eigenen wirtschaftlichen Kennzahlen. Besonders in Bereichen, in denen es Probleme gibt, schaut Ihr Kunde am genauesten hin, übt den größten Druck aus und achtet am meisten auf Regeleinhaltung. Dort werden Sie wahrscheinlich auch mit der größten Risikoaversion konfrontiert werden. Suchen Sie Ihren Vorteil deshalb in anderen Bereichen, die beim Einkäufer vielleicht als weniger kritisch gesehen werden, weil sie im Unternehmen weniger Aufmerksamkeit erfahren. Denken Sie an die Monkey-Business-Illusion der Situation 3.4. Wenn sich ein Unternehmen auf einen Bereich konzentriert, zum Beispiel, dass seine Budgets nicht überschritten werden, Unter-

nehmensergebnisse an ein bestimmtes Kalenderdatum geknüpft sind oder ein Unternehmen einfach zunächst seine Quartalsziele erreichen muss, dann verengt sich automatisch der Fokus der gesamten Organisation darauf, diese Ziele zu erreichen, und andere Aspekte werden möglicherweise vernachlässigt. Bedenken Sie aber bitte, dass dieser Fokus sich laufend verändern kann und Sie Ihre Einschätzung deshalb regelmäßig überprüfen sollten.

Wie ticken Einkäufer eigentlich so?

Wie wir bereits ausgeführt haben, sind Einkäufer den gleichen verhaltensbezogenen, psychologischen und neurobiologischen Kräften ausgesetzt wie Verkäufer. Dies gilt unabhängig davon, ob sie mit einem Verhandlungspartner zoomen, mit dem sie seit Jahren befreundet sind, oder ob sie in einer Teams-Sitzung einem Einkäufer gegenübersitzen, der versucht, sie mit seiner unterkühlten Art einzuschüchtern.

Kurz gesagt: Einkäufer sind auch nur Menschen. Im zweiten Teil dieses Buches haben wir vier universelle Phänomene hervorgehoben, die das »Ja!« als dominante Reaktion des Verkäufers verstärken. In diesem Kapitel werden wir jetzt vier universelle Phänomene hervorheben, die Ihnen helfen können, Einkäufer so zu beeinflussen, dass Sie bei Entscheidungen mehr Gehör für Ihre Geschichte und Ihr Angebot finden:

1. Es ist schwieriger, sich von etwas zu trennen, als es zu erwerben.
2. Es existiert die Tendenz, gutes Geld schlechtem hinterherzuwerfen.
3. Preisschwellen sind persönlich, subjektiv und oft höher, als man denkt.
4. Jeder hat einen »Radar«, unter dem man durchfliegen kann.

Die Einfachheit dieser Aussagen sollte Sie nicht darüber hinwegtäuschen, wie universell und tief verwurzelt diese Effekte im menschlichen Denken sind.

1. Es ist schwieriger, sich von etwas zu trennen, als es zu erwerben

Der Begriff »Switching Cost« (Wechselkosten) klingt nach trockener Mathematik, einer Arbeit, die man besser Finanz- oder Buchhaltungsteams überlässt. Dabei haben Wechselkosten auch eine starke psychologische Seite, wie folgende Situation zeigt.

Situation 12.1: Die brauchen uns wie die Luft zum Atmen

Halpero ist ein marktführender Hersteller von Baumaterialien.[97] Das Unternehmen tritt im Markt höchst preisaggressiv auf und kämpft um jeden Auftrag. Es ist auch dafür bekannt, seine Lieferanten preislich unter enormen Druck zu setzen.

Eines Morgens empfängt Sandra, die leitende Marketingmanagerin von Halpero, ein Team externer Berater zu einem Rundgang durch die Produktionsanlagen, Lagerhäuser und einige Schlüsselabteilungen. In der Logistikabteilung angekommen, dreht sie sich einmal um ihre eigene Achse und zeigt auf die Gabelstapler und Roboter, die sich emsig durch die Korridore bewegen.

»Nichts von dem, was Sie hier sehen, würde ohne unseren Logistikpartner funktionieren«, sagte sie. »Diese Firma weiß ganz genau, was wir wollen. Jahr für Jahr tragen sie dazu bei, dass wir unsere Produktivitätsziele übererfüllen können. Darin sind sie besser als wir selbst.«

Die Gäste nicken zustimmend. Der Logistikanbieter gehört zwar nicht zu den ganz Großen im Markt, aber alle wissen, dass er einen sehr guten Ruf hat.

»Sagen wir es mal so«, schließt Sandra. »Wenn Sie diese Firma jemals beraten sollten, dann sagen Sie ihnen bitte nicht, dass wir den Laden morgen schließen müssten, wenn sie nicht mehr für uns tätig wären. Es wäre vielleicht nicht das Ende unseres Unternehmens, aber diesen Partner zu verlieren, wäre ein herber Rückschlag, von dem wir uns nicht so schnell erholen würden.«

Auch wenn sie Sandras Einschätzung teilen, hätten ihre Kollegen in der Einkaufsabteilung solche Bemerkungen Fremden gegenüber eher nicht fallen lassen. Die Einkäufer bei Halpero wissen, dass der Wert, den der Logistikanbieter beiträgt, einem Betriebsgeheimnis gleichkommt. Sie haben ein großes Interesse daran, dass den beim Lieferanten verantwortlichen Verkäufern nicht zu Ohren kommt, wie wichtig ihre Dienstleistung für Halpero wirklich ist. Nur so können die Einkäufer ihre bislang erfolgreiche Verhandlungsstrategie aufrechterhalten, weiterhin Druck auf die Preise machen und mehr Zugeständnisse in Form von Konditionen, Produktqualität und Dienstleistungen durchsetzen.

So einfach ist das manchmal: Der Wert, den Halpero dieser Lieferantenbeziehung beimisst, übersteigt bei Weitem den Preis, den Halpero dafür bezahlt. Obwohl sie nach außen weiterhin hart zu verhandeln scheinen, sind die Einkäufer von Halpero gleichzeitig immer darauf bedacht, ihr Blatt nicht zu überreizen, um diese so wertvolle Lieferantenbeziehung nicht zu beschädigen. Eine Trennung von diesem Dienstleister kommt bei aller Verhandlungsfreude in Wirklichkeit nicht infrage. Für Halpero wären die Wechselkosten so hoch, dass sie sich nicht einmal die Mühe machen, diese zu berechnen.

Dazu sagt die Wissenschaft: Die psychologische Kraft, die hinter dieser subjektiven Bewertung der Wechselkosten steht, nennt sich »Besitztumseffekt« oder in der englischen Originalliteratur »Endowment Effect«. Richard Thaler hat diesen Begriff 1980 geprägt, um Situationen zu beschreiben, in der Menschen mehr dafür verlangen, ein Objekt aufzugeben, als sie bereit wären, dafür zu bezahlen.[98] Der Besitztumseffekt unterstreicht, wie schwierig es für einen Neueinsteiger ist, einen geschätzten, etablierten Lieferanten zu verdrängen. Er hängt auch mit dem zusammen, was Daniel Kahneman und Amos Tversky als Verlustaversion beschrieben haben: Die gefühlten Kosten, ein Objekt aufzugeben, sind größer als der gefühlte Gewinn, wenn man es erwirbt.[99] Im Jahr 2001 bezeichneten Thaler und seine Kollegen den Besitztumseffekt als »eine der solidesten Erkenntnisse in der Psychologie der Entscheidungsfindung«.[100]

Unsere Empfehlung: Wenn Sie bewerten wollen, wie viel Spielraum Sie in einer Verhandlung haben, dann berücksichtigen Sie dabei immer auch den Besitztumseffekt. Wie Gaby in der Einleitung beschrieben hat, haben sie und ihr Team diesen Effekt in ihre Strategie einbezogen, als sie gegen Herrn Henderson antraten und sich um das Geschäft von Aurelio bewarben. Es gibt objektive, faktische Wechselkosten, die sich zum Beispiel auf die Umstellung von Testverfahren oder die Umrüstung und den Abbau bestehender technischer Ausrüstung beziehen können, und die man im Allgemeinen schnell und präzise beziffern kann. Diese Berechnungen berücksichtigen allerdings nicht die »mentalen Wechselkosten«, die eine bemerkenswerte Rolle dabei spielen, ob ein Kunde bereit ist, eine bestehende Lieferantenbeziehung aufzugeben. Dies gilt besonders für kleine, sehr spezialisierte Dienstleistungsunternehmen wie Beratungen, Agenturen, Rechtsanwälte oder Wirtschaftsprüfer. Diese Branchen leben häufig von vertrauensvollen persönlichen Beziehungen. Es würde geraume Zeit dauern, bis sich diese Lücke – zumindest »gefühlt« – wieder schließt, selbst wenn der neue Partner objektiv zu einer messbaren Qualitätsverbesserung führt. Dieser subjektive Faktor ist noch größer, wenn es sich bei dem Lieferanten um ein Unternehmen handelt, das dem Kunden in der Vergangenheit bei einem akuten, vielleicht sogar unternehmensbedrohenden Problem geholfen hat. Und das Phänomen des Besitztumseffektes kennt keine Größenunterschiede. Es gilt für große wie für kleine Unternehmen gleichermaßen.

Aus dem Besitztumseffekt leiten sich mehrere Empfehlungen für Verkaufsverhandlungen ab, je nachdem, ob der Lieferant der Platzhirsch oder der Herausforderer ist. Der etablierte Lieferant sollte zum einen seine aktuelle Bedeutung, vielleicht mithilfe des in Kapitel 11 dargestellten Fragenkataloges kritisch hinterfragen. Diese Übung macht nur Sinn, wenn er bereit ist, bei diesem Blick in den Spiegel ehrlich mit sich selbst zu sein. Nur dann wird er feststellen können, ob und in welchem Maße seine Bestandsposition tatsächlich einen Vorteil darstellt. Zum anderen kann der Besitztumseffekt am besten wirken, wenn es dem Verkäufer gelingt, die Lieferantenbeziehung in der Wahrnehmung des Kunden emotional aufzuladen. Um dies zu erreichen, betont er, dass beide Firmen nicht nur eine lange Zeit der Zusammenarbeit verbindet, sondern beide Unternehmen gemeinsam auch viele Herausforderungen gemeistert und Erfolge gefeiert haben. So wird das Erlebte als gemeinsame Erfolgsgeschichte lebendig gehalten, damit aus der gemeinsam verbrachten Zeit keine Altlast, sondern ein emotionales Vermächtnis wird, dem sich beide Seiten dauerhaft verpflichtet fühlen.

Wie eine solche Verbindung entstehen kann, erzählt das folgende Beispiel: In enger Zusammenarbeit mit einem ihrer Lieferanten hatte ein Kunde ein innovatives neues Produkt entwickelt und auf den Markt gebracht. Schon kurz nach der Markteinführung kam es allerdings zu so gravierenden technischen Produktionsproblemen, sodass immer häufiger das Wort Skandal die Runde machte. Der ursprüngliche Lieferant, der das Produkt mitentwickelt hatte, war gefordert, das produktionstechnische Problem zu lösen, war dazu aber auch nach mehreren Versuchen nicht in der Lage. Der Kunde stand kurz davor, sein Versagen öffentlich machen zu müssen. Als letzten Versuch wandte man sich hilfesuchend an einen anderen Lieferanten, dessen hervorragende technische Fähigkeiten der Entwicklungsabteilung des Kunden aus früheren Aktivitäten bekannt waren. Dieser Wettbewerber reagierte auch sofort, machte Laborkapazitäten frei und fand tatsächlich verblüffend schnell eine Lösung, allerdings zu einem höheren Preis als das ursprünglich zugekaufte Produkt.[101] Der Kunde war so froh über seine »Rettung«, dass er ohne Murren kaufte. So weit, so gut. Etwa zwei Jahre später hatte der ehemalige Lieferant nachgezogen und bot eine preislich optimierte Alternative an. In diesem Moment trat der Besitztumseffekt in Erscheinung. Die vorher so gebeutelte Entwicklungsabteilung des Kunden wollte den Lieferanten, der sie alle vor einer Blamage gerettet hatte, »auf gar keinen Fall!« aufgeben – auch wenn die Zusammenarbeit mit ihm teurer war als die Alternative, die sich in der Zwischenzeit aufgetan hatte.

Wenn wir diese Geschichte weiterdenken, dann liegt der Ball ab jetzt beim Verkäufer. Er muss dafür sorgen, dass der Besitztumseffekt in dem Unternehmen gedeiht. Es liegt in seinem Interesse, die Vermeidung dieser Beinahekatastrophe zu einem gemeinsamen Vermächtnis werden zu lassen, indem er sie immer mal wieder in die Erfolgsgeschichte, die er über die Verbindung beider Unternehmen erzählt, einbezieht und dafür sorgt, dass die Erinnerung an diese außergewöhnliche Rettungsaktion nicht verblasst.

Das ist auch grundsätzlich eine gute Idee. Scheuen Sie sich nicht, Erinnerungen an gemeinsame Erfolge und gemeinsam entwickelte Lösungen im Austausch mit Ihren Kunden lebendig und wach zu halten. Sorgen Sie auch dafür, dass diese Erfolgsgeschichten einfließen, wenn Sie einen neuen Kontakt beim Kunden aufbauen. Machen Sie solche Erfolge zu emotionalen Lagerfeuergeschichten, die von Zeit zu Zeit erzählt werden, damit jeder in der Gemeinschaft persönlich an das Gefühl einer erfolgreichen gemeinsamen Beziehung anknüpfen kann.

Wir können Bestandslieferanten leider keine Hinweise geben, wie sich der Besitztumseffekt und diese Art emotionaler Verbindung konkret in den Preis einkalkulieren lassen. Das hängt vom Einzelfall ab. Aber Sie sollten es sich zweimal überlegen, ob Sie einem bestehenden Kunden – vor allem einem, mit dem Sie eine bedeutende Erfolgsgeschichte verbindet – reflex-

artig einen Rabatt gewähren, nur weil er darum bittet. Zu richtigen Zeit dagegen sind kleine, *unerwartete* Geschenke durchaus ein probates Mittel,
eine solche Verbindung weiter zu verstärken, wie wir in Kapitel 15 erörtern
werden.

Vielleicht möchten Sie als aktueller Lieferant aber auch offensiv agieren und suchen nach Möglichkeiten, Ihre Preise zu erhöhen. Bei Preiserhöhungen oder Preisanpassungen sollten Sie darüber nachdenken, wie
Sie den Beitrag, den Sie für das einkaufende Unternehmen tatsächlich
leisten, in den Vordergrund stellen können. Als Belohnung dafür könnten
Sie sich selbst einen kleinen Extraaufschlag gönnen. Sie sollten diesen
Gedanken an Belohnung genauso wie den Begriff »Extraaufschlag« aber
lieber nicht in Gegenwart Ihrer Kunden erwähnen.

Und was hat es mit dem Besitztumseffekt auf sich, wenn Sie gerne
neu in ein Geschäft einsteigen möchten, also der Herausforderer sind?
Dann müssen Sie dem Käufer – subjektiv wahrgenommen – einen so großen Mehrwert anbieten, dass der Besitztumseffekt außer Kraft gesetzt
wird und Ihr potenzieller Kunde sich von seinem bisherigen Lieferanten trennt. Es geht dabei nicht nur um monetäre Anreize. Der Verkäufer
muss sich mit der Verunsicherung des Kunden, der nichts falsch machen
will, auseinandersetzen und ihm die Sicherheit geben, alles im Griff zu
haben. Dabei kann auch die Reputation Ihres Unternehmens und eine
starke B2B-Marke helfen. Konkret können Sie den Kunden vielleicht damit überzeugen, dass Sie vorübergehend mit höheren Reserven bei den
Lagerbeständen arbeiten, zusätzliche Qualitätskontrollen einführen oder
die Zusage machen, dass Ihre Servicemitarbeiter vor Ort bleiben, bis die
Umstellung abgeschlossen ist. Um Vertrauen zu schaffen, könnten Sie
auch ein Monitoring anbieten, das Kundenreaktionen und Abverkaufs-
daten misst.

Nur mit einem niedrigeren Preis zu locken, um den Besitztumseffekt zu
überwinden, ist in unseren Augen immer das letzte Mittel der Wahl, weil
die monetären Zugeständnisse in den meisten Fällen ganz erheblich sein
müssten.

2. Es existiert die Tendenz, gutes Geld schlechtem hinterherzuwerfen.

Stellen Sie sich vor, vor sechs Monaten hätten Sie 800 Euro für eine Reise bezahlt, die nächste Woche stattfinden soll. Sie wollten mit zwei Freunden verreisen, aber Sie und Ihre Freunde haben sich seit der Reisebuchung ziemlich entfremdet. Erschwerend kommt hinzu, dass Sie sich im Moment gesundheitlich nicht so wohlfühlen und beruflich unter Zeitdruck stehen.

Würden Sie die Reise trotzdem antreten?

Die Zahlen an sich, also wie viele Leute trotzdem fahren würden, sind dabei weniger interessant. Viel spannender ist, dass deutlich weniger Personen die Reise antreten würden, wenn sie die Reise bei einem Preisausschreiben gewonnen und nicht selbst 800 Euro dafür bezahlt hätten.

Dies ist ein Beispiel für die sogenannte »Sunk Cost Fallacy« (eskalierendes Commitment). In einer wegweisenden Arbeit zu diesem Thema beschrieben die Forscher Hal Arkes und Catherine Blumer von der Ohio University diese Sunk Cost Fallacy »als eine stärkere Neigung, ein Vorhaben fortzusetzen, sobald eine Investition durch Geld, Mühe oder Zeit getätigt wurde«. Sie fanden auch heraus, dass Personen, »bei denen versunkene Kosten angefallen waren, die Erfolgswahrscheinlichkeit eines Projekts höher einschätzten als Personen, die keine solchen Kosten hatten«.

Im geschäftlichen Kontext bedeutet die Sunk Cost Fallacy, dass Menschen dazu neigen, gutes Geld schlechtem hinterherzuwerfen. Und sie tun dies selbst dann, wenn sie eine klassische System-2-Ausbildung haben und die Logik sie warnt, dass sie es besser wissen sollten. Eine Aufgabe, die Arkes und Blumer ihren Probanden in einer Untersuchung stellten, zeigt, wie ausgeprägt diese Tendenz ist. Sie baten die Befragten, sich vorzustellen, dass sie gerade 10 Millionen Dollar in die Entwicklung eines, vom Radar nicht zu erfassenden Flugzeugs investiert hätten. Als das Projekt zu 90 Prozent abgeschlossen war, erfuhren sie, dass ein Konkurrent ein solches neuartiges Flugzeug gerade schon auf den Markt gebracht hatte. Das Flugzeug des Wettbewerbers war aber nicht nur für Radar unsichtbar, sondern auch viel schneller und wirtschaftlicher als das Flugzeug, das die Befragten gerade noch entwickelten. Rund 82 Prozent der Befragten gaben an, dass sie dennoch weiterhin investieren würden, um das eigene Projekt fertigzustellen, und das trotz der kürzlich bekannt gewordenen deutlichen Wettbewerbsnachteile.[102]

Menschen kommen oft in Konflikt mit der Sunk Cost Fallacy, weil ihr System 1 nach »Fertigstellung und Vervollständigung« verlangt, sobald sie erstmals in eine Idee oder ein Projekt investiert haben. Je größer die vorherige, bereits getätigte Investition ist, desto größer sind die Schwierigkeiten, loszulassen und zu neuen Ufern aufzubrechen, wenn der zukünftige Erfolg des Projekts zweifelhaft geworden ist. Ein Beweggrund dafür, der Sunk Cost Fallacy nachzugeben und einfach weiter zu investieren, liegt sicher darin, dass Menschen um ihren Ruf besorgt sind und nicht als verschwenderisch gelten wollen oder Angst haben, dass der eigene Name mit einem gescheiterten Projekt in Verbindung gebracht wird.

Ein artverwandtes Phänomen ist die sogenannte »Planning Fallacy« (Planungsfehlschluss), die sicher fast jeder schon mal irgendwann erlebt hat. Menschen neigen dazu, übermäßig optimistisch zu sein, wenn es darum geht, wie schnell sie ein bestimmtes Projekt abschließen können, selbst wenn sie wissen, dass sie in der Vergangenheit ähnliche Projekte oftmals nicht zeitgerecht abgeschlossen haben.

Für manche Unternehmen ist die schwierigste strategische Frage nicht »Was sollten wir als Nächstes tun?«, sondern eher »Welche Aktivitäten und Projekte sollten wir stoppen?«. Forschungen über die Sunk Cost und die Planning Fallacy zeigen, dass die Anwesenheit eines »Advocatus Diaboli« dabei helfen kann, die eigenen vorgefassten Meinungen und Denkfehler zu korrigieren und einen Schlussstrich unter aussichtslose Unterfangen zu setzen.

In der Zusammenarbeit mit ihren Kunden können Verkäufer diesen Prozess auch selbst initiieren, indem sie die Rolle eines solchen Advocatus Diaboli einnehmen und den Markt zum Beispiel aus dem Blickwinkel des Endverbrauchers analysieren: Wohin steuert der Markt? Was sind zu erwartende Innovationen, welche Disruption droht? Mit den neugewonnenen Ideen können sie proaktiv an ihren Kunden herantreten und alle gemeinsamen Projekte auf den Prüfstand stellen, mit dem Ziel, die Erfolgschancen für laufende Projekte zu verbessern und Ressourcen effektiver zu nutzen.

Je nachdem, was durch die Größe der bestehenden Geschäftsbeziehung für den Verkäufer selbst auf dem Spiel steht, muss ein Verkäufer manchmal sehr viel Mut oder sehr viel Ehrlichkeit aufbringen, um einen Kunden mit der Realität eines Sunk-Cost-Fallacy-Projektes zu konfrontieren. Alternativ kann ein Verkäufer, der den direkten Weg scheut, eher informell agieren und in der Kundenorganisation nach vertrauenswürdigen Personen suchen, die ihre eigene Organisation von innen heraus überzeugen können, ihre wertvollen Ressourcen nicht im Treibsand eines solchen Sunk-Cost-Fallacy-Projektes versinken zu lassen.

Das Sunk-Cost-Fallacy-Phänomen kann ernsthafte Auswirkungen auf den wirtschaftlichen Erfolg des Verkäufers haben. Wenn eine Geschäftsbeziehung lange genug dauert, gibt es irgendwann die Situation, dass jemand aus dem Kundenunternehmen mit einem unwirtschaftlichen Fantasieprojekt oder realitätsfremden Innovationsideen an den Verkäufer herantritt, damit der Lieferant diese Idee oder das Projekt aufgreift und darin investiert. Es gibt einen Grund, warum diese Ideen als »Pet Projects« (in etwa »Spaßprojekte«) bezeichnet werden: Die starke emotionale Bindung zu solchen Projekten ist fest in uns verankert, genauso wie der unbändige Wunsch, solche Projekte um jeden Preis zum erfolgreichen Abschluss zu bringen. Das macht eine Ablehnung solch »spinnerter Ideen« nicht einfacher.

Verkäufer müssen sich aber auch vor den Gefahren hüten, die die Sunk Cost Fallacy für ihre eigene Arbeit birgt. Es ist nicht ungewöhnlich, dass Verkäufer einen Preisnachlass mit dem Versprechen eines Käufers – zum Beispiel der Aussicht auf größere Volumina, bessere Gewinnchancen oder Vorteile bei der nächsten Ausschreibung – vor sich selbst und anderen rechtfertigen. Ein Preisnachlass kann in manchen Fällen durchaus eine verheißungsvolle Investition in ein solches Versprechen sein, wenn es denn eingehalten werden kann. Auch hier kann ein Ratgeber, der einen neutraleren Blick auf die Situation hat, für eine objektive Bewertung hilfreich sein. Ein Sunk-Cost-Fallacy-Projekt zu beenden oder vielleicht auch von vornherein abzulehnen, kann in manchen Fällen sogar zu einer – in diesem Fall durchaus sinnvollen – Beendigung der Geschäftsbeziehung und Trennung von einem Kunden führen. So hart das in dem Moment auch sein mag, Verkäufer müssen solche Margenkiller rechtzeitig erkennen und den Mut haben, nicht in falsche Versprechen und Wolkenkuckucksheim-projekte zu investieren.

Es ist Zeit für eine Auszeit

Bevor wir mit dem dritten und vierten Punkt fortfahren, gehen Sie bitte einen Moment in sich und fragen sich, mit welchen Sunk-Cost-Fallacy-Ak-tivitäten Sie zu tun hatten und haben. Womit sollten Sie aufhören? Was sollten Sie stoppen, sei es beruflich oder privat? Egal welchen Bereich Sie wählen, wir wären überrascht, wenn Ihnen nicht mindestens ein Projekt, eine Initiative oder eine Investition einfiele, die als Lehrbuchbeispiel für die Sunk Cost Fallacy oder die Planning Fallacy gelten könnte.

3. Preisschwellen sind persönlich, subjektiv und oft höher, als man denkt

Generell reagieren Einkäufer auf die Nennung eines Preises gerne schul-terzuckend oder kopfschüttelnd-schaudernd mit einem »Das wird wehtun!«. Manchmal ist das auch nur ein Bluff, und sie versuchen, den Anschein ei-ner Preisschwelle zu erwecken und einen verbalen und non-verbalen Anker für die weitere Verhandlung zu setzen.

B2B-Verkäufer und -Einkäufer sprechen über Preise und Preisschwellen am häufigsten, wenn es um negative Erfahrungen geht, also solche, die ihnen sinnbildlich weh tun.

Gibt es solche Schwellenwerte und ist das ein echter Schmerz, von dem hier die Rede ist? Die Antwort darauf findet sich in der Struktur unse-res Gehirns. Studien zur Preis-Qualitäts-Heuristik, die wir zu Beginn des zweiten Teils vorgestellt haben, haben gezeigt, dass Preise in unserem Gehirn messbare angenehme Empfindungen auslösen können. In seinen Arbeiten, der Starbucks-Studie und nachfolgenden Experimenten, hat Kai die Existenz von Wohlfühlpreisen nachgewiesen, die technisch gesehen als Schwellenwerte gelten. Der Preis, der in unserem Gehirn das stärkste entsprechende Gefühl auslöst, kann deutlich höher sein als der Preis, den wir bewusst, bei einer offenen Fragestellung oder einer anderen Art konventioneller Befragung, angeben würden.

Unsere Antwort auf die oben gestellte Frage ist deshalb, dass es echte Schwellenwerte gibt, sie aber selten dort angesiedelt sind, wo unser System-2-Denken sie verortet. Manchmal lassen wir uns vom Homo oeconomicus ins Ohr flüstern, dass es verschiedene mathematische Schwellenwerte gibt, wie zum Beispiel ein Maximum an Zahlungsbereitschaft, den höchsten Preis, den der Markt akzeptieren wird, den gewinnoptimierten Verkaufspreis oder das Gegenteil, einen Mindestpreis, der in einer bestimmten Verhandlung nicht unterschritten werden darf. Dies sind alles nützliche Informationen, aber sie sind nur ein Teil des Bildes, das wir zur Entscheidung heranziehen sollten. Die nachfolgende Geschichte, die sich an eine Studie des Neuro-Marktforschungsinstituts Neurensics anlehnt, veranschaulicht, welche Macht angenommene Schwellenwerte ausüben.[103]

Die Geschichte handelt von einer Versicherungsgesellschaft, die ihre Produkte über Versicherungsmakler verkaufte. Das Produktmanagement und die Geschäftsführung des Unternehmens waren sich bei einem bestimmten Versicherungsangebot uneinig, ob der Preis bei bestimmten Risikoprofilen über 99 Euro pro Jahr liegen sollte. Der Disput ging darum, dass einige der Beteiligten von einem Schwellenwert von 100 Euro ausgingen, andere aber anzweifelten, dass ein solcher Schwellenwert existierte.[104] Mit klassischer Marketingforschung konnte diese Frage nicht geklärt werden. In der traditionellen Preisforschung werden die Studienteilnehmer entweder explizit dazu aufgefordert, selbst einen Preis zu benennen, einen vorgegebenen Preis zu bewerten oder ein Produkt in einer, vom Forscher entworfenen, preisbasierten Angebotsarchitektur auszuwählen. In allen diesen Ansätzen erkennen die Teilnehmer, welches Ziel die Studie verfolgt. Deshalb leiden die Ergebnisse, die auf Standard-Preisforschungsmethoden basieren, unter erheblichen Verzerrungen.[105]

Denken Sie an dieser Stelle bitte noch einmal an die Wein- und Kaffee-Experimente mit fMRT-Tests am Anfang des zweiten Teils zurück. Besagte

Versicherungsgesellschaft bat Neurensics, eine ähnliche Methode anzuwenden, um den Wert zu messen, den ihre Kunden diesem, intern preislich umstrittenen Versicherungsangebot beimessen würden. Neurensics führte Hirnscans mit 40 Durchschnittskunden durch und stellte fest, dass es in den Köpfen der Kunden keinen Schwellenwert gab. Im neuroökonomischen Modell war ein erheblicher Teil der Kunden bereit, die Versicherung zu Preisen von 105 Euro oder sogar über 110 Euro zu erwerben.[106]

Das Versicherungsunternehmen passte daraufhin seine Software so an, dass ihren Versicherungsmaklern in manchen Angebotssituationen Preise unter 99 Euro, in anderen aber Preise in dreistelliger Höhe angezeigt wurden. Nach einiger Zeit analysierte man wiederum die Verkaufszahlen für dieses Versicherungsprodukt und es gab die nächste Überraschung: In den Fällen, in denen die Versicherung zu einem dreistelligen Preis angeboten worden war, gingen die Abschlüsse drastisch zurück. In der Praxis gab es also eindeutig eine Preisschwelle, nämlich genau dann, wenn der Preis von 99 Euro auf 100 Euro erhöht wurde.

Wie lässt sich dieser scheinbare Widerspruch zwischen Forschung und Praxis erklären? Die Versicherungsgesellschaft wollte dem auf den Grund gehen. Sie gab eine weitere Studie in Auftrag, diesmal aber waren die Probanden die Versicherungsmakler selbst und nicht deren Kunden. Die Reaktionen der Makler wurden ebenfalls per Hirnscan gemessen und die Match-Mismatch-Signale (»Stimmig oder nicht stimmig«-Einschätzungen) in Bezug auf die Preisgestaltung der zu untersuchenden Versicherung bewertet. Die Ergebnisse sind in Abbildung 12.1 dargestellt.

Die Hirnscan-Ergebnisse der Versicherungsmakler offenbaren einen Schwellenwert, der bei 100 Euro lag, was bemerkenswert gut mit den tatsächlichen Marktdaten übereinstimmte. *Aber*: Die Werteinschätzung der Makler lag unter den Wertvorstellungen, den ihre Durchschnittskunden mit dieser Versicherung verbanden. Der Schwellenwert war also offensichtlich ein hausinternes Problem.

Tatsächlich ist das mit einem bestimmten Preis verbundene Unbehagen aufseiten des Anbieters oft am größten, wenn sich dieser Preis einer angenommenen Schwelle nähert. Es sind dann die Befindlichkeiten des

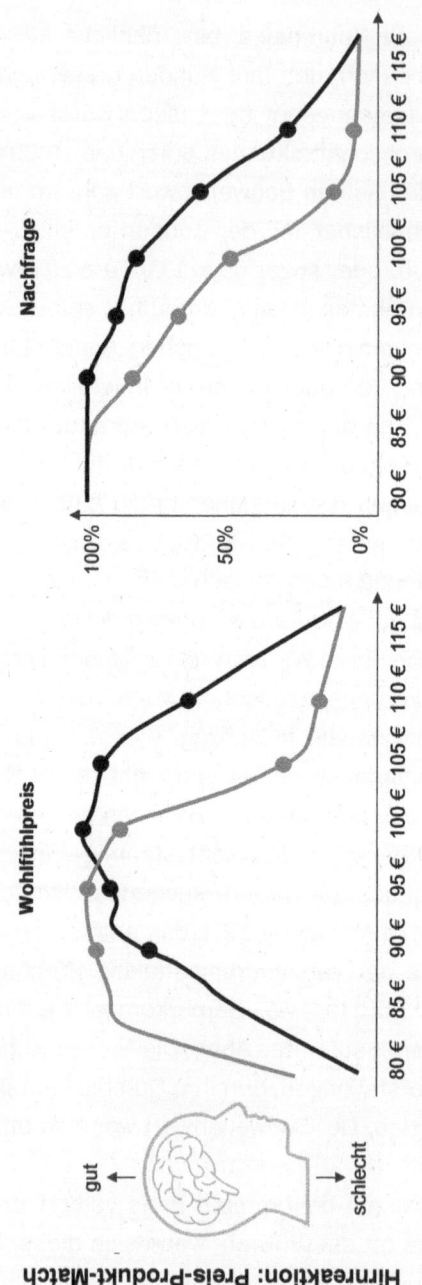

Abbildung 12.1: Die schwarze Linie zeigt die Daten der Zahlungsbereitschaft der Kunden und die graue Linie die der Makler. Bei 100 Euro zeigt die Wohlfühlpreiskurve der Makler einen deutlichen Rückgang. Die Nachfragefunktion zeigt hier einen drastischen Rückgang oder in anderen Worten eine typische Preisschwelle.

Anbieters, die künstlich Barrieren aufbauen, wo eigentlich keine sind. Menschen scheuen das Risiko, einer tatsächlichen oder eingebildeten Schwelle zu nahe zu kommen. In unserem Versicherungsbeispiel waren es die Versicherungsmakler, die die Konsequenzen aus dem Überschreiten eines Schwellenwertes fürchteten, den ihre Kunden gar nicht wahrnahmen. Diese Ergebnisse deuten darauf hin, dass es viele Unternehmen geben könnte, die den Wohlfühlpreis ihrer Kunden nicht realisieren können, weil ihre Verkäufer sich selbst im Weg stehen.

Wie es bei der Versicherung weiterging? Mit einer Kombination aus besserem Informationsmaterial und persönlichem Coaching brachte die Versicherungsgesellschaft die Makler dazu, der hohen Wertschätzung ihrer Endkunden stärker zu vertrauen. Die gewonnenen Neuro-Marktforschungsdaten unterstützten ihre Verhaltensänderung. Alles zusammen führte dann für diese Versicherung zu deutlich verbesserten Verkaufszahlen.

4. Jeder hat einen »Radar«, unter dem man durchfliegen kann.

Wie viel sind Ihnen 15 Euro wert?

Der Homo oeconomicus würde Ihnen ins Ohr flüstern: »15 Euro sind 15 Euro wert.« Vielleicht würde er sogar noch ein »Du Idiot!« anhängen. Es scheint schwer zu sein, dieser Logik zu widersprechen. Kahneman und Tversky haben es trotzdem getan und ein Gedankenexperiment angestellt, das wir Ihnen jetzt, zugegebenermaßen etwas angepasst, vorstellen wollen.

Nehmen wir an, Sie stehen in einem Geschäft und möchten eine Packung Stifte für 30 Euro kaufen. Plötzlich zeigt Ihnen ein Blick auf Ihr Smartphone, dass ein nahe gelegener anderer Einzelhändler die gleiche Packung Markenstifte für 15 Euro verkauft. Die meisten Kunden würden sich in diesem Moment spontan entscheiden, die preiswerteren Stifte in dem anderen Geschäft zu kaufen. Nehmen wir jetzt an, Sie wollten in einem Geschäft einen Anzug oder ein Kleid für 500 Euro kaufen. Sie telefonieren kurz mit einer Freundin, die Ihnen sagt, dass ein anderes Geschäft das Kleidungsstück für 485 Euro anbietet. In diesem Fall wäre es sehr viel unwahrscheinlicher, dass Sie den Mehraufwand auf sich nehmen, um die Ware, in diesem Fall das Kleidungstück, in dem anderen Geschäft zu kaufen.

Warum sind Menschen bereit, einen gewissen Aufwand zu betreiben, um in der einen Situation 15 Euro zu sparen, scheuen denselben Aufwand aber in einer anderen Situation, in der sie auch 15 Euro sparen könnten? Für die Erklärung wenden wir uns zwei deutschen Wissenschaftlern des 19. Jahrhunderts zu: Ernst Weber und Gustav Fechner. Sie entdeckten nämlich, dass es einen Mindestunterschied zwischen zwei Reizen geben muss, damit jemand einen Unterschied zwischen ihnen wahrnimmt.[107] Wenn Sie zwei Gegenstände heben, muss zwischen den Gewichten ein Mindestunterschied von 2 Prozent bestehen, damit Sie sie als unterschiedlich wahrnehmen. Weber formulierte darüber hinaus ein Gesetz, das besagt, dass dieses Verhältnis innerhalb eines weiten Bereichs konstant bleibt. Mit anderen Worten: Je größer das Gewicht (oder in unserem Beispiel der Preis), desto größer muss der absolute Unterschied zu diesem Gewicht sein, damit man die Differenz bemerkt. Im Fall der oben genannten Differenz von 15 Euro ist ein Rabatt von 50 Prozent auf eine Schachtel Stifte deutlich spürbar, aber eine Preisdifferenz von 3 Prozent bei einem hochwertigen Kleidungsstück übt nicht genug Anziehungskraft aus, um den Extraaufwand auf sich zu nehmen.[108]

Auch unser Geschmackssinn kennt solche Unterschiede. Der Mindestunterschied bei der Salzigkeit beträgt bis zu 8 Prozent. Man braucht also 8 Prozent mehr Salz, um einen Unterschied zwischen zwei unterschiedlich gewürzten Suppen oder Würstchen zu schmecken. Bei geringeren Unterschieden liegt das salzigere Produkt unter der sogenannten *Differenziellen Wahrnehmbarkeitsschwelle*. Der zusätzliche Salzgehalt bleibt unbemerkt.[109]

In Bezug auf Preise könnte man diese Unterschiede als »Aktionsschwelle« anstelle von Wahrnehmbarkeitsschwelle bezeichnen. Das impliziert, dass Einkäufer so etwas wie einen persönlichen Radarschirm haben, der ihre Empfindlichkeit gegenüber Preisänderungen definiert. Wenn das

Ausmaß einer Preiserhöhung unter dem Radar des Einkäufers bleibt, sind die Chancen höher, dass Sie die Änderung mit einem geringen Aufwand umsetzen können. Umgekehrt gilt für Rabatte: Ein kleiner Preisnachlass kann dem sprichwörtlichen Sack Reis, der in China umfällt, entsprechen. Wenn es niemand bemerkt, welchen Unterschied hat der fallende Sack Reis (oder der fallende Preis) dann gemacht?

Wenn Sie schon in eine Situation kommen, in der ein Rabatt oder ein niedrigerer Preis strategisch oder taktisch sinnvoll sein könnte, dann sollten Sie sicherstellen, dass der Betrag auch groß genug ist, um die beabsichtigte Wirkung zu erzielen oder um überhaupt eine Wirkung zu erzielen. Fragen Sie sich selbst: Was wird dieser Betrag bewirken? Wird dieser Schritt die Situation zu meinen Gunsten verändern? Wenn die Antworten auf diese Fragen »Nichts« und »Nein« lauten, dann ist es wirtschaftlich klüger, auf dieses »unter dem Radar fliegende« Rabattgeschenk zu verzichten.

Kapitel 13

Wie sieht Ihre Repricing-Strategie aus?

Vielleicht arbeiten Sie für ein Unternehmen, dessen Geschäftsmodell ausschließlich von der Lancierung neuer, vielleicht sogar saisonabhängiger Produkte lebt. Dann können Sie dieses Kapitel getrost überblättern. Für alle anderen aber, die bestimmte Waren oder Dienstleistungen beständig über einen längeren Zeitraum an einen Kunden verkaufen, sprechen wir jetzt über das Thema Preisänderungen. In diesem Fall müssen Verkäufer nämlich nicht nur den richtigen Preis für ein neues Angebot finden, sondern verbringen meist genauso viel Zeit mit der Frage, wie sie ihr bestehendes Portfolio preisaktuell halten können.

Wenn Sie bei Ihrem Kunden Preisänderungen durchsetzen wollen, denken Sie bitte zunächst darüber nach, was der Kern Ihres Anliegens ist. Das beeinflusst auch, in welcher sprachlichen Form Sie Ihre Änderungswünsche kommunizieren. Wir unterscheiden zwischen:

Preiserhöhungen: Sie versuchen, die Preise zu erhöhen, um eine bessere Bruttomarge zu erzielen. Ihre Kosten haben sich nicht verändert.

oder

Preisanpassungen: Sie reagieren auf eine Veränderung Ihrer Kosten, in der Regel Kostensteigerungen. Ein Thema, das besonders in Zeiten anhaltender Inflation hochaktuell und zwingend ist. Preisanpassungen zielen in diesem Fall darauf ab, die gestiegenen Kosten abzufangen und die vorherige Bruttomarge intakt zu halten.

Wir setzen uns mit der Unterschiedlichkeit der jeweiligen Situation so detailliert auseinander, weil daraus resultierend eine Reihe unterschiedlicher verhaltensbezogener, psychologischer und neurowissenschaftlicher Kräfte auf den Einkäufer einwirken. Wenn Ihre Ausgangslage, also Ihre Preisrealität, von ihm verzerrt wahrgenommen oder unbewusst fehlinterpretiert wird, kann es zu erheblichen Konflikten kommen. Deshalb brauchen Sie eine differenzierte Strategie, die Ihnen hilft, Preiserhöhungen oder Preisanpassungen durchzusetzen.

Immer eine Anstrengung wert: Preiserhöhungen

Wer einem Einkäufer schon mal ohne Umschweife eine knallharte Preiserhöhung auf den Tisch gelegt hat, kennt die Reaktion: Es kommt schnell zum Konflikt, und dem »dreisten« Verkäufer wird vorgeworfen, nur mehr Gewinn erzielen zu wollen. Auch hier kann eine starke negative (dominante) Reaktion taktisch und bewusst antrainiert sein. Das haben wir in Kapitel 8 gelernt. Oft lösen unbewusste Ängste diese Reaktion aus oder verstärken sie zumindest. Die Angst vor Verlust wird beispielsweise evolutionär mit »Gefahr« gleichgesetzt. Wenn beim Einkäufer dann noch der Eindruck entsteht, dass der Verkäufer ihn übervorteilen oder eine bestimmte Situation ausnutzen will, dann bestimmen Misstrauen und Uneinsichtigkeit das weitere Geschehen.

Die Forderung nach einer Preiserhöhung wirkt meist weniger aufdringlich, wenn der Kuchen sowieso für alle größer wird, das Marktpotenzial für alle gleichermaßen wächst, es also einfach mehr zu verteilen gibt. Wenn ein Verkäufer in dieser Situation ein größeres oder gerechteres Stück vom Kuchen haben möchte, findet er irgendwann Gehör. Auf Märkten mit geringem oder gar keinem Wachstum dagegen werfen Preiserhöhungen bohrende Fragen auf: Ist die Preiserhöhung eine Folge eines Ungleichgewichtes zwischen Angebot und Nachfrage, zum Beispiel als

Folge aktueller oder zukünftig drohender Lieferengpässe? Wie steht es um die Rentabilität des Lieferanten? Wie sieht seine finanzielle Situation aus? Steht seine wirtschaftliche Existenz auf der Kippe? Oder ... versucht hier ein ehrgeiziger Verkäufer einfach nur, sein Ergebnis zu verbessern?

In der Tat wirken Preiserhöhungen direkt auf die Gewinnsituation ein. Um die signifikante inhärente Wirkung von Preiserhöhungen zu veranschaulichen, hilft unserem System 2 eine Break-Even-Tabelle, die derjenigen ähnelt, die wir in Kapitel 7 für Rabatte erstellt haben. Tabelle 13.1 veranschaulicht, was mit dem Gewinn des Verkäufers – also dem Deckungsbeitrag – passiert, wenn wir die Preise um einen bestimmten Betrag erhöhen und den Umsatz dann über Mengenzuwächse stabil halten können. Da es sich um eine Preiserhöhung handelt, gehen wir von einer unveränderten Kostensituation aus.

Preisan-passung	Umsatz in €	Einzel-preis in €	Volumen		Stück-kosten in €	Deckungsbeitrag	
			Ein-heiten	Verän-derung		Summe in €	Verän-derung
0%	10.000	100	100	0.0%	100	2.000	0%
3%	10.000	103	97	-3.0%	97	2.231	12%
5%	**10.000**	**105**	**95**	**-5.0%**	**95**	**2.375**	**19%**
10%	10.000	110	91	-9.0%	91	2.730	37%
15%	10.000	115	87	-13.0%	87	3.045	52%
18%	10.000	118	85	-15.0%	85	3.230	62%
20%	10.000	120	83	-17.0%	83	3.320	66%
25%	10.000	125	80	-20.0%	80	3.600	80%

Tabelle 13.1: Was passiert mit dem Gewinn, wenn die Preise steigen, aber die Stückkosten und der Umsatz konstant bleiben? (Alle Zahlen außer der Mengenänderung sind auf den nächsten vollen Betrag gerundet, Umsatz ist der Einfachheit halber auf 10.000 Euro gerundet).

Nehmen wir an, wir würden versuchen, die Preise um 5 Prozent zu erhöhen. Selbst wenn unser Volumen um 5 Prozent sinkt, bleibt unser

Umsatz noch stabil, gleichzeitig aber steigt unser Gewinn um sagenhafte 19 Prozent. Die höhere Gewinnspanne pro Einheit gleicht das geringere Volumen mehr als aus. Und je höher die Preiserhöhung ausfällt, desto dramatischer wird diese Gewinnsteigerung. Bei einer Preiserhöhung von 15 Prozent könnten wir bis zu 13 Prozent unseres Volumens verlieren und trotzdem das gleiche Umsatzziel erreichen. Unser Gewinn jedoch würde sich um 52 Prozent erhöhen. Wenn Menge und Volumen für die Auslastung der Produktionskapazitäten keine entscheidende Rolle spielen, dann macht diese System-2-Perspektive Preiserhöhungen zu einer sehr verlockenden Option.

Manchmal verändern sich ökonomische Rahmenbedingungen oder es gibt neue Markttrends, die bestehende Machtverhältnisse drehen. »Verkäufermärkte« entstehen und sind im wahrsten Sinne des Wortes goldene Gelegenheiten für Preiserhöhungen. Denn wie Einkäufer makroökonomische Effekte interpretieren und ihre eigene Situation im Markt einschätzen, beeinflusst natürlich ihren Wohlfühlpreis. Damit ergeben sich für uns als Verkäufer neue Möglichkeiten, uns unserem angestrebten Preisniveau anzunähern. Verkäufermärkte entstehen oft durch ein Ungleichgewicht zwischen Angebot und Nachfrage, zum Beispiel durch Rohstoffverknappung, Probleme in den Transportwegen, durch Produktionsausfälle oder ganz aktuell auch durch Personalmangel. Ein Verkäufer sollte jede sich auftuende Chance für Preiserhöhungen nutzen. Es lohnt die Anstrengung!

Eine gute Mischung aus persönlicher Autorität und Marktmacht kann dabei helfen, das Risiko von Mengenverlusten zu minimieren. So kann auch die Furcht vor Vergeltungsmaßnahmen seitens des Einkaufs, wie zum Beispiel sofortige Umverteilung des derzeitigen Einkaufsvolumens oder Ausschluss bei zukünftigen Ausschreibungen, relativiert werden. Erinnern wir uns an den Illusory Truth Effect (Situation 3.1) aus Kapitel 3 und das Beispiel der Neurensics-Forschung aus Kapitel 12, wo die Schwelle im Kopf der Verkäufer und nicht der Käufer lag. Dies sind Beispiele dafür, wie Verkäufer manchmal ihre Position und ihr Potenzial für Preiserhöhungen unterschätzen, wenn sie sich nicht im Klaren darüber sind, welche Bedeutung sie für den Kunden haben oder wenn sie sich Schwellenwerte nur einbilden. Aus diesem Grund sollten Sie sich regelmäßig mit den in Kapitel 11 beschriebenen Lieferantenbewertungen auseinandersetzen. Bevor Sie mit einer Preiserhöhung zum Kunden gehen, müssen Sie einen unverstellten Blick auf Ihre Geschäftsbeziehung und Ihre Marktposition werfen. Nur so entsteht eine nicht von diffusen Ängsten getriebene, realistische Risikobewertung und eine erfolgversprechende Preisstrategie.

Was Preisanpassungen besonders macht

In den vergangenen Jahren profitierten die meisten Unternehmen und Märkte von stabilen makroökonomischen Rahmenbedingungen. Doch seit den 2020er-Jahren herrscht eine wirtschaftliche Periode mit deutlich volatileren Parametern. Solange diese Instabilität und Volatilität anhalten, müssen sich Verkäufer der Herausforderung stellen, ihre Preise mit größerer Regelmäßigkeit und Selbstverständlichkeit neu zu verhandeln, um Risiken für ihr Unternehmen abzuwenden. In solchen Perioden geht es in der Regel eher um Preisanpassungen als um Preiserhöhungen.

Allgemein klingt das Wort *Preisanpassung* neutraler und vermittelt damit einen anderen Eindruck. Es kann nicht sofort als Versuch, höhere Gewinnspannen zu erzielen, diskriminiert werden. Es ist sicher auch leichter zu argumentieren, dass man sich gestiegenen Kosten anpassen *muss*. Tabelle 13.2 zeigt ein Beispiel für eine Preisanpassung. Nehmen wir an, Ihre variablen Stückkosten steigen um die angegebenen Beträge und Sie passen die Preise in jedem Fall um denselben prozentualen Betrag nach oben an. Wenn die Stückkosten beispielsweise um 10 Euro von 80 Euro auf 90 Euro steigen, entspricht dies einer prozentualen Erhöhung von rund 1 Prozent. Wenn Sie Ihre Preise zum Ausgleich um 13 Prozent anpassen, können Sie mit dieser Preisanpassung einen Mengenverlust von bis zu 11 Prozent ausgleichen und trotzdem Umsatz und Gewinn stabil halten.

Preis-Anpassung	Umsatz in €	Einzelpreis in €	Volumen		Stückkosten in €		Deckungsbeitrag in %	Deckungsbeitrag Summe in €
			Einheiten	Veränderung	Höhe	Veränderung		
0%	10.000	100	100	0%	80	0%	20	2.000
3%	10.000	104	96	-3,6%	83	4%	20	2.000
6%	10.000	106	94	-5,9%	85	6%	20	2.000
13%	**10.000**	**113**	**89**	**-11,1%**	**90**	**13%**	**20**	**2.000**
19%	10.000	119	84	-15,8%	95	19%	20	2.000
25%	10.000	125	80	-20,0%	100	25%	20	2.000
31%	10.000	131	76	-23,8%	105	31%	20	2.000
38%	10.000	138	73	-27,3%	110	38%	20	2.000

Tabelle 13.2: Volumen, das erforderlich ist, um den Umsatz, den prozentualen Deckungsbeitrag und den Gewinn stabil zu halten, nachdem eine Kostensteigerung in vollem Umfang an den Kunden weitergegeben wurde. (Werte gerundet)

Die Rolle der Fairness

Früher hörte man öfter mal den Satz, dass der Kunde König sei. Die Verhaltensökonomie, die Psychologie und die Neurowissenschaften weisen uns eher darauf hin, dass der Kunde zunächst einmal vor allem ein Mensch ist. Die unsichtbaren, auf alle Menschen einwirkenden mentalen Effekte helfen uns zu verstehen, wie unser Versuch, Preise zu ändern, auf der anderen Seite wahrgenommen wird.

Vikas Mittal und seine Kollegen von der Rice University führten eine Befragung mit mehr als 7.900 B2B-Kunden durch und kamen zu dem Ergebnis, dass »ein fairer Preis« für die Befragten dreimal wichtiger war als »der niedrigste Preis«.[110] Eine vom Bruce Henderson Institute, das zur Boston Consulting Group (BCG) gehört, durchgeführte Umfrage unter mehr als 13.000 Personen in acht Ländern kam zu dem Schluss, dass die Reaktion von Verbrauchern auf Preise »in der Regel asymmetrisch ist. Einen fairen Preis ein wenig fairer zu machen, bringt vielleicht einen kleinen Zusatznutzen, während selbst kleine Fehltritte, die in Richtung Unfairness gehen, eine starke negative Reaktion der Verbraucher hervorrufen kann.«[111]

Dies wirft die Frage auf, was eigentlich ein *fairer* Preis ist. Mittal und seine Kollegen beschreiben einen fairen Preis folgendermaßen: Sie haben keinen extremen Preis (weder den höchsten noch den niedrigsten), die Preisstruktur ist leicht zu verstehen und der Preis liegt näher am Branchendurchschnitt (etwas höher ist in Ordnung). »Laut BCG hängt es von der Produkt- oder Dienstleistungskategorie, dem Alter, dem Wohnort, dem Einkommen, den politischen Überzeugungen und der jeweiligen Persönlichkeit des Kunden ab, ob er einen Preis als fair empfindet.«

Diese vielschichtigen Definitionen führen uns zur nächsten Frage: Gibt es vielleicht einen allen Menschen angeborenen, übergreifenden Sinn für Fairness? Mehrere Studien scheinen darauf hinzuweisen, dass die Antwort »Ja« lautet.[112] In einer Studie, die im Labor von Matthew Lieberman in Los Angeles durchgeführt wurde, wurde eine Variante des Ultimatumspiels (Ultimatum Game) gespielt, um monetäre Fairness besser zu verstehen. Beim Ultimatumspiel erhält ein Teilnehmer – der sogenannte »Proposer« – einen bestimmten Geldbetrag, den er wiederum nach Belieben mit einem anderen Teilnehmer – dem »Responder« – teilen kann. Der Responder kann das vorgeschlagene Geschäft entweder annehmen oder ablehnen. Eine Verhandlung über die Verteilung ist nicht erlaubt.

Nehmen wir an, der Forscher sagt, dass Andrea 10 Euro erhalten kann. Andrea beschließt, 6 Euro zu behalten und Mandy die restlichen 4 Euro anzubieten. Wenn Mandy das Angebot annimmt, erhalten beide ihr Geld. Wenn sie das Angebot jedoch ablehnt, erhalten beide, Andrea und Mandy, kein Geld.

Lieberman und seine Kollegen testeten die Gefühlslage von Probanden in psychologischen Experimenten und im MRT-Scanner. Sowohl die psychologische Bewertung als auch die fMRT-Hirnscans zeigten, dass die Probanden dann besonders glücklich waren, wenn sie die Aufteilung als besonders fair empfanden, also im Verhältnis 50:50. Interessanterweise war die absolute Höhe des Geldgewinns weit weniger relevant für die Belohnungsnetzwerke des Gehirns.

Verkäufer können aus diesen Studien zwei wesentliche Erkenntnisse für ihr unsichtbares Spiel mitnehmen. Erstens ist Fairness sehr wichtig für den Aufbau und die Aufrechterhaltung einer positiven Geschäftsbeziehung. Zweitens ist Fairness ein mentales Konstrukt, das viel enger mit den Gefühlen einer Person verbunden ist als mit den absoluten Geldbeträgen, um die es geht, egal wie hoch diese auch sein mögen und egal, ob es sich um B2B- oder B2C-Geschäfte handelt.[113] Einkäufer sind darauf trainiert, Preiserhöhungen abzuwehren. Wie wir aber bereits wissen, sind Preise viel mehr als nur reine Zahlenfolgen. Die reinen Zahlen sind nur ein Aspekt im Entscheidungsprozess des Einkäufers. Im Allgemeinen werden Preis*anpassungen*, gerade wenn sie mit stichhaltigen Begründungen oder glaubhaften Geschichten vorgetragen werden, von Einkäufern als fairer bewertet als Preis*erhöhungen*. Diese Begründungen können unter anderem darauf abzielen, dass Kostensteigerungen nicht allein vom Lieferanten getragen werden können, sondern Belastungen fairer verteilt werden müssen. Besonders Preisanpassungen, die mit einer wahrhaften Geschichte »wirtschaftlicher Not« verbunden werden, signalisieren dem Einkäufer auf einer vor-bewussten Ebene, dass er helfen muss, weil die Forderung nach einer Preisanpassung fair ist.

Die Herausforderung für den Verkäufer besteht darin, die Wahrnehmung des Einkäufers mit der hauseigenen Realität in Einklang zu bringen. Wenn er seiner Preisanpassung das Etikett »unvermeidlich aufgrund von Kostensteigerungen« anhängt, sollte der Leidensappell »Wir brauchen zusätzliche Hilfe« unbedingt auch wie Mangel aussehen und sich auch so anfühlen. Die gesamte Kommunikation, von der schriftlichen Ansprache hin zur Körpersprache, muss angemessen und der Botschaft angepasst sein. Ihr Auftreten muss in allen Elementen bis hin zur Wortwahl als stimmig erlebt werden. Und es würde sicher auch verstörend wirken, wenn Sie in einem brandneuen Firmenwagen der Luxusklasse zum Meeting vorfahren.

System-2-Daten erzählen immer nur die eine Seite der Geschichte. Natürlich hilft es, alle Daten und Fakten parat zu haben. Aber erst das stimmige Gesamtbild und damit eine rundherum überzeugende Geschichte löst die gewünschte System-1-Reaktion aus und appelliert an den Sinn des Einkäufers für Fairness.

Ihre Geschichte sollte die wirtschaftliche Situation des Kunden übrigens genauso berücksichtigen. Besonders sollte darauf geachtet werden, welche wirtschaftlichen Kennzahlen in seiner Organisation gerade im Fokus stehen. Bei der Verhandlung von Preisveränderungen ist es immer gut, zu wissen, was den Kunden wirklich drückt: »Cash or Cost?« Manche Kunden haben Probleme mit ihren Kostenstrukturen, andere müssen eher auf ihren Cashflow, ihre Liquidität, achten.

Vor ein paar Jahren erzählte einer unserer Kunden von einem Geschäftspartner, dessen einzige Sorge das effektive Datum der Preisänderung war, nicht deren Höhe. Dieser Kunde wollte unbedingt das Ende seines Geschäftsjahres ohne Preisänderung erreichen, sodass er die vorgeschlagene Preisänderung selbst anstandslos in voller Höhe akzeptierte. Die Preisänderung wurde dann tatsächlich erst im Laufe des nächsten Geschäftsjahres umgesetzt – zur Zufriedenheit aller Parteien. Dieses Verhandlungsergebnis bringt zwei andere Phänomene ins Spiel: Wie unwiderstehlich das »Hier und Jetzt« ist und ein Konzept, dass man als *hyperbolische Diskontierung* bezeichnet und auf das wir in Kapitel 16 noch näher eingehen werden.

Der Faktor Zeit taucht auch hier wieder auf, weil er für Sie arbeiten kann, wenn Sie Preisänderungen verhandeln. In Sachen Preisverhandlungen haben die erfolgreichsten Verkäufer immer »die Uhr und den Kalender« aller Beteiligten im Griff. Es ist viel zielführender, den Stress für Einkäufer nicht künstlich zu erhöhen. Deshalb sollten Preisverhandlungen zeitgemäß stattfinden, nämlich in einer Periode, in der Einkäufer am ehesten empfänglich für Änderungen sind. Die beste Zeit, um mehr Geld zu bitten, ist, wenn Geld sowieso diskutiert wird, was in Unternehmen während der Jahres- und Budgetplanung für das nächstfolgende Geschäftsjahr der Fall ist. Außerhalb des Planungszyklus nach ungeplanten Ausgaben zu fragen, ist zumindest in Großunternehmen, die alle fest verplante, begrenzte Budgets zur Verfügung haben, meist ein fruchtloses Unterfangen. Die Chancen, abgewiesen zu werden, stehen hoch. Manchmal hinterlässt die Aktion bei allen Beteiligten einen bitteren Nachgeschmack, im schlechtesten Fall kann die gesamte Beziehung Schaden nehmen.

Verkäufer tun gut daran, sich kalendarische Wiedervorlagen zum Thema Preisverhandlung anzulegen. Stellen Sie sich dies als einen jahresübergreifenden Prozess vor, bei dem Sie immer zu bestimmten Jahreszeiten bestimmte preisrelevante Aktivitäten entfalten. Vergessen Sie dabei auch das frühzeitige Ankern nicht. Planen Sie Ihr Vorgehen im Voraus und achten Sie darauf, dass Sie dann Ihrem Jahresplan auch wirklich folgen. So werden Preismanagement und Preisverhandlungen zu einem selbstverständlichen Teil der Geschäftsbeziehung und Ihrer Routinen – für Sie und den Einkäufer.

Große Unternehmen haben ganze Abteilungen, die sich um Preisänderungen kümmern. Kleinunternehmer oder Berater müssen diese Aufgabe selbst übernehmen. Leider vergessen sie in der Hektik des Tagesgeschäftes zu oft, ihre Preise regelmäßig zu erhöhen – oder sie sind dazu einfach zu schüchtern. Dabei können sie sich den Trick *Uhr und Kalender* genauso zunutze machen. Kleinunternehmer und Dienstleister sollten ihre Leistungen ebenfalls etwa zwei oder drei Monate vor Ende des Kalender- beziehungsweise ihres Geschäftsjahres, vielleicht unter Zuhilfenahme des Fragenkatalogs aus Kapitel 11 bewerten. So haben sie genügend Zeit, um die Änderungen ihrer Preise oder Honorare für das kommende Jahr anzukündigen.

Wie es auch ohne Preiserhöhung klappt

Unabhängig davon, ob Sie eine Preiserhöhung oder eine Preisanpassung anstreben, Sie werden immer dann am meisten Erfolg haben, wenn Sie Einfluss auf den Verhandlungsrahmen ausüben und eine gute Geschichte erzählen können. Oder Sie müssen andere Mittel einsetzen, um Einkäuferentscheidungen zu Ihren Gunsten zu beeinflussen. In den letzten Kapiteln des Buches werden wir Sie deshalb in Sachen Angebotstechniken auf den neuesten wissenschaftlichen Stand bringen. Manchmal kann man seinen Umsatz und Gewinn eben auch steigern, ohne die Preise erhöhen zu müssen. Man muss nur wissen, wie.

Die Kapitel 14 und 15 werden außerdem weitere grundlegende wissenschaftliche Erkenntnisse vermitteln, die Ihrem Offensivspiel dienen und Ihnen dabei helfen werden, Einkäuferentscheidungen stärker zu beeinflussen. In den Kapiteln 16 bis 18 werden dann Framing-Techniken vorgestellt, sogenannte Choice Architectures (Entscheidungsarchitekturen), mit deren Hilfe Sie smarte Angebote erstellen können. In einer Arbeit mit dem simplen Titel *Choice Architecture* schrieben Thaler und seine Kollegen: »Entscheider treffen ihre Entscheidungen nicht in einem Vakuum. Sie treffen sie in einem Umfeld, in dem viele bewusste und unbewusste Effekte ihre Entscheidungen beeinflussen können. Die Person, die dieses Umfeld aktiv gestaltet, ist in unserer Terminologie ein Choice-Architekt.«[114]

Bei jeder Verkaufsverhandlung gibt es einen solchen »Choice-Architekten«, und wir empfehlen Ihnen dringend, diese Rolle zu übernehmen. Denken Sie daran, dass die Partei, die den ersten Schritt macht, in der Regel den Rahmen für die Verhandlung festlegen kann und auch den weiteren Verlauf maßgeblich bestimmt. Die Gestaltung des Verhandlungsrahmens ist jedoch nur ein erster Schritt. Ein solcher Heimvorteil ist bedeutungslos, wenn Sie keinen übergeordneten Spielplan haben oder ihn nicht gut umsetzen. Das bedeutet auch, dass Sie die Rahmenbedingungen immer wieder überprüfen und gegebenenfalls neu gestalten müssen. Die besten Entscheidungsarchitekturen hinterlassen beim Einkäufer ein gutes Gefühl, wenn er den Preis zahlt, den Sie von Anfang an im Sinn hatten.

Aus Teil II dieses Buches haben Sie mitgenommen, dass Menschen, egal ob sie erfahrene B2B-Einkäufer oder junge Verbraucher sind, erst lernen müssen, die Preise, die man ihnen vorlegt, im jeweiligen Kontext zu bewerten, um darauf basierend eine Kaufentscheidung treffen zu können. Wenn es sich dabei um *Ihr* Preisangebot handelt, sollten *Sie* diesen Bewertungsrahmen bereitstellen und *Ihre* Geschichte erzählen, damit Ihr Preisangebot »richtig« eingeordnet wird. Konzepte wie Ankern, der Sandwich-Effekt, die Magie eines Geschenkes, Teaser, Bündelungen oder Aufschlüsselungen sind die Grundlage für wirksame Entscheidungsarchitekturen. Wir werden jede dieser Techniken beleuchten und ihre praktischen Anwendungen aufzeigen. Teil III schließt dann mit einer Übersicht über die vielen kleinen Schritte, mit denen Sie die Wahrnehmung aller Beteiligten sogar im Nachhinein noch beeinflussen können.

Unterschätzen Sie nicht, wie viele Taktiken gut ausgebildete Einkäufer ins Spiel bringen, um ihre eigenen Positionen zu verteidigen und ihre eigenen Strategien erfolgreich durchzubringen. Es ist wichtig, dass Sie diese Taktiken nicht nur in der Theorie kennen. Sie müssen sie auch in alltäglichen Situationen erkennen und kontern können. Darüber hinaus sollten Sie offensiv mit der Psychologie von »Gewinn und Verlust« umgehen, Zugeständnisse für Gegenleistungen nutzen und situative Unsicherheiten zu Ihrem eigenen Vorteil ausspielen können.

Kapitel 14

Wo wird heute geankert?

Am Ende des ersten Teils haben wir Ihnen die wichtigste Technik, mit der Preiswahrnehmungen beeinflusst werden können, erstmals vorgestellt: das Ankern. Wir haben Ihnen geraten, nicht abzuwarten, bis Ihr Kunde einen Referenzpreis ins Spiel bringt und die Verhandlung damit zu seinen Gunsten steuert, sondern das Heft selbst in die Hand zu nehmen.

»Ankern« ist eine starke psychologische Kraft, der man nur schwer widerstehen kann. Deshalb bekräftigen wir unsere Empfehlung: »Make the first move! Machen Sie immer den ersten Zug!«

Allerdings kann man nicht einfach einen x-beliebigen, hohen Preis in die Diskussion einbringen und hoffen, damit einen Anker zu setzen, der die nachfolgenden Preise attraktiver erscheinen lässt. Das Setzen eines erfolgreichen Ankers hängt im Wesentlichen von der Antwort auf eine zentrale Frage ab: Welche spezifische Kaufentscheidung soll der Anker beeinflussen? Alle für das Setzen eines Ankers wichtigen Rahmenbedingungen leiten sich von der Antwort auf diese Frage ab. Um Fehlinterpretationen zu vermeiden, müssen Sie in der Vorbereitung darüber nachdenken, wie der Anker vom Empfänger aufgefasst wird und wie er auf die Entscheidungsfindung einwirken soll. Außerdem müssen Preis und Wert eine glaubwürdige Verbindung eingehen, in sich stimmig sein und dem Kunden möglichst wenig Gelegenheit zu direkten Angebotsvergleichen geben. Vermeiden Sie auch einfache Wiederholungen.

Folgende Richtlinien können Ihnen dabei helfen, die enorme Kraft des Ankerns erfolgreich zu nutzen:

- **Anker sind keine Zielpreise:** Der Ankerpreis dient als Referenzpunkt und ist *nicht* mit dem angestrebten Verkaufspreis zu verwechseln. Der Abstand zwischen diesen beiden Preispunkten ergibt sich daraus, wie gut der Kunde den Markt, die Branche und den Anbieter kennt. Auch die Art und Qualität der Geschäftsbeziehung zu dem jeweiligen Kunden können eine Rolle spielen. Je weniger ein Käufer mit den vorherrschenden Rahmenbedingungen vertraut ist, desto größer ist der Spielraum für das Setzen eines Ankers und desto stärker wird der absichtlich gesetzte Referenzpreis deshalb wirken können. Je mehr der Käufer dagegen mit den vorherrschenden Rahmenbedingungen vertraut ist, desto mehr muss sich ein Anker den in diesem Markt gängigen Wertmaßstäben anpassen. Bei exzellent informierten Käufern muss der Anker sich häufig darauf beschränken, alle Kostenkomponenten und Margenvorstellungen des Anbieters zu berücksichtigen. Generell aber sollten Anker und Angebot immer darauf ausgerichtet sein, einen deutlichen Mehrwert für die Verkaufsseite zu generieren. Der so erwirtschaftete, zusätzliche Deckungsbeitrag verbleibt im Prinzip beim Verkäufer und wird nicht *automatisch* mit der anderen Seite geteilt. Wie ein Anker gesetzt und schlussendlich genutzt wird, hängt natürlich auch von der Art der Geschäftsbeziehung ab. Handelt es sich um eine eher transaktionale Beziehung, sollte man darauf achten, innerhalb einer *jeden* einzelnen Transaktion das gewünschte Ergebnis zu erzielen. Handelt es sich um eine längerfristige und vor allem beziehungsorientierte Verbindung, kann man einmal gesetzte Anker über mehrere Transaktionen hinweg nutzen und im Einzelfall mehr taktische Kompromisse eingehen.
- **Anker brauchen Verankerungen:** In der Spendensammlung der SACA in Singapur (Kapitel 4) wurde mit 5000 Dollar ein Anker gesetzt, den

die Briefempfänger als plausibel wahrnahmen. Solche als plausibel akzeptierten Anker helfen potenziellen Kunden, einzuschätzen, ob ein Preis-Wert-Verhältnis in einem bestimmten Kontext fair und angemessen ist. Diese Einschätzung wird dann zur Grundlage ihrer Kaufentscheidungen oder im Fall der SACA ihrer Spendenentscheidung. Das Setzen solcher als *angemessen* empfundener Anker ist besonders wichtig, wenn die Preisfindung sehr intransparent ist oder beim Kunden große Unsicherheit über das weitere Vorgehen herrscht.

- **Lassen Sie Ankern zu einer täglichen Routine werden:** Ankern ist mehr als eine Technik, auf die man gelegentlich zurückgreift. Ankern sollte zu einer festen Routine werden. Versuchen Sie, einmal am Tag darüber nachzudenken, wo Sie einen Anker setzen könnten, und tun Sie es dann auch! Übung macht den Meister. Genauso wichtig ist es, dass Sie Ihre Wahrnehmung schulen und Ihre Antennen auf das Ankerverhalten der anderen Spieler ausrichten. Denn im unsichtbaren Spiel, bei dem es darum geht, möglichst viel Einfluss auf den Verhandlungsrahmen zu nehmen, werden alle Parteien – Sie, Ihre Kunden und Ihre Konkurrenten – versuchen, sich durch konsequentes Ankern Vorteile zu verschaffen. Wenn ein Unternehmen zum Beispiel in einer Presseerklärung darüber spricht, dass aufgrund äußerer Umstände im Markt mit Kostensteigerungen zu rechnen ist, wird diese Form des Ankerns als »Signaling« (Signalisieren) bezeichnet. In vielen Branchen, vor allem in solchen mit hoher Wettbewerbsdichte und geringer Produktdifferenzierung, gibt es in der Regel mindestens ein Unternehmen, das sich regelmäßig öffentlich über die künftige Marktentwicklung äußert und wichtige Trends anführt, die unausweichlich zu Preisänderungen führen müssen. Greifen Sie solche Signale, die Ihnen Kunden oder auch Konkurrenten geben, auf, und nutzen Sie diese als Vorlage und Anlass, um mit eigenen Ankern auf Ihre Kunden zuzugehen. Noch günstiger ist die Ausgangslage für Sie, wenn es sich bei diesen öffentlichen Ankündigungen eher um Markttrends handelt, weil Sie diese Entwicklungen dann frühzeitig für Ihr Unternehmen bewerten und vielen anderen Wettbewerbern einen Schritt voraus sein können.

- **Anker verlieren an Glanz:** Es gibt nur wenige Situationen, die für Verkäufer frustrierender sind als Verhandlungen, in denen sie ein Produkt der nächsten Generation verkaufen wollen, die ihnen gegenüberstehenden Käufer aber absichtlich oder unbewusst an den Preisen des Vorgängerproduktes festhalten und diese als Anker gegen sie verwenden. Leider passiert das immer häufiger, weil die meisten Märkte seit den 2020er-Jahren viel dynamischer geworden sind. Es gibt einen nahezu unbegrenzten Zugang zu Informationen. Niedrigere Markteintrittsschwellen führen zu mehr Wettbewerb und zu einer größeren Auswahl an Produkten mit immer kürzeren Lebenszyklen, die möglicherweise schnelle Preisreaktionen erfordern. In solchen Situationen müssen Sie darauf achten, dass ein Ankerpreis nicht zu einem Preisanker wird, also im buchstäblichen Sinn des Wortes zu einer physischen Verankerung wird, die Ihr Unternehmen auf der Stelle treten lässt. Die guten alten Zeiten mit relativ stabilen Kräfteverhältnissen, in denen Sie mit einem etablierten Set an Kunden, Konkurrenten und Produkten und sich nur langsam verändernden Rahmenbedingungen kalkulieren konnten, sind endgültig vorbei. Je dynamischer Ihr Markt ist, desto vorausschauender und strategischer müssen Sie Ihre Ankerpreise managen und desto häufiger müssen Sie diese überprüfen und gegebenenfalls veränderten Rahmenbedingungen anpassen.
- **Sie brauchen ein integriertes System von Ankern:** Von Ihnen ins Spiel gebrachte Anker helfen Käufern nicht nur dabei, im konkreten Einzelfall zwischen Ihren Preisen und denen Ihrer Konkurrenten zu unterscheiden. Sie werden von Käufern genauso für eine Bewertung Ihres gesamten Produkt- und Dienstleistungsportfolios herangezogen. Das bedeutet, das Sie beim Setzen eines Ankers immer auch ein Auge darauf haben müssen, wie sich dieser Anker auf die Preiswahrnehmung aller anderen Produkte auswirkt.
- **Über die aktuelle Verhandlung hinaus beeinflussen Anker immer auch die Rahmenbedingungen künftiger Aktionen:** Immer öfter erzählen erfolgreiche Preisverhandlungen vom langen Atem der Ver-

kaufsseite. Die erfolgreichsten Geschichten folgen einem langen Erzählbogen, bei dem zukünftige Schritte bereits weit im Voraus geplant worden und nicht nur eine arbiträre Sammlung von Kurzgeschichten und Episoden mit denselben Charakteren sind. Wenn Sie einen solchen Bogen spannen können, dann spielen Sie in der Champions League des Preisankerns.

Ankern sollte zu einem festen Bestandteil Ihres Alltags werden. Informelle Abendessen und formelle Veranstaltungen mit Kunden, Messen oder Branchenkongresse und viele andere Anlässe bieten Ihnen im Verlauf eines Geschäftsjahres die Gelegenheit, subtile Anker zu platzieren. Indirekte Hinweise auf Frühindikatoren in Ihrem Markt, Rohstoffprognosen, das Bruttoinlandsprodukt (BIP) und viele andere öffentliche Daten können Ihnen dabei helfen, einen Erzählrahmen für Ihre Preisgestaltung zu setzen, in dem sich Ihr Narrativ und Ihre Preisvorstellungen weiter entwickeln können. Dadurch erhöht sich die Wahrscheinlichkeit, dass *Ihr* Anker auch zum Anker *Ihres Kunden* und von diesem als glaubwürdige Grundlage für Preisänderungen akzeptiert wird.

Eine konventionelle Form des Ankerns, die all diese Anforderungen auf den Punkt bringt, sind »Listenpreise«. In der Prä-Internet-Zeit, als gedruckte Kataloge und Preisblätter erste allgemeine Informationen über Produkte und Preise lieferten, waren Listenpreise eine übliche Form der Preiskommunikation. In hochkomplexen Märkten oder solchen, in denen Preise wenig vergleichbar sind, können Listenpreise auch heute noch als wertvolle Orientierungshilfe dienen. Dies gilt insbesondere für reine Dienstleistungsbranchen. Listenpreise bergen jedoch ein größeres Risiko für stark kommodisierte Märkte oder in Situationen, in denen professionelle Einkaufsabteilungen entscheiden. Potenzielle Käufer haben immer schon Preise verglichen. Das Problem aber ist die Schnelligkeit, mit der man heutzutage eine große Fülle an Informationen einholen und Preisvergleiche anstellen kann. In den Zeiten gedruckter Kataloge war dies ein langsamer und aufwendiger Prozess, während ein solcher Vergleich heute quasi auf Knopfdruck zur Verfügung steht. Jeder Listenpreisausreißer, der bei solchen Online-Recherchen identifiziert wird, wird direkt vom weiteren Einkaufsprozess ausgeschlossen. Mit anderen Worten: Ankerlistenpreise können Sie aus dem Wettbewerb werfen, bevor Sie überhaupt die Gelegenheit hatten, in einen echten Wettbewerb zu treten.

Ein anderes Problem ist das Preis-Wert-Verhältnis, auf das sich Ihr Listenpreis bezieht. Kommunizieren Sie damit den höchsten Preis für ein Produkt in bester Premiumqualität? Oder kommunizieren Sie einen Standardpreis für ein Standardprodukt, wohlwissend, dass die meisten Ihrer Kunden das Produkt sowieso nach eigenen Vorstellungen anpassen werden? Denn durch diesen Prozess der »Maßschneiderung« wird das Produkt, genauso wie der Preis, am Ende sowieso anders aussehen und kundenspezifisch so einzigartig sein, dass auch der Preis entsprechend neu verhandelt werden muss.

Alle so gesetzten Preis-Wert-Standards – und alle damit in Verbindung stehenden Schlüsselkriterien – müssen nicht nur klar an Kunden kommuniziert, sondern auch von jedem Mitarbeiter in Ihrem Unternehmen verinnerlicht werden. Und umgekehrt, jedem Mitarbeiter in Ihrem Unternehmen muss bewusst sein, wann er von diesen Standards abweichen kann. Wenn Sie mit einem Premiumanker arbeiten, brauchen Sie unternehmensübergreifende Regeln, die es Mitarbeitern erlauben, bei Produktmerkmalen und Verkaufspreisen von den Maximalwerten abzuweichen. Wenn Sie mit Standardpreisen arbeiten, kann der zu zahlende Endpreis niedriger sein, wenn der Kunde sehr große Einzelbestellungen aufgibt oder in einem bestimmten Zeitraum ein besonders hohes Einkaufsvolumen erreicht. Oder der Kunde kommt in den Genuss niedrigerer Preise, weil Sie damit ein bestimmtes Einkaufsverhalten, das in Ihrem Unternehmen zu operativen Einsparungen führt, fördern oder belohnen wollen. So können zum Beispiel volumenabhängige Vergünstigungen (beispielsweise Lkw-Ladungen im Vergleich zu kleineren Mengen oder regelmäßige fest terminierte Standardlieferungen im Vergleich zu Ad-hoc-Abrufen) angeboten werden. Umgekehrt könnten höhere Preise oder Gebühren erhoben werden, wenn Kundenanfragen – insbesondere für zusätzliche Dienstleistungen – erheblich von den in Ihrem Unternehmen kalkulierten operativen Standards abweichen. Hier gilt als Anhaltspunkt, dass jeder Rabatt auf Gegenseitigkeit beruhen oder zumindest den Anschein von Gegenseitigkeit wahren sollte. Wie wir in Kapitel 11 erörtert haben, hängt es von der Art der Kundenbeziehung ab, ob ein solches Geben und Nehmen auf eine Einzeltransaktion beschränkt sein muss oder über mehrere Transaktionen und eine längere Zeit hinweg ausgeglichen werden kann.

Unternehmen mit einem großen Portfolio benötigen mehrere Ankerpreise und somit auch mehrere Referenzpreislisten, falls sie sich entscheiden, Preise auf diese Weise zu veröffentlichen.

Ankerpreise müssen außerdem auf zwei Ebenen stimmig sein: als Einzelangebot im direkten individuellen Vergleich zu den Mitbewerbern und kollektiv im Vergleich zu allen anderen Produkten im eigenen Portfolio.

Unser Tipp

In diesem Kapitel ging es darum, Wertwahrnehmungen zu beeinflussen. Die hier gezeigte Abbildung »Who will you anchor today?« illustriert die Idee, dass Sie Ankern zu einer täglichen Arbeitsroutine machen sollten. Sie können diesen Spickzettel übrigens auf der am Ende des Buches genannten Webseite herunterladen.

Kapitel 15

Wenn die Mathematik zu kurz greift: Prospect Theory

Jemand macht Ihnen folgenden Vorschlag: Sie können entweder einen Betrag von 1800 Euro, an den keinerlei Bedingungen geknüpft sind, bar auf die Hand bekommen, oder Sie können alternativ eine Wette abschließen, bei der Ihre Chance auf einen Gewinn von 2000 Euro bei 90 Prozent liegt, was im Umkehrschluss bedeutet, dass es ein 10-prozentiges Risiko gibt, dass Sie mit leeren Händen dastehen. Für welche Option würden Sie sich entscheiden?

Und das Ganze jetzt nochmal aus anderer Perspektive betrachtet. Auch dieses Mal haben Sie zwei Alternativen: Entweder Sie verlieren definitiv 1800 Euro, oder Sie gehen eine Wette ein, mit einem 90-prozentigen Risiko, 2000 Euro zu verlieren. Das bedeutet, dass Sie eine 10-prozentige Chance haben, überhaupt keinen Verlust zu machen. Wie würden Sie jetzt entscheiden?

Wenn Sie wie die meisten Menschen ticken, würden Sie sich in beiden Fällen für die Alternative entscheiden, die die Gefahr von Verlusten subjektiv minimiert. Menschen tendieren dazu, risikoscheu zu werden, wenn es um mögliche Gewinne geht, verhalten sich aber risikofreudig, wenn es um Verlustvermeidung geht. Die häufigste Reaktion auf die erste Frage ist deshalb, das erste Angebot anzunehmen und sich mit den 1800 Euro zufriedenzugeben, anstatt diesen Betrag im Hinblick auf einen möglichen etwas größeren Gewinn zu riskieren. Wie Kandidaten in Rateshows mit dieser Frage ringen, zeigt uns das Fernsehen fast jeden Tag. Vielleicht haben Sie auch schon vor dem Fernseher gesessen und gedacht: »Mensch, nimm bloß das Geld, hör auf und geh!« In der zweiten Situation dagegen versuchen die Menschen meist, den sicheren Verlust zu vermeiden. Sie nutzen jede Chance, die sich ihnen bietet – wie gering sie auch immer sein mag – um einen drohenden Verlust zu vermeiden. Diese klaren Verhaltenspräferenzen tauchen auch dann auf, wenn es rein mathematisch gesehen, wie im obigen Beispiel, keinen statistisch-objektiven Unterschied zwischen den Alternativen gibt. Die Spieler hatten dort ja entweder einen durchschnittlichen Verlust oder einen durchschnittlichen Gewinn von 1800 Dollar zu erwarten.

Dieses Beispiel ist eine Implikation der Prospect Theory, die wir in Kapitel 8 dieses Buches kurz erwähnt haben. Dort zeigten wir anhand eines praktischen Beispiels, dass der Schmerz, zu verlieren, im Menschen größer ist als die Freude, zu gewinnen, selbst wenn es sich um die gleichen Beträge handelt. Noch faszinierender an der Prospect Theory ist, dass unser Denken auch dann von unserer Verlustaversion geleitet wird, wenn es um unterschiedlich hohe Einsätze geht. In seiner Arbeit mit Tversky führt Kahneman dazu ein ähnliches Beispiel an: Die Befragten haben die Wahl zwischen einer 80-prozentigen Chance, 4000 Dollar zu verlieren, und einem sicheren Verlust von 3000 Dollar. Die Autoren schreiben, dass »die Mehrheit der Probanden bereit war, ein Risiko von 80 Prozent zu akzeptieren, um 4000 zu verlieren, anstatt einen sicheren Verlust von 3000 zu riskieren, obwohl der Erwartungswert, also der durchschnittlich zu erwartende Verlust bei 3200 Dollar liegt.«[115]

Haben diese Forschungen über die Grundlagen menschlicher Entscheidungsfindung einen praktischen Wert für Verkaufsverhandlungen im 21. Jahrhundert? Ja, das haben sie!

Die Prospect Theory, die die ganze Bandbreite all dieser Erkenntnisse zusammenfasst, lehrt uns Folgendes:

- Kleine Gewinn- und Verlustwerte haben eine überproportional große psychologische Wirkung.
- Hohe Gewinn- und Verlustwerte haben eine unterproportional geringe psychologische Wirkung.
- Menschen leiden mehr unter Verlusten, als dass sie sich über Gewinne freuen.

Die Prospect Theory modelliert das Phänomen, dass der negative Wert eines Verlustes stärker wahrgenommen wird als der positive Wert eines Gewinns in derselben Höhe. Wenn die Einsätze gleich hoch sind, ziehen wir die Vermeidung von Verlusten dem Streben nach Gewinnen vor. Damit bestätigt sich das alte Sprichwort, dass uns der Spatz in der Hand lieber ist als die Taube auf dem Dach.

Diese Erkenntnisse der Prospect Theory lassen sich gut in einem Diagramm darstellen, in dem die x-Achse den *tatsächlichen finanziellen Wert* und die y-Achse den *psychologischen Wert* repräsentiert (siehe Abbildung 15.1).

Das Erste, was in Abbildung 15.1 auffällt, ist, dass der Homo oeconomicus mit der Form der Kurve nicht einverstanden wäre. Er würde alles andere als eine gerade Linie für Unfug halten. Schließlich wissen wir alle aus der Mathematik, dass 100 Dollar eben 100 Dollar sind. Das stimmt aber nicht, denn 100 Dollar *fühlen* sich einfach nicht immer wie 100 Dollar an.

Sie sehen im Diagramm, dass die ersten 100 Dollar, die Sie zahlen, überproportional wehtun, dass das Ausmaß der psychologischen Negativwirkung aber bei höheren Werten abnimmt. Die meisten Menschen wären zum Beispiel ziemlich ärgerlich, wenn ihnen ein 100-Euro-Schein in einen Gully fallen würde und sie ihn nicht wieder herausbekämen. Beim Kauf eines Hauses würden sich dieselben Menschen über eine 5-prozentige Maklergebühr allerdings genauso viele Gedanken machen. Der Mensch nimmt Geld eben als »relativ« wahr. 525.000 statt 500.000 Euro für ein Haus zu bezahlen, scheint eine vergleichbare psychologische Bedeutung zu haben wie der 100-Euro-Schein im Abwasserkanal.

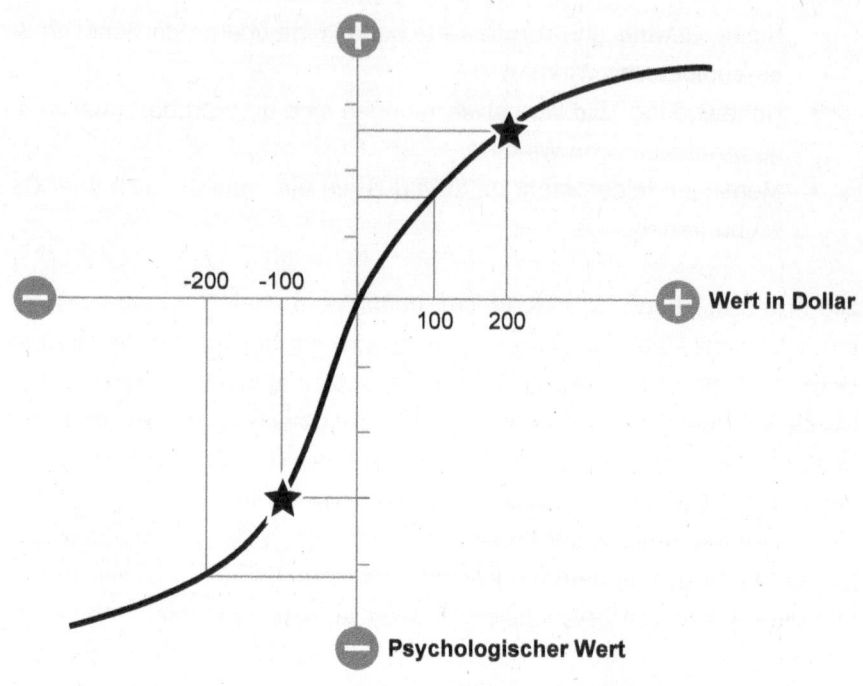

-200 -100

100 200

Wert in Dollar

Psychologischer Wert

Verluste

Gewinne

Abbildung 15.1: Die berühmte Prospect-Theory-Kurve – entwickelt von Kahneman und Tversky – veranschaulicht die unterschiedliche Wertwahrnehmung von Gewinnen und Verlusten (von den Autoren stilisierte Version).

Geldgewinne werden ebenfalls disproportional bewertet. Kleine Gewinne werden in Relation höher bewertet als große Gewinne. Aus diesem Grund ist die Kurve in Abbildung 15.1 s-förmig. Außerdem ist diese Kurve asymmetrisch. Zum besseren Verständnis haben wir der ursprünglichen Grafik zwei Sterne hinzugefügt. Schauen Sie auf den kleinen Stern im unteren linken Quadranten: Hier fühlt sich ein Verlust von 100 Dollar an wie ein Verlust von 300 Dollar. Achten Sie dann auf den Stern im oberen rechten Quadranten: Ein Gewinn von 200 Dollar fühlt sich hier an wie ein Gewinn von 280 Dollar. Das ist mehr als der Nennwert von 200 Dollar, aber immer noch weniger als der gefühlte Verlust von 300 Dollar. Aus diesem Grund würden die meisten Menschen die Teilnahme am Glücksspiel »Kopf oder Zahl«, bei dem eine Gewinnverteilung von 2:1 besteht, rundweg ablehnen.

Zurück zu unserem Thema: Wie kann die Prospect Theory jetzt also konkret dazu beitragen, den Verlauf einer Verhandlung zu ändern? Die Erkenntnisse darüber, wie Menschen Risiken einschätzen und Gewinne und Verluste wahrnehmen sind tatsächlich für Verkäufer von großem praktischem Nutzen. Die Prospect Theory liefert klare Anhaltspunkte für einige der immerwährenden Verkäuferfragen, die häufig kontrovers, aber meistens ergebnislos diskutiert werden: Sollen wir dem Kunden zuerst die schlechten oder erst die guten Nachrichten überbringen? Sollte unsere Ansprache die positiven Faktoren betonen, dem Prinzip Hoffnung folgen, also die Vorteile unseres Angebots hervorheben? Oder sollten wir auf den Faktor Angst setzen und die Pain Points (Schmerzpunkte) des Kunden ansprechen? Sollten wir mit dem Versprechen eines zukünftigen großen Gewinnes winken oder dem Kunden lieber jetzt und hier einen kleinen Vorteil gewähren? Die folgenden Situationen geben Antworten auf diese Fragen.

Situation 15.1: Sollen wir eine geplante Preiserhöhung aufsplitten, um die Wogen zu glätten?

Wir haben schon seit geraumer Zeit vor, eine Preiserhöhung anzusetzen, und zwar aus mehreren Gründen. Zum einen hatten wir generell das Gefühl, dass unsere Produkte auf dem Markt unterbewertet sind, und zum anderen hatte unsere Marktforschung gezeigt, dass unsere Kunden die höheren Preise verkraften könnten.

Wir haben uns schlussendlich zu einer Preiserhöhung von 6 Prozent auf alle unsere Kernprodukte entschlossen. Jetzt aber besteht unser Verkaufsleiter darauf, diesen Prozentsatz in kleinere Schritte aufzuteilen. In den letzten Sitzungen haben wir nur noch darüber diskutiert, ob es 3-2-1 oder 2-2-2 sein soll, oder ob wir die Erhöhung nicht sogar über ein halbes Jahr verteilen sollen, mit einer Staffelung von 1 Prozent pro Monat. Er weist darauf hin, dass wir unsere Kunden nicht verärgern können, und begründet seine Idee wortreich mit der Erzählung vom »Frosch, der in einem Topf voll kaltem Wasser sitzt und nicht merkt, dass das Wasser langsam wärmer wird. Der Kunde wird vielleicht irgendwann merken, dass er ›gar gekocht‹ wurde, aber solange das Wasser nur langsam wärmer wird, merkt er nichts davon.«[116] Wir müssen jetzt zu einer Entscheidung kommen. Was sollen wir also tun?

. *Dazu sagt die Wissenschaft:* Die Idee, dass es besser ist, schlechte Nachrichten in Häppchen aufzuteilen, ist ein fehlgeleiteter Gedanke, da die negativen psychologischen Auswirkungen kleiner Kostenbeträge unverhältnismäßig hoch sind. Dies ist eine der klassischen Erkenntnisse aus der Prospect Theory. Das Schaubild in Abbildung 15.1, das aus Kahnemans und Tverskys Werk *Prospect Theory: An Analysis of Decision under Risk* stammt, ist zwar stilisiert, veranschaulicht aber trotzdem gut die einfache Arithmetik hinter schlechten und guten Nachrichten.[117] Preiserhöhungen werden als Verluste wahrgenommen und haben daher eine negative psychologische Wirkung auf Kunden. Ihre Auswirkungen sind im unteren linken Quadranten dargestellt. Die kumulative psychologische Wirkung von zweimal je 100-Dollar-Verlusten ist viel größer als die von einem einmaligen 200-Dollar-Verlust.

Unsere Empfehlung: Alles, was aus Sicht eines Kunden mit »Verlust« verbunden ist, wie zum Beispiel Preiserhöhungen, sollten Sie wie eine bittere Medizin in einer Dosis verabreichen, damit sich der negative Nachgeschmack wieder verflüchtigen kann und das Leiden nicht unnötig verlängert wird. Sie könnten aber auf andere Mittel zurückgreifen, um den Schlag abzufedern. Sie beeinflussen die Wahrnehmung zum Beispiel dadurch, dass Sie das Ausmaß der Preiserhöhung optisch kleiner erscheinen lassen, in dem Sie nach der »kleineren Zahl« suchen, die Ihre gewünschte Erhöhung ausdrückt, sei es der Prozentsatz an sich oder ausgedrückt als prozentuale Differenz zu einer anderen Kennzahl. Manchmal hilft es auch, den Prozentsatz in einen absoluten Betrag zu wandeln und in Relation zum Geschäftsvolumen des Kundens zu stellen. In anderen Fällen können Sie ihre Zahlen auch mit Analogien aus dem Alltagsleben, die diese im Vergleich kleiner oder sogar trivial erscheinen lassen, versehen, wie zum Beispiel der entsprechenden Anzahl an U-Bahn-Fahrten, Pizzastücken oder Tassen Kaffee. Machen Sie Preisdiskussionen in jedem Fall zu einem Teil Ihrer alljährlichen Routineaktivitäten, damit sich der Kunde an den wiederkehrenden Prozess der Preisänderungen gewöhnt. Es fällt Kunden leichter, Preisveränderungen zu akzeptieren, wenn Sie sie so rechtzeitig ankündigen, dass Sie in den Budgetierungsprozess des Kunden einfließen können.

Unser Tipp

In diesem Kapitel geht es um die psychologischen Effekte rund um das Thema »Gewinn und Verlust«. Die hier gezeigte Abbildung »Deliver pain all at once« illustriert die Idee, dass Sie schlechte Nachrichten wie eine bittere Medizin verabreichen sollen: alles auf einmal! Sie können diesen Spickzettel übrigens auf der am Ende des Buches genannten Webseite herunterladen.

Schauen wir uns nun eine Situation an, in der jemand eine gute Nachricht überbringen darf. Was denken Sie, wie sich die Vorgehensweise in dieser Situation unterscheiden wird?

Situation 15.2: Wir haben unsere Kostenstruktur gestrafft und Einsparungen generiert, die wir an unsere Kunden weitergeben wollen. Das sind tolle Neuigkeiten! Doch wie informieren wir unsere Kunden?

Dank der Einführung von Six Sigma und anderer Umstrukturierungsmaßnahmen haben wir unsere Kostenstruktur erheblich verbessern können. Das lässt sich als Wettbewerbsvorteil nutzen. Wir können unsere Preise für Großkunden senken und uns Zugang zu neuen Märkten und Kundensegmenten verschaffen, in denen wir zuvor nicht konkurrenzfähig agieren konnten, weil wir zu teuer oder zu ineffizient waren. Unsere Kernfrage besteht jetzt darin, wie wir uns neu positionieren und diese Neuigkeiten an unsere Großkunden kommunizieren. Wir haben so viel Gutes zu erzählen, dass wir sie leicht überfordern könnten. Aber wenn wir die guten Nachrichten bündeln, dann könnte daraus ein richtiger Big Bang werden, mit dem wir unsere Kunden angenehm überraschen und an uns binden könnten. Gleichzeitig würde das unseren Mitwettbewerber auf dem falschen Fuß erwischen, ein Schock, von dem er sich so schnell nicht erholen würde.

Dazu sagt die Wissenschaft: Im Vergleich zu der vorher beschriebenen Situation ist dies ist die andere Seite der Prospect Theory. Wir konzentrieren uns nun auf den oberen rechten Quadranten in der Abbildung 15.1. Wenn Sie gute Nachrichten verkünden oder Kunden einen Sieg bescheren, dann nutzt sich der psychologische Effekt schnell ab. Der Zusatznutzen, den Sie daraus ziehen, dass Sie alle Vorteile in ein möglichst großes Paket schnüren, um einen positiven Big Bang zu produzieren, wird immer kleiner sein, als wenn Sie die Vorteile aufsplitten und jeden Aspekt separat präsentieren. Die Prospect Theory lehrt uns, dass kleine Gewinne psychologisch überproportional hoch bewertet werden.

Unsere Empfehlung: Wenn es um Belohnungen geht, reagiert das Gehirn eines Einkäufers genauso wie das aller anderen Menschen. Das bedeutet für Sie konkret: Wenn Sie ein ganzes Paket an Kostenvorteilen, Ersparnissen oder anderen guten Nachrichten für Ihre Kunden haben, dann ist die kumulative psychologische Wirkung größer, wenn Sie das Paket aufsplitten und die Vorteile über einen längeren Zeitraum verteilen, anstatt sie alle auf einmal ins Spiel zu bringen.

Die Asymmetrie der s-förmigen Prospect-Theory-Kurve bringt eine weitere Komplikation mit sich, die für Kundenbeziehungen von großer Bedeutung ist: Der Nullpunkt ist veränderbar. Verschiedene von Kahneman und Tversky getestete Szenarien haben gezeigt, dass unsere »Erwartungen« diesen Nullpunkt verschieben. In der Praxis bedeutet dies, dass überraschende Gewinne, also unerwartete Geschenke, einen größeren psychologischen Effekt haben als Gewinne, die wir bereits erwartet haben. Für einen Verkäufer heißt das, dass er auf der Beziehungsebene überproportional viel erreichen kann, wenn er einen treuen, langjährigen Kunden mit einem kleinen Geschenk, zum Beispiel einer kostenfreien Warenlieferung, überrascht.

Unser Tipp

In diesem Kapitel geht es um die psychologischen Effekte rund um das Thema »Gewinn und Verlust«. Die hier gezeigte Abbildung »Slice your benefits« illustriert die Idee, dass Sie gute Nachrichten immer wie Bonbons behandeln sollten: nicht alles auf einmal! Sie können auch diesen Spickzettel übrigens auf der am Ende des Buches genannten Webseite herunterladen.

In den beiden vorangegangenen Beispielen ging es darum, wie man gute und schlechte Nachrichten am besten überbringt. Im folgenden Kapitel 16 werden wir aufzeigen, dass die Erkenntnisse aus der Prospect Theory auch Einfluss darauf nehmen sollten, wie eine Organisation ihre Prioritäten setzt, neue Ideen aufgreift und für die Zukunft plant. Alle Organisationen haben, wie Menschen auch, unterschiedliche Stärken und Schwächen. Was meinen Sie? Ist es für eine Organisation eigentlich besser, in den Ausbau der eigenen Stärken zu investieren, oder sollte man alles dafür tun, die eigenen Schwächen zu überwinden, um mit anderen mithalten zu können? Was vielleicht für die Unternehmensplanung und Prioritätensetzung sogar noch wichtiger ist: Ist es für eine Organisation einfacher, ihre Stärken auszubauen oder ist es einfacher, an ihren Schwächen zu arbeiten?

Konventionelle Bildungsansätze und populäre Wirtschaftsmedien versprechen Verkäufern mehr Erfolg, wenn sie es schaffen, dem Kunden einen Mehrwert zu bringen. Manchmal sind ganze Verkaufsorganisationen so darauf konzentriert, dieser Aufforderung – dem Kunden etwas Neues zu bringen – nachzukommen, dass sie vergessen, auch über die andere Seite nachzudenken und ihren Kunden zu helfen, vorhandene Probleme zu *reduzieren*. Der Begriff Pain Point (Schmerzpunkt) ist nicht nur ein häufig gebrauchtes wirtschaftliches Schlagwort, es ist auch ein starker Verhaltenstreiber. Wenn man als Lieferant dem Kunden helfen kann, etwas zu verbessern, das seine Organisation als Schwachpunkt identifiziert hat, dann hat dieser Ansatz eine starke positive psychologische Wirkung. Sie werden feststellen, dass der steilste Teil der Kurve in Abbildung 15.1 – der Punkt, an dem die psychologische Wirkung im Verhältnis zu der Veränderung, die sie verursacht hat, am größten ist – im Bereich kleiner Änderungen (Verluste) liegt. Es ergibt also Sinn, sich auch mit den kleinen Pain Points der Kunden zu beschäftigen. Manchmal ist weniger eben doch mehr.

Kapitel 16

Bitte sofort und umsonst!

Das menschliche Gehirn ist von einer Vielzahl systematischer Verzerrungen in den Bereichen Wahrnehmung, Entscheidungsfindung und Handlung geprägt, bekannt als »Biases«. Es wäre unmöglich, all diese Verzerrungen in einem Buch umfassend zu behandeln. Ebenso ist es für das Gehirn unmöglich, gleichzeitig an allen mentalen Schrauben zu drehen und das Verhalten in allen Situationen sofort anzupassen. Noch weniger praktikabel wäre es, das Gehirn damit zu belasten, auf jedes Mikroverhalten jeder anderen agierenden Person bewusst zu achten. Deshalb haben wir eine Vorauswahl getroffen und uns die Frage gestellt, mit welchen Denkmustern wir Sie unbedingt vertraut machen sollten, damit Sie diese Erkenntnisse ganz natürlich und selbstverständlich in Ihre Arbeit einfließen lassen können.

In diesem Kapitel befassen wir uns mit zwei weiteren Prinzipien, die einen direkten und hochsignifikanten Einfluss darauf haben, wie viel Geld bei einem Deal tatsächlich über den Tisch geht. Es handelt sich dabei um die *Magie der Null* (Power of Free) und der *hyperbolischen Diskontierung* (Die Macht des Hier und Jetzt). Anders formuliert, befassen wir uns zum einen mit der Magie, die ein Geschenk auf den Beschenkten ausübt, und zum anderen damit, wie unwiderstehlich das Hier und Jetzt für das menschliche Gehirn im Gegensatz zu einer wenig greifbaren, abstrakten Zukunft ist.

Wenn Sie die Hintergründe dieser beiden Denkfehler verstehen und den Umgang mit ihnen beherrschen, wird Ihnen das helfen, die Fehler zu vermeiden, die mit konventionellen Formen der Rabattierung einhergehen können und in der Folge zu Angst- und Verlustgefühlen sowie Machtspielchen führen – und letztlich alle in Preisverfall enden. Im richtigen Moment »Nein!« zu einem Preisnachlass zu sagen, war eine der wichtigsten Lektionen aus Teil II des Buches. Das bedeutet aber nicht, dass Rabatte in Verkaufsverhandlungen überhaupt keine Rolle spielen dürfen. Ganz und gar nicht. Mit der richtigen Herangehensweise und im richtigen Kontext können Konzessionen verschiedenster Art Ihnen dabei helfen, Ihre Zielpreise zu verteidigen und gleichzeitig Ihre Kunden zufriedenzustellen. Manchmal haben Sie sogar Einfluss auf das Einkaufsverhalten des Kunden insgesamt, wenn solch positiven Erfahrungen ihn überzeugen, weniger transaktional zu agieren und sich stärker auf eine wechselseitig gewinnbringende Geschäftsbeziehung einzulassen. Wenn das gelingt, sind Rabatte keine Krankheit oder Seuche, sondern eine wissenschaftlich basierte Taktik, Geld intelligent zu verschenken.

Die Magie eines Geschenkes.

Der englische Satz »There's no such thing as a free lunch.« (»So etwas wie ein kostenloses Mittagessen gibt es nicht.«) trifft den Punkt vieler ökonomischen Erkenntnisse so genau, dass der Nobelpreisträger Milton Friedman ihn zum Titel eines Buches machte. Die moderne Variante dieses Sprichworts in der digitalen Welt mit vielen scheinbar kostenlosen Dienstleistungen im Internet lautet übrigens »If the product is free, YOU are the product.« (»Wenn das Produkt nichts kostet, dann bist DU das Produkt.«). Im Kern erinnern uns solche Aussagen daran, dass wenn eine Partei eine Ware oder eine Dienstleistung kostenfrei erhält, immer eine andere dafür die Rechnung zahlt oder die Kosten direkt oder indirekt tragen muss. Das könnte sogar der Empfänger selbst sein, wenn er indirekt belastet oder irgendwann später dafür zur Kasse gebeten wird.

Heißt das, dass es immer ein Fehler ist, etwas kostenfrei anzubieten? Würde das zutreffen, dann würden viele der sehr erfolgreichen Unternehmen, mit denen wir als Verbraucher täglich umgehen, tatsächlich große Fehler machen! Amazon Prime zum Beispiel ist berühmt für seinen kostenfreien Versand. Manche Einzelhandelsketten bieten ihren Kunden irgendeine Variante von »Kauf eins, dann bekommt du eins umsonst« an. Sogar kleine Geschäfte wie Sandwichläden oder Autowaschanlagen haben Kundenbonuskarten, mit deren Hilfe man etwas geschenkt bekommt, wenn man zum Beispiel acht Sandwiches gegessen hat oder zehnmal zur Autowäsche gekommen ist.

System 2 sagt uns, dass gratis nichts anderes ist als ein Preis von null. Wenn der Homo oeconomicus also Nutzen und Kosten gegeneinander abwägt, fließt das Gratisversprechen als Nullkosten in die Kalkulation ein. Kristina Shampanier (MIT), Nina Mazar (University of Toronto) und Dan Ariely (Duke University) stellten in einer Studie fest, dass Kostenfreiheit einen größeren Einfluss auf Entscheidungen hat, als Menschen im Allgemeinen glauben. Die Studie, die in der Fachzeitschrift *Marketing Science* veröffentlicht wurde, kam zu dem Schluss, dass »die Menschen so zu handeln scheinen, als ob ein Preis von null für eine Ware nicht nur deren Kosten senkt, sondern auch deren Nutzen erhöht«.[118] Mit anderen Worten: Auch wenn System 2 dies als einen Preis von null ansieht, ist ein Gratisversprechen doch mit einem überproportional hohen intrinsischen Wert verbunden.

Ein Beispiel dafür zeigt uns die folgende Situation 16.1.

Situation 16.1: Wie frei muss frei sein?

Als vor einigen Jahren ein katastrophaler Sturm eine Karibikinsel verwüstete, entschied sich einer unserer Großkunden, den dort notleidenden Menschen direkt zu helfen. Er charterte Transportflugzeuge und schickte Paletten voll lebenswichtiger Produkte aus eigener Produktion in eines der am stärksten betroffenen Gebiete. Innerhalb von 48 Stunden halfen sie so Tausenden von Opfern, ihre Grundbedürfnisse zu decken.

Unsere Firma war einer der Rohstoffzulieferer für dieses Unternehmen. Unser Team fand dieses starke soziale Engagement so beeindruckend, dass wir es unsererseits mit einer Geste des guten Willens würdigen wollten. Klingt einfach, oder? War es aber nicht.

Denn in unserem Unternehmen brach eine hitzige Debatte darüber aus, wie diese Geste aussehen sollte. Ich war zwar froh, dass die Diskussion eine ganze Bandbreite an Hilfen umfasste und es nicht nur darum ging, dem Kunden einfach einen Scheck zu schicken. Aber ich hätte mir gewünscht, dass wir etwas früher mehr Ordnung in die Diskussion gebracht hätten. Alternativ zu einer Geldspende haben wir unsere Entscheidung schlussendlich auf drei Optionen eingegrenzt: dem Kunden entweder einen Preisnachlass für einen nächsten Auftrag oder einen Rabatt für eine spezifische Produktkategorie anzubieten oder eine kostenfreie Warenlieferung für unsere Produkte zu organisieren, um sein Rohmateriallager wieder aufzufüllen. Und dann meldete sich auch noch die Finanzabteilung und bestand darauf, im Falle einer Gratiswarenlieferung dem Kunden die Frachtkosten zu berechnen. Wie hätten Sie entschieden?

Dazu sagt die Wissenschaft: Eine Interpretation der soeben zitierten Studie ist, dass eine Gratisgabe einem Geschenk gleichkommt. Die Erwartung einer Gegenleistung, zum Beispiel in monetärer Form, in den Kontext einzubringen, macht den Effekt eines Geschenks beim Beschenkten im Prinzip wieder zunichte. Eine andere Arbeit, die von Ariely mitverfasst wurde, verdeutlicht, dass ein Preis von null die Grundlage des Austauschs von einer marktbasierten auf eine soziale Ebene verschiebt.[119] Hier kommt der Begriff der »Reziprozität« (Gegenseitigkeit im sozialen Austausch) ins Spiel, der beschreibt, dass man sich, wenn vielleicht auch zeitverzögert, gegenseitig etwas gibt. Dieses Prinzip funktioniert nach einem simplen Mechanismus: Wenn du mir einen Gefallen tust, dann entsteht in mir das Gefühl, etwas zurückgeben zu wollen, eine Art von Verpflichtung, dir bei einer nächsten Gelegenheit auch mal einen Gefallen zu tun.[120] Lassen Sie uns das anhand eines persönlichen Beispiels veranschaulichen. Sie helfen einem Freund beim Umzug in eine andere Wohnung, aber das gute Gefühl, das aus diesem Geschenk erwächst, verliert seinen Glanz, wenn Sie irgendeinen und sei es nur den Mindestlohn für diese Arbeit verlangen oder wenn Ihr Freund versucht, Ihnen als Dankeschön einen kleinen Geldbetrag zuzustecken. In beziehungsgesteuerten Geschäftsverbindungen stärken emotionale Gesten, die Empathie und Unterstützung für den anderen zeigen, die Beziehungsebene mit dem Kunden, weil sie den Empfänger in die Pflicht nehmen, die gleiche Empathie und Unterstützung zu zeigen, wenn die andere Seite ein Entgegenkommen braucht.

Unsere Empfehlung: Wir plädieren für die Gratiswarenlieferung, ohne dem Kunden die Versandkosten in Rechnung zu stellen. Ein positiver Nebeneffekt von Gratiswarenlieferungen ist, dass so die Integrität Ihrer Preise geschützt wird. Ein Preisnachlass oder Rabatt für ein Produkt aus Ihrem Lieferportfolio wird in die Preissysteme des Kunden einfließen. So kann die Wertwahrnehmung für diese Teilleistung negativ beeinflusst werden und dazu führen, dass der Kunde erwarten könnte, häufiger von diesem Preisnachlass zu profitieren. Mit einem solchen Preisnachlass würden Sie also einen neuen Anker setzen, der auf Dauer gegen Sie arbeitet. Das Angebot einer kostenfreien Warenlieferung schafft darüber hinaus eine emotionale Gemeinsamkeit, ein sozial-emotionales Gefühl, etwas Gutes getan zu haben. Das geschieht allerdings nur, wenn Sie *alle* Kosten, die im Zusammenhang mit Ihrem Beitrag zur guten Sache stehen, auch tatsächlich selbst tragen. Verlangen Sie die Übernahme der Frachtkosten, machen Sie dieses Gemeinschaftsgefühl zunichte.

Im Hier und Jetzt

Der Fachbegriff für die Macht des Hier und Jetzt lautet *hyperbolische Diskontierung*.[121] Es geht dabei um eine kognitive Verzerrung, die Menschen den Wert von Belohnungen in der Zukunft im Vergleich zu Belohnungen in der Gegenwart systematisch unterschätzen lässt. Die Situation 16.2 beschreibt eine Anwendung dieses Prinzips, die häufig in B2B-Situationen auftaucht.

Situation 16.2: Wenn die Zukunft zu zukünftig ist.

Vor Kurzem haben wir im Wettbewerb mit einer großen Zahl von Anbietern an einer wichtigen Ausschreibung teilgenommen, deren Gewinn uns zu einem kräftigen Umsatzschub verholfen hätte. Wir waren der festen Meinung, dass wir dem Kunden das beste Gesamtpaket in Form einer starken Idee vorgelegt hatten. Wir hatten nämlich einen konkreten, sehr zukunftsorientierten Businessplan entwickelt, der ausführte, wie wir die bestehende Beziehung durch Co-Innovation auf die nächste Ebene heben könnten, wovon beide Unternehmen mittel- und längerfristig durch signifikantes Umsatzwachstum profitieren würden. Dann kam die böse Überraschung. Ein kleinerer Mitbewerber erhielt den Zuschlag, mit der Begründung, dass er eine Reihe kleinerer, aber konkreterer und kurzfristiger Vorteile angeboten hatte.

Dazu sagt die Wissenschaft: Menschen bevorzugen schnelle Belohnungen und späte Bestrafungen. Die emotionale Wirkung von etwas Positivem wirkt überproportional größer, je eher wir es erleben dürfen. Die Wirkung von etwas Negativem wirkt überproportional stärker, je eher wir es erleiden müssen. Beide Effekte flachen jedoch mit der Zeit ab. Unsere emotionale Reaktion folgt einer hyperbolischen Kurve, wie in Abbildung 16.1 dargestellt. Stellen Sie sich das so vor: Wenn Sie jemanden vor die Wahl stellen, entweder jetzt sofort eine Kugel Eis zu bekommen oder in drei Wochen drei Kugeln, wird er wahrscheinlich nicht warten wollen, sondern das Eis lieber sofort essen. Wenn Sie ihm aber anbieten, in 12 Wochen eine Kugel Eis oder in 15 Wochen drei Kugeln Eis zu bekommen, wird er wahrscheinlich die zusätzlichen drei Wochen abwarten und lieber die drei Kugeln Eis nehmen wollen. Obwohl der zeitliche Abstand zwischen den beiden Optionen gleich ist (drei Wochen), geht das Gefühl, das mit einer direkten Belohnung einhergeht, in der zweiten Variante verloren.

Unsere Empfehlung: Unser evolutionäres Mindset kann dem Faktor Kurzfristigkeit einfach nicht widerstehen. Vergessen Sie deshalb bei einer Ausschreibung nicht, auch ein paar kleine, sofort greifbare Vorteile in Ihr Angebot einzubauen. Versprechen, die sich auf mögliche große zukünftige Gewinne beziehen, üben weniger Einfluss auf das Belohnungsnetzwerk unseres Gehirns aus, weil sie abstrakt bleiben. Was Preiserhöhungen angeht, sollte man berücksichtigen, wie unser mentales System auf Verluste reagiert. Unter Berücksichtigung der hyperbolischen Kurve kann es also sinnvoll sein, große Preiserhöhungen zwar in einer Maßnahme, aber mit zeitlicher Verzögerung umzusetzen. Solche Änderungen werden außerdem besser akzeptiert, wenn Sie die Budgetierungsphasen des Kunden respektieren, die sich durchaus von Ihrem fiskalen Kalender unterscheiden können. Warten Sie auch nicht immer ab, bis ein Kunde nachdrücklich nach Einsparungen verlangt. Seien Sie stattdessen mutig und agieren Sie vor allem proaktiv. Eine kleine sofortige Gratifikation, die frühzeitig, vielleicht sogar proaktiv angeboten wird und direkt für Erleichterungen sorgt, kann eine große reziproke Wirkung erzielen und Ihnen vielleicht sogar spätere größere Konzessionen ersparen.

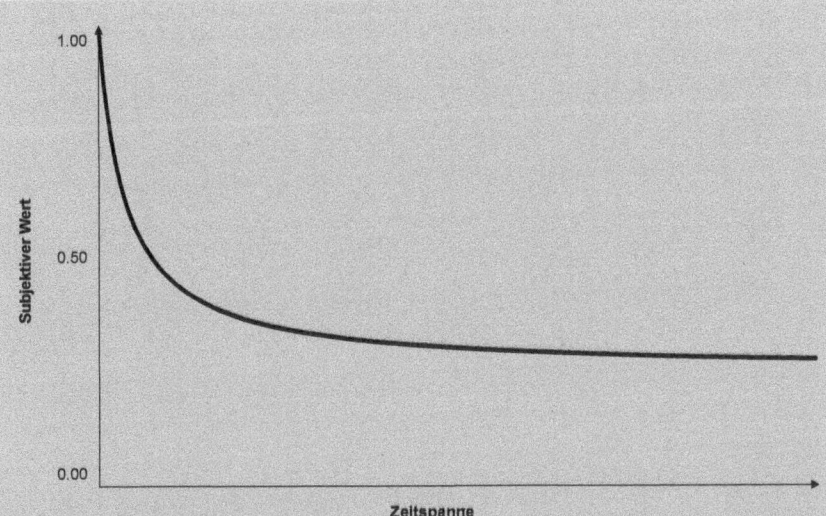

Abbildung 16.1: Hyperbolische Diskontierung; diese Kurve zeigt, dass Menschen kurzfristigen Belohnungen einen höheren Wert, denselben Belohnungen zu einem späteren Zeitpunkt jedoch einen geringeren Wert beimessen.

Es gibt viele Möglichkeiten, die Macht des Hier und Jetzt zu nutzen. Die Kurve in Abbildung 16.1 zeigt Ihnen, wie Sie kleine Gewinne größer aussehen lassen und damit eine größere Wirkung erzielen können. Genauso können Sie größere Verluste kleiner erscheinen lassen, indem Sie sie zu einem späteren Zeitpunkt implementieren. Dies kann bei einer Vielzahl von Gelegenheiten angewendet werden, seien es Bonuszahlungen für Mitarbeiter, monetäre Anreize für Kunden oder wenn Sie zum Beispiel signifikante Preiserhöhungen durchsetzen wollen oder mit Preisanpassungen auf Währungsschwankungen reagieren müssen.

Kapitel 17

Bündeln oder entkoppeln: Das ist hier die Frage

Schon die Frage, ob ein Unternehmen mit Angebotsbündelungen arbeiten sollte oder nicht, impliziert, dass es innerhalb des Lebenszyklus eines Produktes viele Gelegenheiten gibt, aus diesem Produkt zusammen mit anderen Produkten oder Produktkomponenten beziehungsweise Dienstleistungen ein für Kunden attraktives Paket zu schnüren.

Die meisten Menschen kennen solche »Bündelungen« am ehesten als Kombi-Menü, das sie in einem Fast-Food-Restaurant bestellen: ein Burger, eine Beilage und ein Getränk, für das sie einen Menüpreis zahlen, der günstiger ist als die Addition aller Einzelpreise. Dies ist ein Beispiel für eine »gemischte Bündelung«. Bei dieser Strategie kann der Kunde alternativ auch alle Artikel des Kombi-Menüs einzeln kaufen. »Physische« Musikformate wie die traditionelle Compact Disc und die Vinyl-LP sind ebenfalls bekannte Produktbündelungen, repräsentieren aber das Konzept der »reinen Bündelung«. Im Gegensatz zur gemischten Bündelung ist der Kunde hier gezwungen, das gesamte Produktpaket – in diesem Fall das gesamte Album – zu kaufen, auch wenn er nur einen oder zwei Titel besitzen möchte.

Wie schafft es ein Unternehmen, seinen Kunden eine möglichst überzeugende Bündelung seiner Produkte und Leistungen anzubieten? Die in Unternehmen angestellten Überlegungen konzentrieren sich meist auf die sichtbare Seite des Spiels. System-2-Analysen empfehlen dann, aus praktischen und objektiven Gründen entweder Bündelungen anzubieten oder gegebenenfalls auch vorhandene Paketlösungen aufzutrennen. Diese Analysen argumentieren vielleicht mit Ersparnissen in den Bereichen Logistik und Produktion, mit potenziell höheren Umsätzen genauso wie mit einer einfacheren Handhabung und dem Vorteil einer klaren Kommunikation. Es wird im Allgemeinen aber zu wenig über Effekte aus dem unsichtbaren Spiel nachgedacht, die eine genauso wichtige Rolle spielen können.

Im weiteren Verlauf dieses Kapitels werden wir uns daher mit diesen eher subtilen Einflussfaktoren beschäftigen. Wir beziehen dabei durchaus Überlegungen aus dem sichtbaren und dem unsichtbaren Spiel ein, damit Sie auf eine Kombination beider Betrachtungsweisen zurückgreifen und zu einer ausgewogenen Entscheidung für Ihre Strategie kommen können. Auch wenn Sie das Gegenteil vorhaben und Ihre All-inclusive-Preise aufschlüsseln wollen, dürften viele der hier vorgestellten Erkenntnisse für Sie interessant sein. Zudem beenden wir das Kapitel mit einigen gezielten Hinweisen, worauf Sie bei Entkoppelungen unbedingt achten sollten.

Der Prozess einer Kaufentscheidung wird durch Angebotsbündelungen verkürzt und erleichtert. Im Vergleich zu À-la-carte-Angeboten muss ein Käufer weniger Optionen prüfen und weniger Zeit aufwenden, als wenn er sein Menü individuell selbst zusammenstellen müsste. Für Anbieter sind Bündelungen immer dann besonders interessant, wenn sie es mit sehr heterogenen Kundenpräferenzen zu tun haben. Stellen Sie sich eine Firma vor, die im Wesentlichen zwei simple Dienstleistungen anbietet: Innenreinigung und Außenreinigung. Ihr Kunde »Acme Teile« ist bereit, für die Innenreinigung ihrer Räumlichkeiten 8000 Euro pro Monat und für Außenreinigungsarbeiten 3000 Euro pro Monat auszugeben. Der Kunde »Beste Teile« dagegen will monatlich für die Innenreinigung nur 3500 Euro ausgegeben, ist aber bereit, für die Außenreinigung 9000 Euro aufzuwenden. Eine Einzelpreisliste würde hier wahrscheinlich dazu führen, dass sich einer der beiden Kunden gegen den Anbieter entscheidet. Ein Paketpreis, der beide Dienstleistungen umfasst, kommt den Wünschen beider Kunden eher entgegen und führt deshalb zu mehr Gesamtumsatz, als wenn alle

Einzelleistungen separat gebucht werden müssten. Abbildung 17.1 zeigt, warum das so ist.

	Kunde A (Acme Parts)	Kunde B (Best Parts)
nnenreinigung	€8.000/mo	€3.500/mo
ußenreinigung	€3.000/mo	€9.000/mo

Wertwahrnehmung der Kunden

Zahlungsbereitschaft

À-la-carte (keine Bündelung): Man kann maximal €8.000 für die Innenreinigung und €9.000 für die Außenreinigung verlangen. Sie könnten maximal eine Einheit je Kunde verkaufen und würden €17.000 Umsatz generieren.

Reines Bündel: Man kann €11.000 für ein Kombi-Paket verlangen. In diesem Fall würden Sie zwei Einheiten an beide Kunden verkaufen und insgesamt €22.000 Umsatz generieren.

Abbildung 17.1: Reine Bündelungen führen bei stark variierenden Kundenpräferenzen zu besseren Umsatzergebnissen als À-la-carte-Preise oder gemischte Bündelungen.

Bündelungen entfalten auch dann eine magische Wirkung, wenn die Angebote komplexer und vielfältiger sind als das einfache Beispiel in Abbildung 17.1. Wenn Sie eine ganze Reihe von Produkten und Dienstleistungen haben, die sich für eine Bündelung anbieten, dann haben die Anzahl und die Auswahl der Produkte, die Sie tatsächlich bündeln, einen erheblichen Einfluss darauf, wie Kunden (psychologisch) darauf reagieren.

Alle, die das Thema weiterverfolgen wollen, sollten folgende Regeln beachten:

Weniger ist besser: In einem Wettbewerb ist ein zweiter Platz rein objektiv betrachtet besser als ein dritter Platz. Daher wäre es doch logisch, dass jemand, der Zweiter wird, mit seiner Leistung zufriedener ist als jemand, der auf einem dritten Rang landet. Eine Studie über olympische Medaillengewinner zeigt jedoch genau das Gegenteil: Bronzemedaillengewinner waren in der Regel zufriedener mit ihren Medaillen als die Gewinner der Silbermedaillen.[122] Manchmal ist weniger einfach mehr.

Ähnlich logisch wäre es, wenn jemand bereit wäre, für eine 250-Gramm-Portion Eis mehr zu bezahlen als für eine Portion von 200 Gramm genau desselben Eises. Dies ist jedoch nicht der Fall, wenn die 200-Gramm-Portion in einem über den Rand hinaus gefüllten 175-Gramm-Becher angeboten wird, während die 250 Gramm Variante in einem 350-Gramm-Becher geliefert wird, der oben einen deutlichen Freiraum lässt, also nur zu gut zwei Dritteln gefüllt erscheint. Die Teilnehmer einer entsprechenden Studie waren auch in diesem Fall durchaus bereit, »mehr für weniger« zu bezahlen.[123]

Um zu verstehen, warum Menschen diese unvorteilhaften Weniger-ist-mehr-Entscheidungen treffen, erinnern wir uns an unsere Diskussionen über Relativität im ersten Teil des Buches. Es fällt Menschen schwer, Urteile zu fällen, wenn sie dafür keinen Referenzpunkt beziehungsweise keine vorgegebene Skala haben. Ein Grund dafür ist die »Evaluability Hypothesis« (Evaluierbarkeitshypothese), die besagt, dass, wenn wir etwas isoliert bewerten, unsere Einschätzungen davon beeinflusst werden, wie einfach die Attribute zu bewerten sind, und nicht davon, wie wichtig diese Attribute sind. Wenn die Situation uns nicht erlaubt, etwas »im Vergleich zu etwas anderem« zu bewerten, dann richtet sich unsere Aufmerksamkeit auf das, was uns direkt ins Auge fällt und was wir leicht begreifen. Oder wir fokussieren uns auf das, was in diesem Angebot fehlt. Die Athleten, die Bronzemedaillen gewonnen haben, sind glücklich, weil die ihnen folgenden Viertplatzierten bei den Olympischen Spielen keine Medaille erhielten. Aber diejenigen, die Silber gewonnen haben, sind enttäuscht, weil jemand anderes Gold gewonnen hat.[124] In ähnlicher Weise hat die Kundin in der Eisdiele das unbewusste Gefühl, mehr zu bekommen, wenn sie sieht, dass der kleine Becher randvoll ist und fast überquillt, fühlt sich aber irgendwie betrogen, wenn der große 350-Gramm-Becher nur zu gut zwei Dritteln gefüllt ist, selbst wenn dieser Behälter doch tatsächlich rund 25 Prozent mehr Eis enthält als der kleine Behälter.

Wenn visuelle oder sensorische Signale fehlen, dann reicht auch eine anschauliche Sprache aus, um die Wahrnehmung einer Person mit einer weniger vorteilhaften Option in die Irre zu leiten. Stellen Sie sich vor, Sie suchen für Ihr Laufteam, das Ihr Unternehmen bei einem Fünf-Kilometer-Lauf zugunsten einer lokalen Wohltätigkeitsorganisation vertreten soll, noch nach einem weiteren Läufer.

»Also gut, wir hatten gestern einen Trainingslauf«, sagt einer Ihrer Kollegen. »Kerry wurde Zweite, aber Kris wurde Vorletzte.« Aufgrund dieser

Information würden Sie wahrscheinlich Kerry darum bitten, Ihr Team zu vervollständigen. Was Ihr Kollege Ihnen jedoch nicht gesagt hat, ist, dass Kerry und Kris die beiden einzigen Teilnehmer besagten Trainingslaufs waren. Kerry wurde also sowohl Zweiter als auch Letzter. Kris wurde Erste, aber technisch gesehen eben auch Vorletzte.[125]

Was bedeutet das alles nun für die Frage, ob man sich für oder gegen eine Bündelung entscheiden soll? Es zeigt uns, dass Käufer durch den relativen Wert der Einzelkomponenten einer Bündelung beeinflusst werden. Innerhalb einer Bündelung wird ein zusätzliches Produkt oder eine zusätzliche Dienstleistung, die die gesetzten Erwartungen übertrifft oder außerordentlich attraktiv erscheint, die Bündelung als Ganzes aufwerten. Genauso wird ein in dieser Bündelung enthaltener Artikel, der hinter den Erwartungen zurückbleibt, den Werteindruck der gesamten Bündelung mindern, selbst wenn dieser Einzelartikel für sich alleine betrachtet einen Wert hat..

Christopher Hsee, Professor of Behavioral Science and Marketing an der University of Chicago, führte ein Experiment durch, das diese Aussage verdeutlicht. Die Teilnehmer schätzten den Wert eines kompletten 24-teiligen Tafelgeschirrs höher ein als Geschirrset aus 31 Teilen, das sowohl das komplette Tafelgeschirr sowie sieben weitere Teile enthielt, von denen einige vollkommen in Ordnung, einige andere aber zerbrochen waren. Das in sich geschlossene kleinere, aber intakte Tafelgeschirr empfanden die Befragten als attraktiver als das größere Paket, das zusätzliche Teile enthielt, von denen einige tadellos gewesen wären.[126]

Sehr teure Waren sollten nicht mit billigen Gegenständen gebündelt werden. Ein weiteres Ergebnis dieses Forschungsfelds ist die Empfehlung, dass Verkäufer keine billigen Artikel mit teuren Waren bündeln sollten. Der Geist des Homo oeconomicus würde diese Aussage für unlogisch halten, da selbstverständlich auch billige Dinge einen Zusatznutzen darstellen. Wie kann der einer Bündelung hinzugefügte Mehrwert, selbst wenn es sich nur um einen kleinen Betrag handelt, dann den Werteindruck des gesamten Angebotes mindern?

Angenommen, Sie haben die Wahl zwischen dem Kauf eines Heimtrainers oder einer Mitgliedschaft in einem Fitnessstudio. Wäre der Heimtrainer nicht sofort attraktiver, wenn zusätzlich eine Fitnessapp inklusive wäre? Alexander Chernev von der Northwestern University und Aaron Brough von der Pepperdine University testeten diese Idee in fünf verschiedenen Experimenten – vor über zehn Jahren noch mit den damals gängigen DVDs anstatt der App. Sie fanden heraus, dass »die Kombination von teuren und billigen Produkten eher zu subtraktiven als zu additiven Urteilen führen kann, sodass die Verbraucher für die Kombination weniger zu bezahlen bereit sind als für das teure Produkt allein«.[127] Im Fall des Heimtrainers und der Mitgliedschaft im Fitnessstudio sank beispielsweise die Zahl der Befragten, die sich für den Heimtrainer entschieden, um 31 Prozent, wenn er zusammen mit der Fitness-DVD angeboten wurde.[128] Wie sich das erklären lässt? Menschen teilen die Komponenten einer Bündelung grob in qualitative Kategorien wie teuer, günstig, billig ein und bilden dann einen ungewichteten Durchschnitt aus diesen Kategorisierungen. Im Beispiel des Heimtrainers führen das Gerät (teuer) und die DVD (billig) im Durchschnitt zu einer geringeren Nettobewertung im Vergleich zur Mitgliedschaft in einem Fitnessstudio.

Der ultimative Test für eine Angebotsbündelung ist die Frage, ob eine Kombination von Produkten und Leistungen sowohl für Ihre Kunden als auch für Sie von Vorteil ist. Nur weil Sie theoretisch einige Ihrer Produkte bündeln könnten, heißt das noch lange nicht, dass ein solches Paket diesen Test besteht. Sie sollten sich übrigens weder der Illusion hingeben, dass Bündelungen Müllhalden für minderwertige Waren sind, noch dass sie als letzter Versuch taugen, Ihre Ladenhüter doch noch an den Mann oder die Frau zu bringen.

Gut gemachte Bündelungen erleichtern Kaufentscheidungen. Sie verleihen Ihren Angeboten außerdem ein gewisses Alleinstellungsmerkmal. Weil der Käufer ein solches Angebotspaket nicht direkt und ungewichtet mit konkurrierenden Angeboten vergleichen kann, wird es für ihn schwieriger, nur auf Basis von Preisunterschieden zu entscheiden. Bündelungen sind daneben auch gute Gelegenheiten für Upselling-Aktivitäten. Ihr Controller wird allerdings darauf hinweisen, dass Bündelungen leicht zu einer niedrigeren prozentualen Marge führen, Ihren Gewinn in absoluten Zahlen aber erheblich steigern können. Je höher Ihre Fixkosten jedoch sind, desto weniger dramatisch werden die Auswirkungen auf die Höhe Ihrer Prozentmarge ausfallen.

Aufsplittung: Kern oder Kosten? Das ist hier die Frage

Es ist verlockend, *Bündelung* und *Entkoppelung* als zwei Seiten derselben Medaille oder als zwei entgegengesetzte Richtungen innerhalb desselben Spektrums zu betrachten. Dies ist jedoch nur zum Teil richtig. Ausschlaggebend für die Entscheidung, eine Produktbündelung oder ein Paket aus Produkten und Leistungen aufzubrechen, sind folgende Fragen: Welche der in dem betreffenden Pauschalangebot enthaltenen Komponenten gehören zu Ihrem ureigenen Kerngeschäft? Wie sieht die weitere Marktentwicklung für die Elemente aus, die nicht zum Kerngeschäft gehören? Erwarten wir eine Periode mit stabilen oder eher volatilen Kosten?

Beginnen wir mit der Frage, welche Produkte, Produktkomponenten oder Leistungen zu Ihrem Kerngeschäft gehören und welche Ihrer Aktivitäten *nicht* dazu gehören. Das ist eindeutig eine der wichtigsten strategischen Fragen für jedes Unternehmen. Eine ausführliche Beantwortung würde allerdings den Rahmen dieses Buches sprengen. Da es uns an dieser Stelle ja auch »nur« um die Beeinflussung von Kaufentscheidungen im Allgemeinen und den Nutzen von Aufschlüsselungen im Besonderen geht, beschränken wir uns auf eine einfache Antwort: Zu den Nicht-Kerngeschäften zählen all jene Produkte und Leistungen, die Sie selbst einkaufen und verbrauchen, denen Sie aber keinen (proprietären) Mehrwert hinzufügen. Alltägliche Beispiele dafür sind Verpackungskosten, Transportkosten, Lagerkosten oder Aufwendungen für Leistungen von Fremdfirmen, wozu auch Rechtsberatung gehören könnte. Für all diese Randaktivitäten kann die Entflechtung Ihrer Pauschalpreise ein Thema sein. Es kann in bestimmten Situationen sinnvoll sein, dass Ihre Rechnungen Versandkosten separat ausweisen und Sie damit zum Beispiel eine separate Rechnung für die Zusatzkosten einer Eillieferung stellen können. So kann ein vertraglich nicht vereinbarter Extra-Aufwand in voller Höhe an den Kunden weitergereicht werden.

Eine solche Entkoppelung kann einem Unternehmen auch helfen, starke Kostenschwankungen, zum Beispiel im Logistikbereich, abzufangen. Bei vielen dieser Kosten wird es sich vorrangig um Ausgaben handeln, in die Drittfirmen involviert sind, wie zum Beispiel Versandaufträge an entlegene Destinationen oder Auslieferungsfristen, die außerhalb der normalen Arbeitszeiten liegen. Es kann aber auch um Zusatzkosten gehen, die in Ihrem Betrieb entstehen, wenn ein Kunde plötzlich und unerwartet weniger als eine Lkw-Ladung ordert oder sich nicht an Ihre Standardverpackungsgrößen hält. Im Idealfall sollten keine dieser Zusatzkosten an Ihnen hängen bleiben. Ihr Investment, Ihre betrieblichen Ausgaben sollten ausschließlich dazu dienen, zusätzlichen Umsatz und eine anständige Marge zu genieren. Wenn nichtvertragliche Sonderwünsche Ihres Kunden Kosten verursachen, dann kann auch die Erhebung einer entsprechenden Servicegebühr helfen. Manchmal dient die Gebühr allerdings auch nur als erzieherische Maßnahme, weil sie dem Kunden verdeutlicht, welche Extrakosten er tatsächlich verursacht.

Entkoppelungen sind auch dann sinnvoll, wenn Ihr Angebot Merkmale mit wirklich optionalem Charakter enthält. Sie sind schließlich nicht dazu verpflichtet, allen Kunden dasselbe kostenaufwendige All-inclusive-Paket anzubieten, wenn es für Sie gewinnbringender ist, die Kunden selbst entscheiden zu lassen, welche Extras sie benötigen. Ein aufgeschlüsseltes Angebot kann auch ein sehr probates Mittel sein, um das Marktpotenzial bestimmter einzelner Leistungen zu testen oder um Zugang zu neuen Märkten zu gewinnen. Eine größere Bandbreite verschiedener Auswahloptionen führt in diesen Fällen meist zu einer größeren Zahl an Testkäufen im Vergleich zu einem Ansatz, bei dem alle – neuen und alten – Komponenten in ein einziges Paket gepackt und mit einem Pauschalpreis versehen werden.

Schließlich kann es vorteilhaft sein, ein Angebot stärker aufzuschlüsseln, wenn ein Kunde auf bestimmte Aspekte des Angebotes fixiert ist und sich weniger für den Preis anderer Komponenten interessiert. Dann sollten die Aspekte, an denen Ihr Kunde – aus welchem Grund auch immer – ein besonderes Interesse hat, unbedingt besonders wettbewerbsfähig sein. Andere Aspekte, die keine oder zumindest weniger Beachtung des Kunden finden, sind in solchen Fällen oft eine gute Gelegenheit, die Marge zu erhöhen.

Nachdem wir das Thema Entkoppelungen für alle Aktivitäten, die nicht zum Kerngeschäft gehören, so positiv beleuchtet haben, kommen wir jetzt zu den Risiken, die wir mit potenziellen Aufschlüsselungen innerhalb Ihres Kerngeschäfts verbinden. Manchmal versuchen Kunden, ihre Lieferanten gegen deren Eigeninteressen zur Entkoppelung ihrer Preisangebote zu *zwingen*. Diese Strategie im Sinne von »Teile und herrsche« verstecken sie hinter der »zwingenden Notwendigkeit von Datentransparenz als Voraussetzung für die Digitalisierung von Prozessen«. Solchen Druck, der auf mehr Datentransparenz abzielt, müssen Verkäufer immer als ein Trojanisches Pferd sehen. Es ist eine Sache, Produktinformationen, die aus betrieblicher Sicht schützenswert sind, im Sinne der Gesetzgebung und Interesse von Verbrauchern dem Kunden zur Verfügung zu stellen. Es ist jedoch etwas anderes, wenn alle Lieferanten gezwungen werden sollen, ihre produktrelevanten Daten in allen Details preiszugeben. Das einkaufende Unternehmen wird der Versuchung nicht widerstehen können, all diese Lieferanteninformationen in einen einmaligen Datensatz zusammenzufassen und zu seinem Vorteil zu nutzen, indem es zum Beispiel neue Standardisierungs- und Automatisierungslösungen darauf aufbaut. Im Ergebnis müssen sich Lieferanten danach den neuen einseitigen »Lösungen« und standardisierten Anforderungen, vor allem auch preislich, anpassen oder sie werden aussortiert. Differenzierende Merkmale machen Ihr Unternehmen einzigartig und verschaffen Ihnen einen Wettbewerbsvorteil sowie höhere Gewinne. Standardisierung ist der Feind von Differenzierung, was wiederum bedeutet, dass Standardisierung der Feind Ihrer Marge ist. Stellen Sie sicher, dass der Preis nicht der einzige Unterschied zwischen Ihnen und Ihren Konkurrenten wird.

Wenn die Antwort auf die Frage »Bündeln oder Entkoppeln?« »beides« lautet

In diesem Beispiel arbeiten Sie für ein Unternehmen im Bereich Gebäudemanagement, das sich auf die professionelle Reinigung großer Gebäude spezialisiert hat. Im Moment basieren alle Ihre Aufträge auf einer einfachen Preiskalkulation: 200 Euro für ein Standardbüro mit 200 Quadratmetern, alles inklusive und für alle Ihre Kunden, um wen es sich auch immer handeln mag.

Bei aller Einfachheit dieser Kalkulation haben Sie feststellen müssen, dass die Nachteile eines solchen Pauschalpreises überwiegen. Manche Ihrer potenziellen Kunden können nämlich sehr kreativ werden, wenn es darum geht, Anfragen nach einem Preisnachlass zu begründen. Manchmal kommen sie mit dem Argument, dass ihre Büroräume nur spärlich möbliert und deshalb auch unkompliziert zu reinigen seien. Andere weisen darauf hin, dass ihr Mobiliar pflegeleicht sei. Und wieder andere Kunden nehmen Ihren Pauschalpreis zum Anlass, lange Listen mit spezifischen Zusatzanforderungen an das Reinigungspersonal anzufertigen, ein Versuch, möglichst viel Leistung für wenig Geld zu bekommen.

Der Begriff »all-inclusive« erweckt den Eindruck, dass Sie eine Bündelung anbieten, aber im oben beschriebenen Sinne ist ein solches All-inclusive-Angebot kein echtes Bündel. Es erleichtert dem Kunden nicht die Kaufentscheidung. Es macht weder Ihr Geschäft noch das Ihrer Kunden effizienter. Es macht den Preis zum einzigen Unterscheidungsmerkmal Ihres Wertangebots. Es lässt Ihnen keinen Spielraum für Upselling oder andere Techniken zur Beeinflussung der Kaufentscheidung.

Allein schon die Variabilität der mit dem Reinigungsservice verbundenen Kosten macht das vorliegende All-inclusive-Paket zu einem erstklassigen Kandidaten für mehr Aufschlüsselung. Denn Kundenstandorte in städtischen Industriegebieten können nicht nur wegen der Entfernung, sondern auch wegen des Berufsverkehrs schwer zu erreichen sein. Und um Spezialaufträge der Kunden fachgerecht auszuführen, werden vielleicht teurere Reinigungsmittel oder besondere Geräte benötigt. Solche

ALTES ANGEBOT   NEUES ANGEBOT

PROFESSIONELLE REINIGUNG

€**200**⁰⁰

*all inclusive
für ein Standardbüro
von 200 qm*

★
BASISPAKET
Eine saubere Sache

- Zwei Reinigungskräfte für zwei Stunden
- Fixpreis €80
- Vordefinierter Leistungskatalog
- Nur innerstädtisch
- Kunde stellt Reinigungsmaterialien nach Vereinbarung
- **Fest vereinbarte Termine (9-17 Uhr)**

€**80**⁰⁰

Fixpreis

★★
STANDARDPAKET
Blitzblank

- €25/h je Reinigungskraft
- Größe des Reinigungsteams, abhängig von Bürofläche und vereinbartem Leistungsumfang
- Inklusive Anreise
- Maximale Teamgröße: 5
- Inklusive professioneller Reinigungsmarken
- **Flexibler Zeitplan, nach Verfügbarkeit**

€**25**⁰⁰**/Std**

★★★
VIP PAKET
Sauberkeit in Perfektion

- €40/h je Reinigungskraft, Quartalsabrechnung
- Größe des Reinigungsteams, abhängig von Bürofläche und vereinbartem Leistungsumfang
- Inklusive Anreise
- Maximale Teamgröße: 5
- Inklusive professioneller Reinigungsmarken
- **Nachtschichten möglich**

€**40**⁰⁰**/Std**

Plus À-la-carte-Auswahl an Sonderleistungen
(z.B. Abfalltüten und Mülleimer, Teppichtiefenreinigung, Fensterreinigung)

Abbildung 17.2: Ein Gebäudemanagementunternehmen macht seine Angebot attraktiver und differenzierter, indem es sein All-inclusive-Angebot bündelt und entkoppelt.

Zusatzkosten können die im Pauschalpreis einkalkulierte Gewinnspanne schnell aufzehren.

Abbildung 17.2 zeigt in einem Vorher-Nachher-Konzept, wie eine Reinigungsfirma die Vorteile von Bündelung und Entkopplung gleichzeitig nutzen könnte, um für eine größere Zahl an Kunden attraktiver zu werden. Der Plan ist, es den Kunden leichter zu machen, ein Angebot auszuwählen, das ihren Bedürfnissen entspricht, ohne dass sie zu viel Zeit darauf verwenden müssen, ihr Servicepaket Punkt für Punkt selbst zusammenzustellen.

Die ursprüngliche Motivation hinter dem alten Angebot war Einfachheit und Klarheit. Das Unternehmen wählte eine schöne runde Zahl für den Preis (200 Euro), die ihnen als ein guter Durchschnittspreis für eine professionelle Reinigung erschien. Das Unternehmen war auch der Meinung, dass es einen Anker gesetzt habe, an dem sich Verhandlungen orientieren konnten. Allerdings versteckten sich stark variable Kosten hinter dieser sehr einfachen Preisgestaltung. Und ein Denkfehler: Die Magie der Preisdifferenzierung liegt in der Varianz der Kunden und nicht in deren Durchschnitt. Der angemessene Preis für einen kleinen, in einem Industriegebiet angesiedelten Kunden mit eher bescheidenem Reinigungsbedarf und der für eine hochkarätige Anwaltskanzlei in der Innenstadt angemessene Preis mögen im Durchschnitt bei 200 Euro liegen. Die tatsächlich mit der Ausführung dieser beiden Aufträge verbundenen Kosten könnten jedoch, genau wie die Qualitätserwartungen dieser Kunden, kaum unterschiedlicher sein.

Das neue Konzept in Abbildung 17.2 ermöglicht es den Kunden nun, das von ihnen gewünschte Dienstleistungsniveau selbst zu bestimmen. Sie können das Angebot auswählen, mit dem sie sich am wohlsten fühlen. Die Konditionen in den einzelnen Menüs tragen dazu bei, dass auf der einen Seite die Kosten beim Anbieter nicht explodieren und auf der anderen Seite die Servicequalität nicht leidet, wenn ein Kunde sehr anspruchsvoll ist. Und selbst wenn Interessenten versuchen, das Angebot zu verhandeln, hat der Anbieter eine bessere Ausgangsbasis mit mehr Verhandlungsoptionen und natürlich ... einem Anker.

Kapitel 18

Ein Sandwich als Köder

In den meisten Dienstleistungsbranchen sind Trinkgelder eine wichtige gehaltsergänzende Einnahmequelle. Das gilt auch für Taxifahrten, bei denen die Fahrgäste den Fahrpreis bei Barzahlung üblicherweise aufrunden.

Früher erhielten die Fahrer in New York City auf diesem Wege etwa 10 Prozent an Trinkgeldern. Im Jahr 2007 begann eine neue Ära, als die New Yorker Taxiunternehmen anfingen, in ihren Taxis Kreditkartenlesegeräte zu installieren. 2009 waren die Lesegeräte flächendeckend eingeführt und machten rund ein Drittel der Zahlungen aus. Drei Jahre später, im Januar 2012, entfielen schon 55 Prozent der Bruttoeinnahmen der Taxiunternehmen auf Kreditkartentransaktionen.[129] Gleichzeitig waren auch die Umsätze insgesamt deutlich gestiegen. Ein Grund für diesen Erfolg lag darin, dass die Verwendung einer Kreditkarte die Hemmschwelle beim Einkaufen senkt.[130] Mit Bargeld zu arbeiten ist dagegen eher mühsam, man muss regelmäßig zum Geldautomaten gehen und sucht ständig nach passendem Kleingeld. Psychologisch wird das Barzahlen also stärker als eine Geldausgabe wahrgenommen. Kartenzahlungen dagegen schaffen Distanz. In dem Moment, indem man seine Karte einfach nur kurz an eine Maschine hält, denkt man weniger über die eigentliche Geldausgabe nach. Mehr Geld auszugeben, fällt deshalb leichter.

Ein anderer Mechanismus, der zusammen mit der Kartenzahlung eingeführt wurde, hat nicht nur einen nachhaltig positiven Effekt für die Taxifahrer selbst, sondern dient auch als wegweisendes Beispiel dafür, wie Kaufentscheidungen generell beeinflusst werden können. Anstatt es den Fahrgästen selbst zu überlassen, ein angemessenes Trinkgeld auszurechnen, werden seitdem auf dem Display des Kreditkartenlesegeräts drei vordefinierte Trinkgeldbeträge vorgeschlagen. Für kürzere Fahrten werden diese in absoluten Dollarbeträgen und für längere Fahrten in Prozentsätzen – in der Regel 15, 20 und 25 Prozent – angegeben.

Lassen Sie uns an dieser Stelle kurz unterbrechen und Ihre Meinung einholen. Vor der Einführung von Kartenlesegeräten erhielten New Yorker Taxifahrer ein durchschnittliches Trinkgeld von etwa 10 Prozent pro Fahrt. Was denken Sie? Wie entwickelte sich der durchschnittliche Trinkgeldbetrag, als den Fahrgästen mithilfe von »Nudges« (kleinen Gedankenschubsern) direkt auf den Kartenlesegräten unterschiedliche Trinkgeldbeträge vorgeschlagen wurden?

a. Der Betrag blieb gleich.

b. Er stieg auf 15 Prozent an.

c. Er stieg auf 18 Prozent an.

d. Er stieg auf mehr als 20 Prozent an.

Bevor wir die Frage auflösen, lassen Sie uns zunächst das zugrunde liegende allgemeingültige Prinzip erläutern, das üblicherweise als *Sandwich-Effekt* (Power of 3) bezeichnet wird. Es fällt Menschen generell eher schwer, Qualität einzuschätzen. Sie haben keinen inneren allgemeingültigen Maßstab, den sie regelmäßig für ihre Bewertungen heranziehen können. Wenn sie dann zwischen mehreren Optionen wählen sollen, neigen sie dazu, sich für die »goldene« oder »magische« Mitte zu entscheiden. Wie Itamar Simonson und Amos Tversky in ihrer Arbeit zu diesem Thema feststellten, haben diese Entscheidungen weniger mit den tatsächlichen Vorzügen des mittleren Angebots zu tun als vielmehr mit dem, was beide Autoren als »Aversion gegen Extreme« bezeichnen. Die Entscheidungen, die Verbraucher treffen, werden »oft durch den Kontext beeinflusst, der durch die Menge der infrage kommenden Alternativen definiert ist«, schreiben sie. »[D]ie Attraktivität einer Option wird erhöht, wenn es sich um eine mittlere Option in der Menge der zur Auswahl stehenden Wahlmöglichkeiten handelt, und sie wird verringert, wenn es sich um eine extreme Option handelt.«[131]

Wie stark dieser Effekt ist, hängt jedoch von mehreren Faktoren ab. Je seltener jemand ein Produkt kauft, desto wahrscheinlicher ist es, dass er auf das mittlere Produkt mit dem mittleren Preis zugreift, denn diese Lösung vereinfacht seine Entscheidungsfindung und reduziert seine Recherchekosten. Es macht sogar einen Unterschied, wie der Kunde die Angebotsinformationen räumlich sieht. Davon ausgehend, dass Menschen die mittlere Option in einem vorgegebenen Set bevorzugen, haben die taiwanesischen Forscher Chung-Chau Chang und Hsin-Hsien Liu belegt, dass eine Angebotsarchitektur, die in ihren Eigenschaften stimmig ist, die mittlere Option auffälliger und attraktiver macht. Konkret stellten die beiden Forscher fest, dass die mittlere Option attraktiver wird, wenn sie in der Mitte präsentiert wird, und dass sie attraktiver wird, wenn der Käufer alle Optionen zusammen und nicht einzeln sieht.[132] Eine spätere Studie, in der den Optionen auch Preise hinzugefügt wurden, ergänzte, dass die Wahl der mittleren Option von ihrer räumlichen Präsentation beeinflusst wird und nicht von einer Aversion gegen Extreme oder dem damit verbundenen Konzept des Kompromisseffekts, der besagt, dass Menschen zu einer mittleren Option tendieren, wenn diese als Mitte zwischen zwei Extremen erscheint.[133]

Die Trinkgelder in den New Yorker Taxis sind ein immer noch andauernder Feldversuch und Beweis dafür, dass dieser Sandwich-Effekt existiert und nachhaltig wirkt. Wie lautet also die Antwort auf unsere Frage? Sie lautet 18 Prozent, was ungefähr einer Verdoppelung der Trinkgelder entspricht und eine sehr gute Annäherung an die mittlere der drei Optionen, die den Kunden angeboten werden, darstellt.[134] [135]

Die praktische Konsequenz aus diesen Studien für einen Verkäufer sieht so aus: Wenn Sie einem Kunden ein bestimmtes Angebot schmackhaft machen wollen, dann unterbreiten Sie dieses Angebot nicht als Solo-Offerte und nicht als die alleinige bestmögliche Lösung. Denken Sie daran, dass es bei der fortgeschrittenen Version des unsichtbaren Spiels nicht nur darum geht, einfach eine Auswahl anzubieten. Es geht darum, Kaufentscheidungen subtil zu beeinflussen. Das gelingt am besten, wenn Sie dem Kunden drei Alternativen anbieten, um seine Augen und Aufmerksamkeit auf die Option zu lenken, die Sie in der Mitte platziert haben. Die Botschaft in Abbildung 18.1 würden wir wie folgt zusammenfassen: Wenn Sie mehr Hühnchen mit Reis verkaufen wollen, fokussieren Sie sich nicht auf das Hühnchen mit Reis, sondern bieten Sie ein Schnitzel mit Pommes an!

Abbildung 18.1: Wenn auf einer Menükarte ein drittes, höherpreisiges Gericht hinzugefügt wird, erhöht das die Attraktivität der Option, die damit in der Mitte platziert ist und nicht mehr als die teuerste Wahl erscheint.

Dieser Mechanismus ist nicht auf die Ansprache von privaten Verbrauchern beschränkt. Er wirkt immer und überall. Er funktioniert sogar am besten in komplexen Verkaufssituationen, in denen ein Einkäufer mit (zu) vielen Informationen konfrontiert wird oder unter künstlichem Stress, zum Beispiel durch Zeitdruck, steht. Durch die Präsentation von drei Alternativen lenken und vereinfachen Sie seine Entscheidungsfindung.

Anziehungskräfte = Ködereffekte

Stellen Sie sich vor, Sie wollen einen neuen Datenanalysten für Ihr Unternehmen einstellen. Sie brauchen jemanden, der in der Lage ist, eine große Anzahl komplexer Datensätze und Tabellen zu verarbeiten, zusammenzufassen und die Ergebnisse korrekt zu interpretieren. Es gibt eine große Resonanz auf Ihre Online-Stellenanzeige. Ihre HR-Kollegin hilft Ihnen, die Bewerberliste auf zwei Kandidaten einzugrenzen: Skyler, einen frisch gebackenen MBA-Absolventen einer renommierten Business School aus dem Osten der USA, und Taylor, einen promovierten Physiker von einer angesehenen Universität im Mittleren Westen. Aufgrund der unterschiedlichen Hintergründe und der persönlichen Vor- und Nachteile der Bewerber fällt Ihnen die Wahl nicht leicht. Während Skyler vor seinem Studium an der Business School schon viel Berufserfahrung gesammelt hat, möchte Taylor erst jetzt den Sprung von der Wissenschaft in die Industrie wagen. Die Chemie hat mit beiden Bewerbern gestimmt, und Sie sind überzeugt, dass beide hervorragende Arbeit leisten und Ihr Team bereichern würden.

Das einzige verbleibende, beide Bewerber differenzierende Kriterium könnten deren Gehaltsvorstellungen sein. Aber selbst das hilft Ihnen weniger als erwartet. Skyler wünscht sich ein Jahresgehalt von 130.000 US-Dollar und Taylor spricht von etwa 140.000 US-Dollar. Das würde vielleicht eher für Skyler sprechen. Die Entscheidung fällt Ihnen trotzdem schwer und Sie bitten beide Kandidaten um etwas Geduld.

Am nächsten Tag bringt Ihnen Ihre HR-Kollegin eine weitere Bewerbung, die nach der ersten Vorauswahl eingegangen ist. Dieser neue Bewerber, Jordan, hat gerade an einer guten Universität im Mittleren Westen der USA in Physik promoviert. Sie interviewen Jordan und sind sehr beeindruckt. Jetzt haben Sie plötzlich drei Kandidaten, die Ihnen gleich stark erscheinen. Am Ende des Gesprächs mit Jordan stellen Sie wiederum die Frage aller Fragen, die Ihnen hoffentlich bei der Entscheidung helfen wird:

»Was sind Ihre Gehaltsvorstellungen, Jordan?«

»Zunächst möchte ich mich bei Ihnen für das Gespräch bedanken. Mir gefällt die Atmosphäre hier, und ich hoffe, dass ich die Chance bekomme, hier zu arbeiten«, sagt Jordan. Dann folgt die Überraschung. Jordan verweist auf seinen frisch erworbenen Doktortitel in Physik und sein breit gefächertes Fachwissen und sagt ruhig und aus voller Überzeugung: »Mit weniger als 300.000 US-Dollar im Jahr kann ich mich nicht zufriedengeben.«

Sie lassen die Zahl auf sich wirken und nicken ein paar Mal freundlich.

»Danke, Jordan, wir melden uns in Kürze bei Ihnen. Meine HR-Kollegin wird Sie hinausbegleiten.«

Ihre HR-Kollegin kommt ein paar Minuten später zurück, lehnt sich am Türrahmen an und sieht Sie schmunzelnd an: »Und ...?«

Der Gedanke an den Schluss des Gesprächs mit Jordan lässt Sie genauso schmunzelnd antworten. Ihre Entscheidung ist gefallen.

»Taylor bekommt den Job. Ich werde ihn heute Nachmittag noch anrufen«, sagen Sie. »Machen Sie bitte schon mal den Vertrag fertig.«

Auch wenn er keinerlei Chance hatte, den Job zu bekommen, hat Ihnen Jordan, ohne es zu wissen, bei der Entscheidung geholfen. Seine Gehaltsvorstellungen ließen Sie einen Doktortitel in Physik im Vergleich zu einem anderen Hochschulabschluss wie einem MBA anders bewerten. Jordan wurde unwissentlich zu dem, was Wissenschaftler einen »Decoy« (Köder) nennen. Wenn zwei Optionen gleichwertig erscheinen, kann die Einführung einer dritten Option jemanden in die Lage versetzen, zwischen den beiden ansonsten gleichen Optionen zu unterscheiden und eine Entscheidung zu treffen.

Decoys können Kaufentscheidungen auf ganz unterschiedliche Arten beeinflussen. Die Ironie dabei ist, dass man sein Portfolio stärken und seinen Umsatz steigern kann, indem man ein Produkt ins Portfolio nimmt, das niemand wirklich kaufen will. Schauen wir uns gemeinsam ein Beispiel von einem Unternehmen mit einem technisch anspruchsvollen Portfolio an. GrindKlemp, ein Hersteller von industriellen Verpackungsmaschinen, arbeitete jahrelang mit vier Angebotsoptionen. Die vier Maschinentypen – die Modelle der A-, B-, C- und D-Serie – adressierten unterschiedliche Marktsegmente und machten das Unternehmen zum Technologieführer mit einem ansehnlichen Marktanteil.[136] Die Maschinen unterschieden sich in zwei wesentlichen Merkmalen, nämlich dem eigentlichen Produktformat und den pro Minute produzierten Teilen. Das Format bezog sich darauf, ob die Maschine entweder Pulver, Gel oder eine Kombination aus beidem in versiegelte Kunststoffkapseln abfüllte. Beide Produktformen waren auf dem Markt gefragt, auch wenn Gel die neuere Technologie war. Tabelle 18.1 zeigt die Standardpreise und die Spezifikationen, die vom Spitzenmodell D über das meistverkaufte Mittelklassemodell C bis hin zum Basismodell A reichen. Teile pro Minute bezieht sich auf die Anzahl der pro Minute gefertigten Kapseln.

Modell	Format	Teile pro Minute	Preis in Euro (Millionen)
D	Gel und Pulver	100	11,5
C	Gel und Pulver	97	6,0
B	Nur Gel	95	5,2
A	Nur Pulver	80	3,0

Tabelle 18.1: Die Spezifikationen und Listenpreise der industriellen GrindKlemp-Verpackungsmaschinen.

Als die Venture-Capital-Tochter von Chicago Entrepreneurs, Inc. (CEI) GrindKlemp kaufte, suchte der neue Eigentümer nach Einsparungsmöglichkeiten und schlug vor, das Portfolio von vier auf drei Modelle zu reduzieren. Eine Streichung des B-Modells erschien ihnen als ideale Sparmaßnahme. Die dort angebotenen Funktionen schienen nicht so recht zum Preis zu passen, und das Modell trug nur etwa 3 Prozent zum Umsatz des Unternehmens bei. Es schien ein klarer Fall zu sein. Es war schwierig, gegen die Kostensituation dieses Modells und die Verkaufszahlen des B-Modells zu argumentieren, ganz zu schweigen davon, welche Vorteile sich in puncto Marketing und Service aus der Konzentration auf drei Modelle ergeben würden.

»Das wäre wahrscheinlich der größte Fehler, den Sie machen könnten«, sagte jemand aus dem alten GrindKlemp-Team in der Sitzung, in der die neuen Eigentümer vorschlugen, das B-Modell abzuschaffen. Es handelte sich um eine regionale Vertriebsmitarbeiterin, die Chicago Entrepreneurs nach der Übernahme in ihrer Position belassen hatte.

»Das klingt interessant. Würden Sie uns das näher erklären?«, fragte der Teamleiter.

Hier ist die Geschichte, die die Vertriebsmitarbeiterin erzählte: Grind-Klemp hatte schon zwei Jahre zuvor erwogen, das B-Modell aufzugeben. Man beschloss, das Portfolio mit und ohne B-Modell in einigen Regionen zu testen, um zu sehen, wie sich eine Streichung auswirken würde.

»Einer dieser regionalen Märkte war meiner«, sagte die Verkäuferin. »Als wir das B-Modell vom Markt nahmen, stellten wir fest, dass die potenziellen Käufer mehr zum Kauf des billigeren A-Modells tendierten und Ihnen das C-Modell, unsere bis dato meistverkaufte Maschine, weniger attraktiv erschien. Das B-Modell erwies sich damit als ein sehr effektiver Decoy. Wir haben es im Portfolio behalten, weil es das C-Modell so viel attraktiver erscheinen lässt. Wir haben das auch nochmal durchkalkuliert. Tatsächlich gleichen die aus dem Verkauf von mehr C-Modellen erzielten Mehreinnahmen die Kosten für unser Festhalten am B-Modell mehr als aus.«

Joel Huber, John Payne und Christopher Puto von der Duke University dokumentierten erstmals diese Art von Ködereffekten, die auftreten, wenn ein Element in einer Menge »asymmetrisch von einem Element in der Menge dominiert wird, aber nicht von einem anderen«.[137] In einer ihrer Studien hatten die Teilnehmer die Wahl zwischen einem mit fünf Sternen bewerteten Restaurant, das 25 Autominuten entfernt lag, und einem mit drei Sternen bewerteten Restaurant, das nur fünf Minuten entfernt war. Als die Wissenschaftler eine dritte Option einführten – ein mit fünf Sternen bewertetes Restaurant mit einer Fahrzeit von 35 Minuten – tendierten die Studienteilnehmer im Durchschnitt dazu, das mit fünf Sternen bewertete Restaurant in 25 Fahrminuten Entfernung zu bevorzugen.

Dies entspricht der Erfahrung von GrindKlemp. Tatsächlich hatte die Platzierung des B-Modells im Portfolio nicht das Ziel, Kunden zum Kauf zu bewegen, sondern rein strategischen Charakter. Die Rolle des B-Modells war es, das C-Modell noch stärker hervorzuheben und attraktiver erscheinen zu lassen, als es rein objektiv gerechtfertigt wäre. Die Forscher der Duke University schrieben: »Das Hinzufügen einer solchen Alternative zu einer Auswahl kann die Wahrscheinlichkeit erhöhen, dass das Produkt gewählt wird, das das Wahlset dominiert. Dieses Ergebnis zeigt auf, dass viele aktuelle Auswahlmodelle unzureichend sind, und legt Produktlinienstrategien nahe, die sonst vielleicht nicht intuitiv einleuchten würden.«

Der Sandwich- und der Ködereffekt sind Konzepte, die sich ergänzen und nicht widersprechen: Wenn das Verhältnis zwischen den drei Optionen ausgeglichen oder symmetrisch ist, tendieren die Menschen natürlicherweise zur goldenen Mitte. Wenn das Verhältnis zwischen den drei Optionen jedoch unausgewogen oder asymmetrisch ist, neigen sie dazu, die Option zu bevorzugen, die durch die Asymmetrie am meisten begünstigt wird. Obwohl die Studie der Duke-Forscher bereits 40 Jahre zurückliegt, sind ihre Ergebnisse noch immer eine bisher weitgehend unentdeckte Goldmine, deren Nutzen insbesondere für die Gestaltung von B2B-Portfolios unterschätzt wird. Vielen Key-Account-Managern und Vertriebsmitarbeitern ist gar nicht bewusst, dass sich Einkäufer mit all den Entscheidungen, die sie täglich treffen müssen, schwer tun könnten und dass Sandwich- oder Ködereffekte ihnen die Entscheidung erleichtern.

Entscheidungsarchitekturen, die mit Ködereffekten arbeiten, bauen meist auf starke mentale Anreize wie Verlustängste, einen kurzfristigen Nutzen oder die Magie der Null. Wie Sie Sandwich- und Ködereffekte genau einsetzen, hängt vom Einzelfall ab. Sie kennen Ihre Kunden und Ihren Markt am besten. Überlegen Sie deshalb, welche Sandwich- und Ködereffekte in Ihrem Fall wirken könnten, um die Augen und das Interesse Ihrer Kunden auf das Angebot zu lenken, das *Sie* wirklich verkaufen *wollen*. Diese Techniken werden vielleicht nicht in jedem Fall funktionieren, aber auf Dauer wird sich das Blatt zu Ihren Gunsten wenden.

Kapitel 19

Die unsichtbare Kraft der kleinen Schritte

D ie Idee, sich smarte Entscheidungsstrukturen auszudenken oder sich die »unwiderstehliche Kraft des Hier und Jetzt« zunutze zu machen, gelten im Allgemeinen als besonders faszinierend, weil mit diesen Konzepten spannende intellektuelle Herausforderungen verbunden sind. Weniger prominent, aber nicht weniger effektiv sind all die kleinen Dinge, mit denen man Machtverhältnisse verschieben oder die Wahrnehmung anderer Spieler verändern kann. Die Wirkung, die diese kleinen, eher unscheinbaren Schritte erzielen, mag nicht sofort ersichtlich sein, aber konsequent angewendet stärken sie langfristig jede Kundenbeziehung.

Drei dieser »kleinen Effekte« stellen wir in diesem Kapitel vor.

Die Handlungsfreiheit der anderen Verhandlungspartei einschränken

Ein Beispiel dafür, wie eine Verhandlungspartei den Spielraum der anderen einschränken kann, ist das Setzen einer Verhandlungsfrist. Wenn eine Partei sagt »Wir müssen bis Ende dieser Woche zum Abschluss der Verhandlung kommen«, dann beschränkt sie damit direkt die Handlungsfreiheit des anderen Spielers. Warum ist das so? Diese Form der Einschränkung und besonders alle plötzlich gestellten *neuen* Anforderungen sind effektive administrative und organisatorische Hürden, die die andere Verhandlungspartei zunächst einmal verarbeiten muss, indem sie zum Beispiel den eigenen Zeitplan umstellt und das weitere Vorgehen neu priorisiert. Seien wir ehrlich: Für die Verhandlung mit einem spezifischen Kunden oder auch Lieferanten stehen in den allermeisten Organisationen und Teams nur begrenzte Ressourcen zur Verfügung. Je mehr unerwartete Vorgaben in das Geschehen eingebracht werden, desto eher kommt es deshalb zu unbewussten mentalen Ermüdungserscheinungen auf der Seite, die diese Änderungen hinnehmen muss. Deshalb ist das sicherste Erfolgsrezept für Verhandlungen, bei denen der Einsatz hoch ist, selbst offensiv zu spielen und die andere Partei gar nicht erst zum Zuge kommen zu lassen. Das bedeutet, dass man von Anfang an so viel Kontrolle wie möglich über das Spielfeld und den Verhandlungsrahmen ausüben muss. Je größer das eigene Ideenspektrum und die eigene innere Handlungsfreiheit ist, desto größer ist auch das Spektrum der eigenen Handlungsmöglichkeiten. Der Spieler, der den anderen einen Schritt voraus ist, kann die Verhandlung in vielen ihrer Variablen proaktiv steuern. Das ist eine erweiterte Form des Neinsagens, für das wir im zweiten Teil des Buches, unter dem Stichwort Preisnachlässe, so engagiert plädiert haben.

Umgeben Sie sich mit starken Verbündeten

Was in der Politik üblich ist, gilt auch für das geschäftliche Umfeld. Es ist besonders »kleineren Spielern« zu empfehlen, ihren Einfluss und ihre Position zu stärken, indem sie Beziehungen zu anderen mächtigen Parteien unterhalten, auf deren Rückendeckung sie im Notfall zählen können.

In Großunternehmen gehört die Unterstützung durch das eigene Top-Management zu den wichtigsten Ressourcen eines jeden Verkäufers. Darüber hinaus ist es sicher hilfreich, auch innerhalb der eigenen und angrenzenden Industrien gut vernetzt zu sein und Kontakte zu Personen mit großem persönlichem Einfluss zu unterhalten. Genauso wichtig wie die Rückendeckung der eigenen Unternehmensführung sind für einen Verkäufer allerdings die persönlichen Beziehungen, die außerhalb seiner direkten Tätigkeit stehen, aber idealerweise bis in die obersten Hierarchien der Kundenorganisation hineinreichen.

Es gibt Verhandlungssituationen, in denen die Tragfähigkeit des eigenen Netzwerks über Erfolg oder Misserfolg entscheiden kann. Ein stabiles Netzwerk innerhalb der eigenen Organisation hat eine starke Innen- und Außenwirkung. Es erhöht die persönliche Autorität bei den Kollegen genauso wie in den Augen der Kunden. Das Unternehmen VoloMetrix untersuchte den E-Mail-Verkehr von Vertriebsmitarbeitern eines großen Unternehmens und kam zu dem Schluss, dass »ein großes und gesundes Netzwerk innerhalb des eigenen Unternehmens« ein wichtiger Erfolgsfaktor ist, der es Verkäufern ermöglicht, »die richtigen Leute mit dem richtigen Fachwissen zur richtigen Zeit am richtigen Ort zu haben«. [138] Darüber hinaus hilft es Verkäufern, ein »ganzheitliches Verständnis dafür zu entwickeln, was das eigene Unternehmen, über die aktuelle Transaktion hinaus, dem Kunden anbieten kann«.

Übrigens, der Auftritt eines gut funktionierenden Teams beeindruckt einen Einkäufer in seiner Bewertung der Kompetenzen und Fähigkeiten des Anbieterunternehmens stärker als eine Einzelleistung des Verkäufers. Aus der Tierwelt kennen wir die Bilder von Primaten, die sich zur vollen Größe aufrichten, um ihre Macht zu demonstrieren, und damit versuchen, einem Konflikt aus dem Wege zu gehen. Auf ähnliche Weise können Verkäufer ihre wahrgenommene »Größe und Autorität« erhöhen, indem sie als Speerspitze eines großen kompetenten Teams und nicht als Einzelkämpfer auftreten.

Wie für alle anderen Empfehlungen in diesem Buch gibt es auch dafür solide wissenschaftliche Beweise. Eine von Kais Forschungsarbeiten befasst sich mit dem »Cheerleader-Effekt« und dem »Banker-Effekt«. Der schon länger bekannte Cheerleader-Effekt beschreibt das Phänomen, dass eine Person auf einem Gruppenfoto für den Betrachter attraktiver wirkt als auf einem Einzelbild. [139] Der Banker-Effekt wurde von Kai und

seinen Forschungskolleginnen Sonja Lehmann und Romy Eisenbichler ent-
deckt.[140] In einer kontrollierten Online-Befragung wurden Testpersonen die
Fotos von denselben Personen – einmal als Teil einer Gruppe und ein
weiteres Mal als Soloaufnahme – gezeigt, mit der Bitte, diese nach verschiedenen Kriterien auf einer Skala von 0 bis 100 zu bewerten. Das
Team fand heraus, dass dieselbe Person, wenn sie in einer Gruppe gezeigt
wurde, nicht nur als attraktiver wahrgenommen wurde, sondern auch als
intelligenter und besserverdienend. Der Banker-Effekt, als ein Indikator
für Erfolg und Karriere, ist keine schlichte Nebenerscheinung des Cheer-
leader-Effekts, wie Sonja Lehmann in einer umfangreichen, multivariaten,
statistischen Analyse nachwies.[141] Verkäufer können daraus folgern, dass
sie mehr Kompetenz ausstrahlen, wenn sie innerhalb einer Gruppe auftreten. Dies gilt gleichermaßen für Offline- und Online-Meetings.

Doch zurück zum Thema Netzwerkqualität. Wie tragfähig ein Netzwerk
sein kann, erleben wir, wenn ein kleineres Anbieterunternehmen einen
»Verbündeten oder Freund« in einer hohen Position innerhalb der Kundenorganisation hat. Das ist eine Situation, in der das unsichtbare Spiel
zur Höchstform aufläuft. Schon die implizite Drohung, man könne, wenn
»etwas schiefläuft«, in der anderen Organisation die Hierarchieleiter hin-
aufklettern, sich beschweren oder einen Gefallen einfordern, verleiht der
kleinen, aber so gut vernetzten Partei eine größere Durchsetzungskraft.
Wir bezeichnen dies als *Scandalizing Power* (Interventionsmacht), weil Einkäufer bei aller sonstigen Härte diese Art von negativer Presse im eigenen Unternehmen meist scheuen. Bei ihnen setzt in diesem Moment eine
System-1-Reaktion ein, die sie davon abhält, etwas zu tun oder eben auch
nicht zu tun, was ihnen und ihrer Karriere vielleicht *innenpolitisch* schaden
könnte. Dies ist ein subtiler Weg, das Handlungsspektrum der anderen
Partei durch persönlichen Einfluss und Autorität einzuschränken und sich
ein ausgeglicheneres Spielfeld zu erarbeiten. Gleichzeitig muss die kleinere Anbieterpartei darauf achten, ihre Trümpfe nicht zu überreizen. Leere
Drohungen und dauerndes Jammern höhlen die Wirkung aus, die schon
die bloße Möglichkeit einer »Intervention an höherer Stelle« ursprünglich
hatte.

Alltagsroutinen, die einen Unterschied machen

Die ersten beiden der beschriebenen kleinen Maßnahmen – den Handlungsraum des anderen einschränken und die Suche nach mächtigen Verbündeten – sind eher strategischer Natur. Sie lassen die dritte Gruppe der »kleinen Schritte« fast banal aussehen, und doch bilden gerade diese Tätigkeiten die Grundlage für wirkungsvolle taktische Manöver. Zu dieser Gruppe gehören die Entscheidung über den Zeitpunkt und die Dauer einer Verhandlung, die Reihenfolge der anstehenden Gesprächsthemen genauso wie das Erstellen einer Agenda und nicht zu vergessen, eine Absprache darüber, wer das Protokoll schreibt. Und natürlich ist in einem physischen Meeting auch die Sitzordnung eine vielfach unterschätzte willkommene Gelegenheit für eine kleine Machtdemonstration. Vielen Verkäufern erscheinen all diese Überlegungen und Tätigkeiten als nichtig. Sie beschreiben sie als unnötig belastende Bürokratie, und wenn sich die Chance ergibt, überlassen sie diese Arbeit gerne der anderen Seite. Aber der Eindruck der Nichtigkeit täuscht. Wenn es darum geht, sich im unsichtbaren Spiel erfolgreich zu positionieren, kann jede dieser Tätigkeiten auf sehr subtile Art und Weise Einfluss auf das Geschehen nehmen.

Wenden wir uns den zwei Aspekten zu, die den gesamten Verlauf der Verhandlung zu Ihren Gunsten beeinflussen können: die Agenda und das Protokoll. Warum sind diese Tätigkeiten so wichtig? Jede Form der Kommunikation und ganz besonders die Schriftform ist eine großartige Gelegenheit, um darauf einzuwirken, wie die Interaktion selbst von den Parteien wahrgenommen wird. In diesem Fall ist besonders interessant, dass der Verfasser ein simpel anmutendes Schriftstück mit für ihn wichtigen Botschaften anreichern kann, die dann bestenfalls auch noch über das direkt involvierte Verhandlungsteam hinaus in jedem der beteiligten Unternehmen weiterverbreitet werden. Wenn der Verfasser es dann noch schafft, dass seine Botschaft oder zumindest die Essenz seiner Botschaft die ursprüngliche Verhandlungssituation überdauert, also im kollektiven Gedächtnis der verhandelnden Unternehmen weiterlebt, ist ein echter Wettbewerbsvorteil entstanden.

Schon die Agenda beeinflusst, welches Ergebnis angestrebt und welche Themen deshalb also in dem Meeting besprochen werden. Sie bestimmt, wie die Verhandlung von den Teilnehmern insgesamt erlebt wird, welche Informationen die Teilnehmer aus dem Meeting mitnehmen und wie sie im Nachgang über die andere Partei denken. Es greift zu kurz, dies alles einfach mit dem Etikett Erwartungsmanagement zu versehen. Denn es ist genau die Art und Weise, *wie* diese Erwartungen gemanagt werden, die einen Unterschied macht zwischen einem Spieler, der den Verhandlungsrahmen planvoll steuert, und einem Spieler, der sich von der anderen Partei treiben lässt, bis nichts mehr vom eigenen Plan übrig ist.

In einer Zeit, in der viele Verkäufer in dem Dilemma »zu viel zu tun, aber viel zu wenig Ressourcen« leben, ist es verlockend, diese Aufgaben kleinzureden und sie an das jüngste Teammitglied zu delegieren. Das wissen wir. Es ist auch sehr verführerisch, diese Routinearbeiten der anderen Partei, zum Beispiel dem Einkaufsteam, zu überlassen. Das kennen wir. Aber diese Entscheidungen haben einen hohen Preis. Denn eine zielorientierte Agenda ist und bleibt immer ein ganz entscheidender Teil der Verhandlungsführung.

Genauso sollte niemals unterschätzt werden, wie wichtig und wirkungsvoll ein smartes Beschlussprotokoll sein kann. Richtig eingesetzt, dient es nach einem Meeting oder einer Verhandlung der Stärkung der eigenen Marktposition oder einer besseren Wahrnehmung der persönlichen Autorität des Verfassers. Wenn Ihr Team das Protokoll verfasst, dann entscheidet Ihre Seite nicht nur, was außerhalb der Gruppe kommuniziert wird, sondern auch, welche Informationen für die gemeinsame Zukunft erhalten bleiben sollen oder welche Eindrücke unterdrückt und damit vergessen werden. Das macht das Schreiben eines Protokolls zu einer wertvollen Aufgabe, für die sich Ihr Team bei jeder Sitzung freiwillig melden sollte.[142]

In jedem Fall haben Sie so die Möglichkeit, neben den Ereignissen selbst, Ihr Team und das eigene Unternehmen im bestmöglichen Licht erscheinen zu lassen. Im besten Fall kann das Protokoll sogar den weiteren Verlauf einer Verhandlung verändern.

Es gibt drei Zielgruppen, denen Sie – in Ihrem Sinne – über das Geschehen berichten sollten. Die erste Zielgruppe sind die Teilnehmer selbst, und das ist beileibe nicht so offensichtlich, wie es vielleicht scheinen mag. Sie sollten das Protokoll nämlich sowohl für die heutige als auch für die zukünftige »Version« der Teilnehmer verfassen. Die Teilnehmer könnten durchaus zu einem späteren Zeitpunkt nochmal auf das Protokoll zurückgreifen, es dann allerdings mit einem anderen Mindset interpretieren oder das Geschehen später aus einer anderen Perspektive betrachten.

Die zweite Zielgruppe sind die Personen, die nicht anwesend waren, wie zum Beispiel Entscheider aus der Managementebene des Unternehmens, aus der Produktentwicklung oder sogar externe Investoren. Das Protokoll gibt auch all diesen Personen die Möglichkeit, etwas über die Verhandlung, deren Ergebnisse und die Beziehung der Verhandlungsparteien zu erfahren. Die dritte Zielgruppe umfasst alle eventuellen zukünftigen Leser, die später in die Thematik einsteigen werden und zum Zeitpunkt der Verhandlung vielleicht noch nicht einmal Teil einer der beiden Unternehmen sind. Meetingprotokolle werden häufig dazu genutzt, neue Kollegen einzuarbeiten, oder sie dienen der anderen Partei als Mustervorlagen. Manchmal werden die beziehungsrelevanten Elemente sogar zu einem neuen Qualitätsmaßstab für zukünftige Verhandlungen.

In welcher Form Sie das Meetinggeschehen wiedergeben, ist genauso wichtig, wie die Vereinbarungen selbst festzuhalten. Protokolle sollten niemals nur trockene, stupide Wiederholungen der Agendapunkte sein, die mühevoll in eine Vergangenheitsform gebracht wurden und dann als »abgehakt« geltend markiert werden. Nein, Protokolle werden natürlicherweise immer vom selektiven Gedächtnis des Verfassers geprägt sein. Er sollte und kann deshalb immer auch bewusst seine persönlichen Wahrnehmungen einarbeiten. Ein Protokoll kann sogar als visuelle Erinnerungshilfe fungieren, ähnlich wie die in Kapitel 9 beschriebene Mentaltechnik der Prompts.

Unterschiedliche sprachliche Formulierungen wecken unterschiedliche Assoziationen beim Leser. Welche Rolle die Wahl bestimmter Wörter spielt, zeigt eine Forschungsarbeit aus den späten 1970er-Jahren.[143] In einer wegweisenden Studie zum Thema »Gedächtnis und Erinnerung« wurden die Befragten gebeten, sich Filme von Autounfällen anzusehen und danach Fragen über die Geschwindigkeit der beteiligten Autos zu beantworten. Die Frage »Wie schnell fuhren die Autos, als sie ineinanderkrachten?« führte zur Einschätzung einer höheren Geschwindigkeit als die Frage »Wie schnell fuhren die Autos, als sie zusammenstießen?«. Eine Woche später kehrten die Befragten noch einmal zurück, um weitere zehn Fragen zu beantworten, darunter die Frage »Haben Sie im Film zerbrochenes Glas gesehen?«. Im Ergebnis führte die bei einer Testgruppe verwendete Beschreibung »ineinanderkrachen« nicht nur zu einer höheren Einschätzung der Geschwindigkeit, sondern auch zu einer höheren Anzahl positiver Antworten auf die Frage, ob die Zuschauer im Film zerbrochenes Glas gesehen hätten. Dieser letzte Punkt ist besonders interessant, da in dem Film, den man den Befragten gezeigt hatte, überhaupt keine Glasscherben zu sehen waren.

Das Experiment zeigt, wie konditionierende Fragen und Aussagen die Antworten anderer beeinflussen können. Die Autoren der Studie kamen auch zu dem Schluss, dass ein komplexes Ereignis zwei Arten von Erinnerungen im Gedächtnis einer Person hinterlässt. Die erste Information bezieht sich auf die eigene Wahrnehmung des ursprünglichen Ereignisses. Die zweite sind externe Informationen, die nach dem Ereignis von außen zugeführt werden. Im Laufe der Zeit vermischen sich die Informationen aus diesen beiden Quellen so miteinander, dass nicht mehr zu erkennen ist, welches Detail aus welcher Quelle stammt.

In der Praxis bedeutet dies, dass das Verfassen des Protokolls eine subjektive und keine objektive Angelegenheit ist. Der Verfasser ist in der einmaligen Position, durch die Wahl seiner Worte nicht nur zu bestimmen, was schriftlich festgehalten wird, sondern auch, wie es in Erinnerung bleibt. Das Protokoll ist eine ideale Gelegenheit, den Empfänger zwischen den Zeilen lesen zu lassen, damit er den Eindruck und die Informationen aus dem Meeting mitnimmt, die Sie ihn mitnehmen lassen wollen. In diesem Sinne ist ein Protokoll immer viel mehr als nur die Summe seiner geschriebenen Wörter.

Was im Protokoll steht, mit welchen Worten Sie beginnen und wie Sie es beenden, beeinflusst also direkt, was beim Leser hängen bleibt. In einer Zeit, in der Menschen an Informationsüberflutung leiden und das Gedächtnis vielfach überfordert ist, kann Ihr Team mit einem geschickten Protokoll subtil auf das Geschehen einwirken und sich so einen nachhaltigen Vorteil verschaffen.

Unser Tipp

In diesem letzten Abschnitt ging es um das Protokollschreiben als taktisches Kommunikationsmittel. Die hier gezeigte Abbildung »the Minutes shape Memories« illustriert die Idee, dass jedes Ereignis zwei Arten von Informationen in Ihrem Gedächtnis hinterlässt: die eigene Wahrnehmung des ursprünglichen Ereignisses sowie externe Informationen, die nach dem Ereignis von außen zugeführt werden.
Sie können diesen Spickzettel übrigens auf der am Ende des Buches genannten Webseite herunterladen.

Schlusswort

Tod des Handlungsreisenden?

Während wir dieses Buch geschrieben haben, haben wir uns immer wieder die Frage gestellt, wie es mit dem Beruf des B2B-Verkäufers weitergehen wird. Welche Fähigkeiten braucht man im professionellen Verkauf, um auch in Zukunft erfolgreich zu sein? Stecken Verkäufer – frei nach Arthur Millers *Death of A Salesman* (*Tod eines Handlungsreisenden*) – vielleicht nach der Finanzkrise 2008/2009 jetzt in einer erneuten existenziellen Krise?

Unternehmen erwarten von ihren Verkäufern in erster Linie, dass sie sich darauf konzentrieren, mehr Umsatz und Gewinn zu generieren. Gleichzeitig stehen Verkäufer an vorderster Front, wenn es um die Gestaltung der Kundenbeziehungen des Unternehmens geht. Es ist ihre Aufgabe, Kunden zu gewinnen und an das Unternehmen zu binden und dabei kontinuierlich die Position und das Image des eigenen Unternehmens zu verbessern.

Das Umfeld, in dem Verkäufer arbeiten, ändert sich rasant. Die Herausforderungen steigen parallel zu den Erwartungen, die an sie gestellt werden. Verkäufer erleben hautnah, wie das Voranschreiten der Digitalisierung auch die Beschaffungsmethoden vieler ihrer Kunden verändert. Das ist eine Erfahrung, die derzeit alle machen, die etwas verkaufen wollen, egal ob sie als Vertriebsmitarbeiter in einem Konzern arbeiten oder als unabhängige Berater oder Dienstleister tätig sind.

In vielen Branchen und Unternehmen wird das Beschaffungsmanagement, also die Einkäufer, inzwischen stark von Suchmaschinen und spezialisierter Einkaufssoftware unterstützt. Dadurch ist eine der zentralen Aufgaben des Verkaufs, nämlich seine Kunden mit Informationen zu versorgen, verloren gegangen. Verkäufer kommen immer später ins Spiel, zu einem Zeitpunkt, an dem Einkäufer bereits umfangreiche Informationen gesammelt haben und nun direkt zur eigentlichen Verhandlung übergehen wollen.

Es wäre verständlich, wenn Verkäufer angesichts der tiefgreifenden Transformation von Industrie und Wirtschaft und dem Umbruch, den sie in ihrem Berufsbild durch eine schnell um sich greifende Digitalisierung erfahren, Ängste entwickeln, weil die Veränderung sie in ihrer Rolle zu reduzieren, wenn nicht gar zu verdrängen scheint. Machen wir uns nichts vor. Ein solcher Veränderungsdruck schwebt wie ein Damoklesschwert über allen Aktivitäten. Dies sind meist unterschwellige Ängste, die sich leicht als taktische und psychologische Waffe gegen Verkäufer instrumentalisieren lassen. Es gehört zu den Aufgaben von Einkäufern, aus diesen Ängsten möglichst oft Nutzen zu ziehen. Wenn Verkäufer dadurch berechenbar und damit psychologisch angreifbar werden, verschärft sich das Spiel weiter zu ihren Ungunsten.

Das Gefährliche an solchen Gedankenspielen ist jedoch etwas, das die meisten Verkäufer, ihre Führungskräfte und in vielen Fällen auch ihre Kunden überraschen wird: Die Gerüchte um den Tod des Handlungsreisenden, also das Ende des Verkäufers in Menschengestalt, sind maßlos übertrieben.

Denn mit dem unsichtbaren Spiel haben wir aufgezeigt, dass alle Verkaufsverhandlungen auf zwei Ebenen stattfinden, die von beiden Parteien gleichzeitig bespielt werden, aber unterschiedliche Fähigkeiten verlangen. Wir haben diesen beiden Ebenen Namen gegeben, die Verkäufer intuitiv ansprechen: »Das sichtbare Spiel und das unsichtbare Spiel.« Jede dieser Ebenen hat ihre eigenen Regeln und Erfolgsfaktoren.

Leider widmen traditionelle Verkaufstrainings den größten Teil ihrer Zeit und Energie bislang den Aufgaben des sichtbaren Spiels. Dies ist jedoch gerade der Bereich, in welchem Technologie eine zunehmend größere Rolle spielen wird. Im Interesse der Verkäufer müssen wir diesen Fokus ändern und uns stärker auf die Fähigkeiten konzentrieren, die für das unsichtbare Spiel gebraucht werden, und die auf absehbare Zeit nur menschliche Verhandlungsprofis leisten können.

Für *Das unsichtbare Spiel* sind eine große Zahl an Erkenntnissen aus unterschiedlichen modernen Wissenschaften im Hinblick auf ihrer Relevanz für den B2B-Verkauf gesichtet und mit der Erfahrung, die wir Autoren aus unserer Verkaufspraxis mitbringen, in konkrete, praxisnahe Handlungsempfehlungen übersetzt worden. Daraus entstand ein Fundus an Ideen, Fähigkeiten, Techniken, Strategien und Taktiken, aus dem Verkäufer schöpfen können, wenn sie ihre Rolle weiterentwickeln wollen und sich in dem zukunftsentscheidenden Teil des Spieles, dem unsichtbaren Spiel, erfolgreich positionieren wollen. Verkäufer können hier lernen, wie sie ihr Situationsbewusstsein verbessern, sich gegen die unsichtbaren Strategien und Taktiken von Käufern verteidigen oder in Verhandlungen elegant in die Offensive gehen können. Vielleicht kann das Buch einen Beitrag dazu leisten, Verkäufern beruflich eine neue Perspektive aufzuzeigen, um sich in ihrer Bedeutung für den Kunden nicht reduzieren zu lassen.

Liebe Leser, wir laden Sie herzlich ein, sich von alten Denkmustern zu befreien und ein neues Mindset und neue Fähigkeiten zu entwickeln, mit denen Sie mehr Einfluss auf Einkaufsentscheidungen gewinnen und Ihren Spielraum in Verhandlungen kontinuierlich vergrößern können.

Werden Sie ein Meister des unsichtbaren Spiels!

Kontaktdaten

Wenn Sie mit uns in Kontakt treten oder uns Ihre Gedanken oder persönlichen Geschichten über *Das unsichtbare Spiel* mitteilen möchten, senden Sie bitte eine E-Mail an Gaby unter invisiblegame@gabrielerehbock.com oder kontaktieren Sie Kai über invisiblegame@kai-markus-mueller.com.

Die neun Haftnotizen und Vordrucke für eigene Spickzettel können Sie unter folgendem Link abrufen: http://m-vg.de/link/spiel.

Kais Fazit

Liebe Professorinnen und Professoren, liebe Trainerinnen und Trainer,
für meinen Unterricht und meine Workshops bin ich immer auf der Suche
nach interessanten neuen Materialien. Um Ihnen eine kompakte Einführung in das unsichtbare Spiel zu geben und einige der Unterschiede zwischen dem sichtbaren Spiel und dem unsichtbaren Spiel zu verdeutlichen, können Sie Tabelle E.1 verwenden. Wir haben dieses Puzzleteil absichtlich bis zum Ende des Buches zurückgehalten, weil wir dachten, dass man es am besten nach der Lektüre des gesamten Werks versteht.

Ich bin jemand, der am besten aus Beispielen lernt, und vielen meiner Studenten geht das ebenso. Daher dachte ich mir, dass die Beispiele in Tabelle E.1 Ihnen eine Idee für einen Slide oder ein paar Anhaltspunkte für die Entwicklung von Lehrmaterial bieten könnten. Wie bei allen unseren Ideen gilt auch hier: Entwickeln Sie sie weiter, passen Sie sie an die Branche Ihrer Wahl an, und schicken Sie uns sehr gerne Ihre besten Beispiele per E-Mail!

Sichtbares Spiel	Unsichtbares Spiel
Sie erhalten eine Ausschreibung für eines Ihrer Produkte oder Dienstleistungen.	Entschlüsseln, welche Anker in dieser Ausschreibung gesetzt wurden
»Wir haben morgen ein Management-Meeting und brauchen Ihre Antwort bis heute Abend.«	Zeit und Timing als taktische Spielzüge erkennen, um künstlichen Stress zu erzeugen
Versenden des Angebots an den Kunden	Einsatz einer vorteilhaften und unbemerkten Auswahlarchitektur für dieses Angebot
Eine Armbanduhr tragen	Die Armbanduhr als Prompt nutzen, um sich an einen geplanten Spielzug beim Kunden vor Ort zu erinnern
Eine Anfrage nach einem Rabatt mit genauen Vorgaben erhalten	Eine Antwort, die den gesetzten Anker an sich abperlen lässt
»Wir haben einen Standardansatz und -prozess, wie wir einen Kunden verwalten.«	Sie haben Standards und Prozesse für die Verwaltung, bleiben aber für die andere Seite unvorhersehbar, wenn es zur Verhandlung kommt.
»Mein Kunde fragt immer nach neuen Ideen, lässt sie aber nie umsetzen.«	Sie wiederholen die Idee gegenüber dem Kunden sieben- oder achtmal.

Tabelle E.1 Einige Beispiele, die zwischen dem sichtbaren und dem unsichtbaren Spiel differenzieren.

Gabys persönliche Checkliste

Liebe Kolleginnen und Kollegen im Verkauf,
während ich mich auf einen Geschäftstermin vorbereite, lasse ich mich gerne durch das eine oder andere Fachbuch aus meiner ganz persönlichen Ideengeber-Bibliothek inspirieren. Alle, die es genauso machen, finden vielleicht Gefallen an meiner persönlichen, nach Praxisthemen geordneten Checkliste für *Das unsichtbare Spiel*:

Angebote: Choice Architectures
- <u>Bündeln oder Entkoppeln</u>: Beides! Keine einfache Frage, je nachdem, ob eine Bündelung die Kaufentscheidung wirklich erleichtert oder die *Komponenten zum Kerngeschäft gehören*. (Kapitel 17)
- <u>Hyperbolische Diskontierung</u>: Kleine, sofort greifbare Vorteile in das Angebot einarbeiten! (Kapitel 16)
- <u>Ködereffekte</u>: Wenn das Verhältnis zwischen drei Angebotsalternativen unausgewogen oder asymmetrisch ist, wird die Option bevorzugt, die durch die Asymmetrie am meisten begünstigt wird. (Kapitel 18)
- <u>Prospect Theory</u>: Verluste wie eine bittere Medizin verabreichen: *Alles auf einmal!* Gewinne wie Bonbons behandeln: *Nicht alles auf einmal!* Denn der negative Wert eines Verlustes ist »gefühlt« größer als der positive Wert eines Gewinnes in derselben Höhe (Kapitel 8, 15)
- <u>Sandwich-Angebote</u>: Ein Angebot mit drei Optionen ist zielführender als eines mit einer oder zwei Alternativen. Wenn das Verhältnis zwischen den drei Alternativen ausgeglichen oder sym-

metrisch ist, tendieren Menschen natürlicherweise zur »Goldenen Mitte«. (Kapitel 18)

Kaufentscheidungen beeinflussen

- Ankern: Nutzen Sie einfach jede Gelegenheit zum *Ankern*! (Kapitel 14)
- Berechenbarkeit: Berechenbarkeit schafft Vertrauen, Vorhersehbarkeit dagegen einen taktischen Vorteil für die andere Seite. Also: Halten Sie Versprechen ein. Ihre Verhandlungstaktik aber sollte öfter auf ein *Überraschungselement* setzen. (Kapitel 1, 2)
- Blinde Flecken: Mit einem internen *Pre-Postmortem-Meeting* ein negatives Ergebnis *vorwegnehmen*. Die entscheidenden Fragen: Wie konnte der Wettbewerb gewinnen? Was haben die auf dem Spielfeld gesehen und wir nicht? (Kapitel 3)
- Funkstille: In 99 Prozent aller Fällen ist das Ausbleiben einer Antwort situationsbedingt und hat nichts mit einem selber zu tun. Es sei denn, man hat seine Hausaufgaben nicht gemacht ... (Kapitel 10)
- Headshake or Handshake: Achten Sie auf Mikro-Expressionen Ihres Verhandlungspartners. Lassen Sie jemanden aus Ihrem Team die Rolle des Beobachters spielen. (Kapitel 1)
- Illusionen von Stabilität und Erfolg: Welche Ihrer Annahmen muss dringend nochmal überprüft werden? (Kapitel 2+3)
- Make the first move! Die erste Zahl, die in einer Verhandlung genannt wird, hat einen starken Einfluss auf die letzte Zahl in dieser Verhandlung. (Kapitel 4)
- Neinsagen: Viele Einkäufer müssen ein klares »Nein!« hören, damit sie eine Verhandlung als beendet betrachten. (Kapitel 9)
- Neue Ideen: Wie bringen Sie Ihre neuen Ideen auf den Punkt? Wann und wie oft wiederholen Sie dieselbe *Botschaft,* damit sie auch wirklich *gehört* wird? (Kapitel 3)
- Zeitspiele: Lassen Sie sich nicht von taktischen Spielchen beeindrucken. (Kapitel 10)

Kunden gewinnen, Kunden binden

- <u>Lieferantenmatrix</u>: Welche Bedeutung haben Sie als Lieferant für den Kunden, jetzt und in Zukunft? (Kapitel 11)
- <u>On-Boarding</u>: Um welchen neuen Kontakt müssen Sie sich mehr *kümmern*? (Kapitel 4)
- <u>Stereotypen</u>: Welche Wirkung soll Ihr *erster Eindruck* erzielen? (Kapitel 3)
- <u>Storytelling</u>: Wie halten Sie Ihre gemeinsamen Erfolge lebendig? Wann und wo erzählen Sie von Ihren gemeinsamen *Heldentaten?* (Kapitel 12)
- <u>Sunk Cost Fallacy</u>: Welche Projekte sollten Sie beenden? (Kapitel 12)
- <u>Team</u>: Wen *können Sie* mit zum Meeting nehmen, damit Ihr Teamauftritt mehr Kompetenz ausstrahlt? (Kapitel 19)
- <u>Veränderung</u>: Wie gestalten Sie Ihr *»Neu und Anders«*, damit Veränderung so aussieht, so klingt und sich auch so anfühlt? (Kapitel 3)
- <u>Wirtschaftliche Parameter</u>: Wie geht es dem Kunden wirtschaftlich? Welche seiner eigenen Kennzahlen stehen derzeit im Fokus der Einkäufer? (Kapitel 3, 12)
- <u>Zeitfaktor</u>: Wieviel Zeit verbringt der Kunde mit Ihnen und wie viel mit (welchen) Wettbewerbern? (Kapitel 11)

Preismanagement

- <u>Änderungen</u>: Änderungen sollten den fiskalischen Kalender des Kunden respektieren. Preiserhöhungen werden anders kommuniziert als Preisanpassungen. (Kapitel 13)
- <u>Fairness</u>: Fairness spielt immer eine große Rolle bei der Akzeptanz von Preisänderungen. (Kapitel 13)
- <u>Konzessionen</u>: Wenn schon Rabatt oder Preisnachlass, dann achten Sie darauf, dass Ihr Zugeständnis auch wirklich einen Unterschied macht oder zumindest auf der anderen Seite nicht unbemerkt bleibt. (Kapitel 12)

- <u>Preisgespräche</u>: Eine gemeinsame Routine wiederkehrender jährlicher Preisgespräche sorgt für mehr Normalität. (Kapitel 13)
- <u>Preisschwellen</u>: ... liegen oft nicht dort, wo man sie verortet. Vielleicht stehen Sie sich auch selbst im Weg? (Kapitel 12)
- <u>Rabatte</u>: Preisnachlässe sind kostspielig. Deshalb sollte Ihre *dominante Reaktion* »NEIN!« sein. Wird dieser Rabatt überhaupt beim Kunden bemerkt? Wird er etwas an Ihrer Position ändern? (Kapitel 6, 12)
- <u>Referenzpreise</u>: Prüfen Sie nach, wo Listenpreise Sinn machen. (Kapitel 14)
- <u>Relativität</u>: Preiswahrnehmungen sind relativ. Kontext und Preis sind untrennbar miteinander verbunden. (Kapitel 4, 5)
- <u>Transparenz</u>: Immer hinterfragen, denn eigentlich sind *Standardisierung und Kostentransparenz Feinde Ihrer Marge* (Kapitel 14)
- <u>Umsetzungsschwellen</u>: Beachten Sie den Unterschied zwischen Aktionsschwelle und Wahrnehmbarkeitsschwelle. Können Sie *unter dem Radar* fliegen? (Kapitel 12)

Selbstmanagement
- <u>Erfolgsillusion</u>: Wessen Deal haben Sie eigentlich gewonnen? Es ist leichter, Ja zu sagen und unbequeme Fakten zu ignorieren. (Kapitel 2, 8)
- <u>Emotionen</u>: Welche Verlustängste stehen Ihrem Erfolg im Wege? (Kapitel 8)
- <u>Komfortzone</u>: Wenn die alten Verhaltensweisen keine neuen Gleichungen lösen können, ist es Zeit für Premieren! (Kapitel 9)
- <u>Motto-Ziele</u>: Schauen Sie nach vorne und nicht zurück! (Kapitel 9)
- <u>Taktiken</u>: Mit »Zeitspielereien, Zeitdruck, Stress und dem Gefühl der Ungewissheit« umgehen lernen. (Kapitel 10)

Verhandlungen

- <u>Agenda</u>: Wie sieht meine Taktik aus? Was müssen wir zu welchem Zeitpunkt besprechen? (Kapitel 3, 19)
- <u>Anker kontern, indem Sie sie ignorieren</u>: Anker sind wie Kaugummis, nämlich schwer zu entfernen. Wie verhindern Sie, dass vom Kunden gesetzte Anker bei Ihnen *viral* gehen? (Kapitel 10)
- <u>Framing</u>: Verhandeln Sie das »Wie«, bevor Sie das »Was« verhandeln! Wie spielt die andere Seite mit dem Verhandlungsrahmen? (Kapitel 1, 3, 19)
- <u>Netzwerke</u>: Sind Sie in der Verhandlung der »kleinere« Partner? Welche Unterstützung finden Sie im Notfall bei Entscheidern, die nicht mit am Tisch sitzen? (Kapitel 19)
- <u>Platzhirsch oder Herausforderer</u>: Denken Sie daran, wie der Besitztumseffekt für oder gegen Sie arbeiten kann. (Kapitel 12)
- <u>Präsentationen</u>: Unterstützt Ihre Präsentation Ihre Geschichte? Sind Ihre Botschaften kurz und einprägsam? Mal ehrlich: Auf welche Charts können Sie verzichten? (Kapitel 3)
- <u>Protokolle</u>: Das Gedächtnis ist keine Datenbank. Wie gestalten Sie das Protokoll inhaltlich <u>und</u> atmosphärisch für gegenwärtige und zukünftige Leser? (Kapitel 19)
- <u>Schweigen</u>: In einem Gespräch mal 15 – 20 Sekunden zu schweigen, kriegen Sie das hin? (Kapitel 10)
- <u>Spielfeld</u>: Wird Ihr Handlungsspielraum gerade durch Fristsetzungen der anderen Partei künstlich eingeschränkt? (Kapitel 19)
- <u>Transaktionale Verhandlungen</u>: In welchen Transaktionen müssen Sie auf ein striktes *Quidproquo* achten? (Kapitel 11,14)

Herzlichen Dank!

Es scheint Bücher zu geben, die sich wie von selbst schreiben. Dieses ist definitiv keines von ihnen. Unser Ziel war ein Buch, das einen fundierten wissenschaftlichen Hintergrund in gelebte Verkaufspraxis überträgt und dabei den Inhalt doch leserfreundlich präsentiert. Mit einer Million Ideen im Kopf war es schwer für uns, die richtige Auswahl an Konzepten zu treffen und die richtige Struktur zu finden.

Zuallererst bedanken wir uns deshalb bei Frank Luby in Chicago dafür, wie er uns geholfen hat, das englische Buch in die Tat umzusetzen. Mit seinem außergewöhnlichen journalistischen Geschick wurde aus einer unsortierten Ideensammlung ein inhaltlich solides, populärwissenschaftliches Buch, das leicht zu lesen ist. Ohne Frank würde es das Buch nicht geben. So einfach ist das. Wir teilen mit Frank die Freude darüber, dass das Buch *The Invisible Game* in Großbritannien für den Business Book Award des Jahres 2023 nominiert wurde und in Amerika bereits eine Bronzemedaille bei den renommierten Axiom Awards gewonnen hat. Frank, wir wünschen dir und deiner Frau Sue alles Gute und sagen danke für mehrere Jahre einer so erfolgreichen Zusammenarbeit.

Die nächste Herausforderung für Kai und mich war die Übertragung des englischen Textes in die deutsche Sprache. Wir haben uns gewünscht, dass die Inhalte, Konzepte und Aussagen der englischen Ausgabe erhalten bleiben, aber auch in einem deutschen Arbeitskontext verständlich und dann auch noch möglichst leserfreundlich sind. Eigentlich eine unmögliche Aufgabe. Wir bedanken uns bei Dr. Joachim Bengelsdorf dafür, dass er uns bei diesem Prozess der Selbstfindung wohlwollend, aber professionell-kritisch begleitet hat. Wir bewundern, welche Geduld er uns entgegengebracht hat, und bedanken uns herzlich für seine geschätzte deutsche Übersetzungsvorlage, mit der er uns auf den richtigen Weg geführt hat.

Wir danken Black Fish Tank, Luna Margherita Cardilli und Ljudmilla Socci für das Design der *Sticky notes* (Spickzettel). Seit unserer ersten Begegnung haben wir es genossen, mit diesen außergewöhnlich talentierten Illustratorinnen zu arbeiten.

Ein Dankeschön geht auch an Merit Bohner, die uns organisatorisch zuarbeitete. Für inhaltliche Kommentare und Tipps bezüglich der englischen Version bedanken wir uns bei Viktor Stebner, Tobias Hahn, Viktoria Frese, Julia Kästle, Janine Rau und Sara Bertsch, sowie allen Experten, die uns beispielsweise durch Testimonials den Rücken gestärkt haben.

Wir bedanken uns herzlich bei Michael Wurster und dem ganzen Redline-Team für ihre Unterstützung, insbesondere Katharina Maier, die unser Buchprojekt geleitet hat. Ihre positiven Rückmeldungen zu unserem deutschen Manuskript halfen uns über den schwierigen Endspurt hinweg. Martin Limbeck danken wir an dieser Stelle herzlich für die Einführung beim Redline Verlag.

Unser ganz besonderer Dank geht natürlich an unsere Familien und Freunde, die uns inzwischen seit mehreren Jahren geduldig durch dieses Projekt begleiten:

Gaby: Ich denke an meine Großfamilie, besonders an meine Schwester und Bruder nebst Familien im Norden und an die Bochumer. An Euch alle geht ein herzliches Dankeschön für eure Ermutigung und tatkräftige Unterstützung. Ich komme mütterlicherseits aus einer Familie, die schon seit mindestens hundert Jahren im Handel tätig ist. Schon als Berufsanfänger habe ich mich stundenlang mit meinem Onkel über Verkaufsthemen austauschen dürfen. Günther, danke dafür, dass du mich schon damals ernstgenommen und noch heute an meinen Themen interessiert bist. Herzlichen Dank auch an alle Freunde, die uns bei der Konzeption und Vermarktung des englischen Buches unterstützt haben. Allen voran sei Arnold genannt, der mich als mein erster Chef damals mit seinen Fähigkeiten tief beeindruckt hat und noch heute mein Ratgeber in Verhandlungsfragen ist.

Stellvertretend für alle anderen, sei auch Tina genannt, die ich sofort zu meiner Agentin machen würde, wenn ich denn mal eine Agentin bräuchte und Uschi, die in den wichtigsten Momenten mit uns am Tisch saß. Wie immer, herze ich ganz zuletzt meinen Peter, meinen Ehemann und die Liebe meines Lebens als Dank für seine Inspiration, seine praktischen Ratschläge und seinen Humor. Freude und Liebe sind die Grundlagen für Glück. Ich habe das Privileg, jeden Morgen damit aufzuwachen. Danke.

Kai: Ich bedanke mich bei meiner Ehefrau Katja für ihre Liebe sowie ihre Akzeptanz und Geduld mit meinen Schreibplänen - es ist fabelhaft, all diesen Rückhalt zu haben. Besonders danke ich Lina und Karlotta für die tägliche Dosis Sonnenschein und Glück, die sie in unser Leben bringen. Auch ich wuchs in einem Unternehmerhaushalt auf. Mein Vater Heinz ist einer der wenigen Menschen, die von Natur aus hoch System-1-talentiert sind. Seine Anekdoten über vertriebliche Erfolge sind jederzeit eine Quelle der Inspiration. Im Rahmen meiner beruflichen und akademischen Karriere war es mir vergönnt, Freunde und Experten kennenzulernen, die mich geprägt haben. Der Platz reicht hier bei weitem nicht für alle, aber ganz besonders möchte ich meinen Kollegen Armin erwähnen, der mich dazu überredete, mich für den schönsten Job der Welt zu bewerben; Martin von Neurensics, der ein fabelhaftes Verkaufstalent hat und dabei immer den größten Mehrwert für den Kunden findet; sowie Alexander, Mathias, Sven, und Steven, die immer für ein ehrliches und offenes Gespräch da sind. Und schließlich danke ich den Familien Müller und Holderle für die ständige und bedingungslose Unterstützung.

Stimmen zu *Das unsichtbare Spiel*

Psychologische Mechanismen zu verstehen ist gleichermaßen für den Erfolg in der Welt der Verbraucher und im B2B-Umfeld entscheidend. »Das Unsichtbare Spiel« greift auf eine einzigartige Mischung aus Praxiserfahrung und Verhaltensforschung auf dem neuesten Stand zurück – und bietet damit Vertriebsfachleuten wesentliche und klare Empfehlungen, um sich diese Mechanismen zunutze zu machen.

Hartmut Jenner, Vorsitzender des Vorstands
Alfred Kärcher SE & Co. KG

Ich kenne Gabriele seit vielen Jahrzehnten als eine herausragende Top-Managerin und starke B2B-Verhandlungsführerin. Das *unsichtbare Spiel* füllt eine wichtige Lücke im B2B-Vertrieb. Als überzeugter Anhänger eines beziehungsorientierten Vertriebsansatzes, bin ich beeindruckt, wie die Autoren wissenschaftliche Erkenntnisse in die Praxis komplexer Verhandlungen umsetzen.

Patrick Firmenich, Vorsitzender Firmenich Group

Das *unsichtbare Spiel* ist fantastisch! Mit einer bestechenden Mischung aus Fachwissen in den Bereichen Verkauf, Psychologie und Neurowissenschaft machen Gaby und Kai Wissenschaft praktisch erlebbar. Dies ist ein lehrreiches und trotzdem leicht zugängliches Handbuch für Sales-Leader, egal ob sie am Anfang ihrer Karriere stehen oder schon Verkaufserfahrung haben. Wenn Sie lernen wollen, ein besserer Vertriebsmanager zu werden, lesen Sie dieses Buch!

Michael Platt, Direktor der Wharton Neuroscience Initiative,
James S. Riepe Universitätsprofessor an der University
of Pennsylvania und Autor von *The Leader's Brain*

Das unsichtbare Spiel ist eine Pflichtlektüre für jeden, der sich mit *Verkaufen* beschäftigt. Über das übliche sichtbare Spiel hinaus beschreiben die Autoren eine ganze Reihe von entscheidenden Faktoren, die den Erfolg von Verhandlungen beeinflussen. Diese weniger offensichtlichen Faktoren beruhen auf wissenschaftlichen Erkenntnissen aus der Verhaltensökonomie und den Neurowissenschaften.

Philip Kotler, Wirtschaftswissenschaftler und Professor für Marketing an der Kellogg School of Management der Northwestern University

Praxis und Wissenschaft vom Feinsten! *Das unsichtbare Spiel* ist ein überzeugender Handwerkskasten mit einer Vielzahl von Tools, die dem Leser zu mehr Selbstvertrauen und besseren Deals verhelfen.

Paul J. Zak, Direktor des Center for Neuroeconomics Studies und Professor an der Claremont Graduate University sowie Autor von *Immersion: The Science of the Extraordinary and the Source of Happiness*

Kai ist weltweit *der* Pionier, wenn es sich darum dreht, den richtigen Preis mit Hilfe der Neurowissenschaften und Psychologie zu finden. Dieses neue Buch ist ein weiterer Meilenstein, bei dem er, zusammen mit Gaby Rehbock, Antworten auf alle großen Fragen der Preisgestaltung an einem Ort zusammenbringt.

John Kutcher, CPP, Leiter der globalen Preisgestaltung, GE HealthCare

Ein echter [sichtbarer] Game Changer. *Das unsichtbare Spiel* ist eine bemerkenswerte Ergänzung des Arsenals an Büchern, das Sie vielleicht schon zum Thema Verkaufserfolg haben, weil es die Geheimnisse hinter Kaufentscheidungen entschlüsselt und interessante Möglichkeiten zur Umsatzsteigerung aufzeigt. Gaby und Kai nehmen uns mit auf eine unterhaltsame Reise durch Verhaltensökonomie, Entscheidungswissenschaft, Marketing und Vertrieb. Eine lesenswerte Praxis-Lektüre voller interessanter Geschichten und Beispiele, die den Leser inspirieren und zum Lernen anregen.

Moran Cerf, Professor für Neurowissenschaften und Wirtschaft, Northwestern University

Eine Pflichtlektüre, wenn man entscheidende Erfolgsfaktoren in allen Arten von Geschäftsbeziehungen verstehen will. *Das unsichtbare Spiel* richtet sich an alle, die im direkten Kundenkontakt überzeugen müssen, vom Freelancer bis hin zu Verkaufsmanagern, die (nicht nur, aber auch), in komplexen Handels- und Servicestrukturen arbeiten.

Rahil Ansari, CEO & Vorsitzender Volkswagen Gruppe Taiwan

Sehr zu empfehlen. Der B2B-Verkauf ist ein äußerst komplexes Spiel. Die Autoren erklären, wie man in Verhandlungssituationen mit unerwarteten Spielzügen zum erfolgreichen Abschluss kommt. Ihre Empfehlungen haben einen fundierten wissenschaftlichen Hintergrund und dabei gleichzeitig hohe praktische Relevanz.

Ryan Knauss, Vizepräsident, Monetarisierung, VMware

Was die Praxis von der Wissenschaft lernen kann, zeigt *Das Unsichtbare Spiel* in einer unterhaltsamen Reise durch verschiedenste Business-Situationen. Unbedingt lesenswert für alle, die nach neuen Ideen und mehr Erfolg in Verhandlungen suchen.

Hans-Georg Häusel, Neuromarketing-Experte und Bestsellerautor

Man muss auch einmal etwas pfeifen, was man nicht gesehen hat. Vertrauen Sie Ihrem Bauch, Ihrer Intuition, Ihrem Instinkt, denn er ist oft viel schneller und genauer als Ihr Kopf, Ihr Verstand.

Urs Meier, Schiedsrichterlegende

Über die Autoren

 **Gabriele Rehbock** ist ein B2B-Vertriebsprofi mit mehr als dreißig Jahren Industrieerfahrung. Als Vice President in der Duftstoff-Division der Firmenich Gruppe, einem der weltweit führenden Unternehmen der Duft- und Aromaindustrie, trug sie P&L-Verantwortung für eine Vielzahl von Kundenbeziehungen – von multinationalen Konzernen bis hin zu mittelständischen Unternehmen – in Europa, den USA und Asien. In diesem höchst wettbewerbsintensiven Umfeld hat sie tiefe Einblicke in die unterschiedlichsten Branchen und Verhandlungskulturen gewinnen können und zusammen mit ihren Teams zahlreiche Kundenauszeichnungen für herausragende Leistungen erhalten.

Kai-Markus Müller ist Professor for Consumer Behavior an der HFU Business School der Hochschule Furtwangen, sowie Director of Pricing Research bei den niederländischen Neuromarketing-Pionieren Neurensics. Kai ist außerdem Board Member und Berater für verschiedene Start-ups. Vor seiner Ernennung zum Professor gründete Kai ein eigenes Start-up und entwickelte NeuroPricing™,  eine Reihe neurowissenschaftlicher Methoden zur Messung und Modellierung des optimalen Preises - eine Technologie, die inzwischen von Neurensics übernommen wurde. Er ist bekannt aus zahlreichen Medienauftritten darunter BBC, ZDF, RTL, Süddeutsche Zeitung, Der Spiegel, und viele mehr. Zuvor hat Kai sowohl als Neurophysiologe bei der US-Regierung als auch als Strategieberater bei einer internationalen Unternehmensberatung Erfahrungen gesammelt. Er hat in den Neurowissenschaften promoviert.

Anhang

[1] Diese Anekdote basiert auf verschiedenen Erfahrungen, die aus Gründen der Übersichtlichkeit überarbeitet und kombiniert wurden.

[2] Thaler, R. (1980). Toward a positive theory of consumer choice. *Journal of Economic Behavior and Organization 1*, 39–60.

[3] Siehe Thaler, R.H., Sunstein, C.R. und Balz, J.P. (2010). Choice architecture. *The Behavioral Foundations of Public Policy.* April: n.p.

[4] Es handelt sich um eine verkürzte Zusammenfassung aus Erfahrungen mit unterschiedlichsten Kunden.

[5] Müller, K. M. (2012). *NeuroPricing – wie Kunden über Preise denken.* Freiburg/München: Haufe-Lexware.

[6] American Chemical Society International Historic Chemical Landmarks. (n.d.). *Discovery and Development of Penicillin.* ASC., from https://www.acs.org/education/whatischemistry/landmarks/flemingpenicillin.html (abgerufen am 10. Juni 2023).

[7] Britannica, T.E.E. (2021, December 25). Charles Goodyear. *Encyclopaedia Britannica.* www.britannica.com/biography/Charles-Goodyear (abgerufen am 25. Mai 2022).

[8] Diese Anekdote basiert auf mehreren wahren Begebenheiten, die aus Gründen der Übersichtlichkeit überarbeitet und kombiniert wurden.

[9] Dies ist als Stroop-Phänomen bekannt. Ein klassisches Beispiel finden Sie hier: https://www.brain-fit.com/Stroop-Effekt.pdf (abgerufen am 8. Juni 2023).

[10] Kahneman, D. (2014). *Schnelles Denken, Langsames Denken. München: Verlagsgruppe Random House, Pantheon.*

[11] Die niederländische, neurowissenschaftliche Forschungsagentur Neurensics, die psychologische Studien und Hirnforschung zur Beantwortung von Marketingfragen einsetzt, hat inzwischen die NeuroPricing-Technologie erworben.

[12] Chaiken, S. (1980). Heuristic Versus Systematic Information Processing and the Use of Source Versus Message Cues in Persuasion. Journal of Personality & Social Psychology, 39(5), 752-766.

[13] Petty, R.E. und Cacioppo, J.T. (1986). The elaboration likelihood model of persuasion. In: *Communication and Persuasion,* 1–24. New York: Springer.

14 Haidt, J. (2022). *Die Glückshypothese. Was uns wirklich glücklich macht. Die Quint-essenz aus altem Wissen und moderner Glücksforschung.* Kirchzarten bei Freiburg: VAK.

15 Kahneman, D. (2012). *Schnelles Denken, Langsames Denken.* München: Verlags-gruppe Random House, Pantheon.

16 Sullivan, T. (2019, January 1). Bill Belichick sings praises of NFL referees. 247sports. https://247sports.com/Article/Bill-Belichick-NFL-referees-127159556/Amp/ (ab-gerufen am 21. Juni 2023).

17 Portugal break England hearts. (2004, June 24). *BBC Sport.* http://news.bbc.co.uk/sport2/hi/football/euro_2004/3830451.stm (abgerufen am 25. Mai 2022).

18 Ein Beispiel für nicht enden-wollende Medienauswertungen – zumindest im Fuß-ball – ist das Endspiel der Fußballweltmeisterschaft 1966, das in einer Kontroverse endete, als Geoff Hurst in der Verlängerung ein Tor erzielte, das England mit 3:2 gegen Westdeutschland in Führung brachte. Die Deutschen behaupten, der Ball habe die Torlinie nicht überquert. Die Engländer behaupten das Gegenteil. Am Ende gewann England das Spiel und die Weltmeisterschaft mit 4:2.

19 Henley, J. (2004, October 13). »It was the right decision. Absolutely.« *The Guardian.* https://www.theguardian.com/football/2004/oct/13/newsstory.sport10 (abgeru-fen am 25. Mai 2022).

20 Meier, U. und Mendlewitsch, D. (2010). *Du bist die Entscheidung: Schnell und ent-schlossen handeln.* Frankfurt am Main: Fischer Taschenbuch, 15–19.

21 Andersen, J.A. (2000). Intuition in managers – are intuitive managers more effecti-ve? *Journal of Managerial Psychology* 15 (1): 46–67.

22 Kahneman, D. (2014). *Schnelles Denken, Langsames Denken.* München: Verlags-gruppe Random House, Pantheon, 33.

23 Baumeister, R. F. und Vohs, K. D. (2007). Self-Regulation, ego depletion, and moti-vation. *Social and personality psychology compass,* 1(1), 115–128.

24 MLB Tonight and Mark Derosa (2020, February 22). *30 for 30: Adam Eaton breaks down tee hitting,* [Video]. YouTube. https://www.youtube.com/watch?v=itDo98iN-diw (abgerufen am 4. August 2022).

25 Evans, J. S. B. (2003). In two minds: dual-process accounts of reasoning. *Trends in cognitive sciences,* 7(10), 454-459.

26 Hasher, L., Goldstein, D., and Toppino, T. (1977). Frequency and the conference of referential validity. *Journal of Verbal Learning and Verbal Behavior* 16 (1): 107–112.

27 Brashier, N.M. and Marsh, E.J. (2020). Judging truth. *Annual Review of Psychology* 71: 499–515.

28 Tversky, A. and Kahneman, D. (1973). Availability: a heuristic for judging frequency and probability. *Cognitive Psychology* 5 (2): 207–232.

29 Gladwell, M. (2005). *Blink!: Die Macht des Moments.* Frankfurt a. M.: Campus.

30 The most inspiring Coco Chanel quotes to live by. (2018, August 17). *Vogue Austra-lia.* https://www.vogue.com.au/fashion/news/the-most-inspiring-coco-chanel-quo-tes-to-live-by/image-gallery/b1cb17be7e20734d0b255fbd5a478ed4 (abgerufen am 25. Mai 2022).

31 Fisher, L. A. (2020, February 19). Karl Lagerfeld's wittiest, most iconic, and most outrageous quotes of all time. *Harper's Bazaar*. https://www.harpersbazaar.com/fashion/designers/a26405187/karl-lagerfeld-quotes/ (abgerufen am 25. Mai 2022).

32 Eine weitere Perspektive finden Sie in Watkins, M. (2014). *Die entscheidenden 90 Tage. So meistern Sie jede neue Managementaufgabe*. Frankfurt a. M: Campus.

33 Nickerson, R.S. (1998). Confirmation bias: a ubiquitous phenomenon in many guises. *Review of General Psychology* 2 (2): 175–220.

34 Eine weitverbreitete Geschichte unbekannten Ursprungs.

35 Gilovich, T., Keltner, D., Chen, S. et al. (2018). *Social Psychology*. London: W. W. Norton and Company.

36 Sie können das Video hier ansehen: Simons, D.S. (2010, April 28). *The Monkey Business Illusion* [Video]. YouTube. https://www.youtube.com/watch?v=IGQmdoK_ZfY (abgerufen am 4. August 2022).

37 Seymour, B. und McClure, S. M. (2008). Anchors, scales and the relative coding of value in the brain. *Current opinion in neurobiology*, 18(2), 173–178.

38 Furnham, A. und Boo, H. C. (2011). A literature review of the anchoring effect. *The journal of socio-economics*, 40(1), 35–42.

39 Google Scholar.

40 Dieses Experiment wird hier im Detail beschrieben: Ariely, D. (2008). *Predictably Irrational: The Hidden Forces that Shape Our Decisions*. New York: HarperCollins, 26–31.

41 Do Hoang, V.K. and Tham, S. (2018, September 21). *Using Behavioural Insights to Increase Charitable Donations*. Civil Service College Singapore. https://www.csc.gov.sg/articles/using-behavioural-insights-to-increase-charitable-donations (abgerufen am 25. Mai 2022).

42 The Good Men Project. (2018, March 12) *Rules for Sons*. https://goodmenproject.com/featured-content/rules-sons-gentleman-lbkr/ (abgerufen am 25. Mai 2022).

43 Galinsky, A.D. (2004, August 9). *When to Make the First Offer in Negotiations*. Harvard Business School. https://hbswk.hbs.edu/archive/when-to-make-the-first-offer-in-negotiations (abgerufen am 25. Mai 2022).

44 Gunia, B., Swaab, R., Savanthan, N. et al. (2013). The remarkable robustness of the first-offer effect: across culture, power, and issues. *Personality and Social Psychology Bulletin* 39, 12. https://www.researchgate.net/publication/255959274_The_Remarkable_Robustness_of_the_First-Offer_Effect_ Across_Culture_Power_and_Issues (abgerufen am 25. Mai 2022).

45 Weitere Informationen finden Sie auf der Website des Labors www.rnl.caltech.edu.

46 Plassmann, H., O'Doherty, J., Shiv, B. et al. (2008). Marketing actions can modulate neural representations of experienced pleasantness. *Proceedings of the National Academy of Sciences* 105 (3): 1050–1054.

47 Rao, A.R. und Monroe, K.B. (1989). The effect of price, brand name, and store name on buyers' perceptions of product quality: an integrative review. *Journal of Marketing Research* 26 (3): 351–357.

[48] Knutson, B., Rick, S., Wimmer, G.E. et al. (2007). Neural predictors of purchases. *Neuron* 53 (1): 147–156.

[49] Thadeusz, F., 2013. Schock, Zweifel und Staunen. *DER SPIEGEL* 41/2013, 144.

[50] Parikh, H., Baldo, D. und Müller, K.-M. (2017). Pricing. In: *Consumer Neuroscience* (ed. M. Cerf and M. Garcia-Garcia), 241–254. Cambridge, MA: MIT Press.

[51] Akerlof, G. and Shiller, R.J. (2009). Animal Spirits: Wie Wirtschaft wirklich funktioniert. Campus Verlag, Frankfurt/New York, S. 247

[52] von Mises, L. (1933) *Grundprobleme der Nationalökonomie, Untersuchungen über die Verfahren, Aufgaben und Inhalte der Wirtschafts- und Gesellschaftslehre*, Jena: Verlag von Gustav Fischer. Seite 168.

[53] Thompson, D. (2017, October 9). Richard Thaler wins the Nobel in economics for killing *homo economicus*. *The Atlantic*. https://www.theatlantic.com/business/archive/2017/10/richard-thaler-nobel-economics/542400/ (abgerufen am 27. Mai 2022).

[54] Smith, S.V. and Garcia, C. (2019, June 14). *Animal Spirits*. NPR. https://www.npr.org/2019/06/14/732876763/animal-spirits?t=1653657652619 (abgerufen am 27. Mai 2022).

[55] Glasswhere ist ein fiktiver Name und die Umstände wurden geändert, um dieses Beispiel zu anonymisieren.

[56] Hayward, T. (2009, March 5). A successful brand – but of what? *The Guardian*. https://www.theguardian.com/lifeandstyle/wordofmouth/2009/mar/05/gordon-ramsay-restaurant-brand (abgerufen am 27. Mai 2022).

[57] Beiträge des Radiosenders wurden hier als Screenshots gespeichert: www.kai-markus-mueller.com/references-invisible-game (abgerufen am 22. Juli 2022).

[58] Zajonc, R.B., Heingartner, A. and Herman, E.M. (1969). Social enhancement and impairment of performance in the cockroach. *Journal of Personality and Social Psychology* 13 (2): 83–92.

[59] Wong, D. (2020, February 17). What science says about discounts, promotions and free offers. CM Commerce. https://cm-commerce.com/academy/what-science-says-about-discounts-promotions-and-free-offers/ (abgerufen am 27. Mai 2022).

[60] Alle Berechnungen der Tabellen 7.1, 7.2 und 7.3 wurden mit den ungerundeten Rohwerten durchgeführt und schlussendlich gerundet.

[61] Die Bruttogewinnspanne von 20 Prozent mag für viele B2B-Unternehmen hoch erscheinen. Die nachteiligen Auswirkungen von Preisnachlässen sind jedoch bei niedrigeren Margen noch extremer.

[62] Marrs, J. and Kennedy, D. S. (2012, April 30). Is your staff sabotaging your pricing strategy? *Entrepreneur*. www.entrepreneur.com/article/223410 (abgerufen am 27. Mai 2022).

[63] (n.d.). 5 reasons why salespeople are quick to discount. *Pricing Brew Journal*. www.pricingbrew.com/insights/5-reasons-why-salespeople-are-quick-to-discount/ (abgerufen am 27. Mai 2022).

[64] Simester, D. and Zhang, J. (2014). Why do salespeople spend so much time lobbying for low prices?. *Marketing Science* 33 (6): 796–808.

[65] Smith, T.J. (2016, July 3). How to stop discounting practices of salespeople from destroying your profits. *Wiglaf Journal*. https://wiglafjournal.com/how-to-stop-discounting-practices-of-salespeople-from-destroying-your-profits/ (abgerufen am 27. Mai 2022).

[66] »Preis« auf Duden online. www.duden.de/rechtschreibung/Preis (abgerufen am 6. Juni 2023).

[67] Mustaghni, B., Lehrke, S., Archacki, R. et al. (2021, March 8). Building Bionic Capabilities for B2B Marketing. *Boston Consulting Group*. https://www.bcg.com/publications/2021/building-bionic-capabilities-to-improve-b2b-marketing (abgerufen am 27. Mai 2022).

[68] Professor Roth ist traurigerweise Ende April 2023 verstorben.

[69] Roth, G. and Herbst, S. (2019). *Warum es so schwierig ist, sich und andere zu ändern: Persönlichkeit, Entscheidung und Verhalten*. Stuttgart: Klett-Cotta.

[70] Kahneman entwickelte die Theorie zusammen mit Amos Tversky, der jedoch bereits vor der Verleihung des Nobelpreises verstorben war. Die Preise werden nicht posthum verliehen.

[71] Beruht auf einer wahren Begebenheit aus der Beraterpraxis der Autoren. Die Umstände sind vereinfacht und anonymisiert.

[72] Geertz, C. (1973). *The Interpretation of Cultures*. New York: Basic Books, 259–260.

[73] Beispielsweise: Fisher, Roger and Ury, William. (1991). *Getting to Yes: Negotiating Agreement without Giving In*. New York: Penguin.

[74] Voss, P. (2017). Dynamic brains and the changing rules of neuroplasticity: implications for learning and recovery. *Frontiers*. https://www.frontiersin.org/articles/10.3389/fpsyg.2017.01657/full (abgerufen am 28. Mai 2022).

[75] Sapolsky, R.M. (2018). *Gewalt und Mitgefühl – Die Biologie menschlichen Verhaltens*. München: Carl Hanser Verlag GmbH & Co. KG, 3. Auflage 2019, 181.

[76] Bargh, J.A., Gollwitzer, P.M., Lee-Chai, A. et al. (2001). The automated will: nonconscious activation and pursuit of behavioral goals. *Journal of Personality and Social Psychology* 81 (6): 1014–1027.

[77] Liao, Y., Gao, G. and Peng, Y. (2019). The effect of goal setting in asthma self-management education: a systematic review. *International Journal of Nursing Sciences* 6 (3): 334–342.

[78] Storch, M., Gaab, J., Küttel, Y. et al. (2007). Psychoneuroendocrine effects of resource-activating stress management training. *Health Psychology* 26(4): 456–463.

[79] Storch, M., Keller, F., Weber, J. et al. (2011). Psychoeducation in affect regulation for patients with eating disorders: a randomized controlled feasibility study. *American Journal of Psychotherapy* 65 (1): 81–93

[80] Roney, C.J. and Lehman, D.R. (2008). Self-regulation in goal striving: individual differences and situational moderators of the goal-framing/performance link. *Journal of Applied Social Psychology* 38 (11): 2691–2709.

[81] Matthews, G. (2007). *The Impact of Commitment, Accountability, and Written Goals on Goal Achievement*. Psychology: Faculty Presentations. 3. https://scholar.domi-

nican.edu/psychology-faculty-conference-presentations/3 (abgerufen am 5. August 2022).

[82] Harkin, B., Webb, T.L., Chang, B.P.I. et al. (2016). Does monitoring goal progress promote goal attainment? A meta-analysis of the experimental evidence. *Psychological Bulletin*: 142 (2): 198–229.

[83] Rogers, T. and Milkman, K.L. (2016). Reminders through association. *Psychological Science* 27 (7): 973–986.

[84] Handy, T.C., Grafton, S.T., Shroff, N.M. et al. (2003). Graspable objects grab attention when the potential for action is recognized. *Nature Neuroscience* 6 (4): 421–427.

[85] Storch, M. (2004). Resource activating self-management with the Zurich Resource Method. *European Psychotherapy* 5 (1): 27–64, 44.

[86] In der ursprünglichen ZRM®-Literatur werden diese Prompts als »Erinnerungshilfe« oder »Prime« bezeichnet. Der Begriff »Priming« impliziert einen unbewussten Mechanismus. Wir haben zwar eine gute empirische Grundlage für die Annahme, dass die Erinnerungshilfen wie beabsichtigt funktionieren, aber es würde den Rahmen dieses Buches sprengen, zu erörtern, ob diese Mechanismen auf bewussten, vorbewussten oder beiden Arten von Prozessen beruhen.

[87] *Die Bibel* nach der Übersetzung Martin Luthers. (2017). Deutsche Bibelgesellschaft. Lk 10: 29–37.

[88] Belludi, N. (2015, June 16). Lessons from the Princeton Seminary Experiment: People in a Rush are Less Likely to Help Others (and Themselves). *Right Attitudes*. https://www.rightattitudes.com/2015/06/16/people-in-a-rush-are-less-likely-to-help-themselves/ (abgerufen am 27. Mai 2022).

[89] Die Namen und einige situative Details wurden geändert, aber die Geschichte basiert auf einer wahren Begebenheit.

[90] (2011, July 22). The perfect piece of toast: Scientists test 2,000 slices and find 216 seconds is the optimum time. The *Daily Mail*. https://www.dailymail.co.uk/sciencetech/article-2017338/The-perfect-piece-toast-Scientists-test-2-000-slices-216-seconds-optimum-time.html (abgerufen am 27. Mai 2022).

[91] Fredine, E. (2019, July 22). What Stephen King Can Teach You About Writing Great Horror. *Writing Cooperative*. https://writingcooperative.com/what-stephen-king-can-teach-you-about-writing-great-horror-67bcd9a9c56e (abgerufen am 27. Mai 2022).

[92] Beide Firmennamen sowie ihre Branche sind fiktiv, um das zugrunde liegende reale Beispiel zu verschleiern.

[93] O'Conner, P.T. and Kellerman, S. (2018, November 14). The Grammarphobia Blog: That's Why They Play the Game. *Grammarphobia*. https://www.grammarphobia.com/blog/2018/11/thats-why-they-play-the-game.html (abgerufen am 28. Mai 2022).

[94] Die ABC-Analyse wurde erstmals von H. Ford Dickie in folgendem Artikel erwähnt: H. Ford Dickie (1951, July). ABC inventory analysis shoots for dollars, not pennies. *Factory Management and Maintenance* 109: 92–94.

[95] www.juran.com/blog/a-guide-to-the-pareto-principle-80-20-rule-pareto-analysis/ (abgerufen am 5. August 2022).

96 Sprenger R.K. (2016) Viele Unternehmen kreisen nur noch um sich selbst. Höchste Zeit, sich auf das Wichtigste zu konzentrieren: Den Kunden. Eine Kolumne. *WirtschaftsWoche* www.wiwo.de/erfolg/management/sprengers-spitzen-denken-sie-an-den-kunden/12925412.html (abgerufen am 29. Juni 2023).

97 Dieses anonymisierte Beispiel beruht auf einer tatsächlichen Begebenheit.

98 Thaler, R. (1980). Toward a positive theory of consumer choice. *Journal of* Economic *Behavior and Organization* 1 (1): 39–60.

99 Kahneman, D., Knetsch, J.L. und Thaler, R.H. (1991). Anomalies: the endowment effect, loss aversion, and status quo bias. *Journal of Economic Perspectives* 5 (1); 193–206.

100 Ericson, K.M.M. und Fuster, A. (2013). The Endowment Effect. NBER working paper series, Working paper 19384. Cambridge, MA 02138: National Bureau of Economic Research.

101 Diese Anekdote beruht auf einer wahren Begebenheit, die aus Gründen der Klarheit überarbeitet und vereinfacht wurde.

102 Arkes, H. R. und Blumer, C. (1985). The psychology of sunk cost. *Organizational Behavior and Human Decision Processes* 35 (1): 124–140.

103 Um ganz transparent zu sein: Kai ist mit Neurensics affiliiert. Er war für die konzeptionelle und neurowissenschaftliche Strategie der jeweiligen Studie verantwortlich.

104 Alle Zahlenangaben in diesem Dokument wurden gegenüber den Originaldaten geändert, um die Vertraulichkeit des Auftraggebers zu wahren. Der Grundgedanke des Projekts bleibt jedoch unverändert.

105 Herbes, C., Friege, C., Baldo, D. et al. (2015). Willingness to pay lip service? Applying a neuroscience-based method to WTP for green electricity. *Energy Policy*, 87: 562–572.

106 Müller KM (2021) The mind of the seller: How NeuroPricing™ revolutionized the sales and pricing strategy of an insurance company, *I·VW-HSG Trendmonitor* 2·2021, 30-32. Der vollständige Artikel der St.Gallen Business School ist unter invisiblegame@kai-markus-mueller.com verfügbar.

107 Zusätzliche Informationen finden Sie in Nutter, F. (2010). *Encyclopedia of Research Design*. Los Angeles: SAGE Publications, 1613–1615.

108 Monroe, Kent B. »›Psychophysics of Prices‹: a reappraisal.« *Journal of Marketing Research 8*, no. 2 (1971): 248-250.

109 Müller, K.M. (2020, June 12). A discount of 3% on everything? Politicians should learn from pricing! LinkedIn. https://www.linkedin.com/pulse/ discount-3-everything-politicians-should-learn-from-pricing-mueller/ (abgerufen am 27. Mai 2022).

110 Mittal, V. (2019). A better way to price B2B offerings. *AMA* www.ama.org/marketing-news/a-better-way-to-price-b2b-offerings/ (abgerufen am 22. Juli 2022).

111 Izaret, J.-M. (2022). Solving the paradox of fair prices. https://www.bcg.com/publications/2022/considering-pricing-variation-to-help-solve-the-paradox-of-fair-prices (abgerufen am 22. Juli 2022).

[112] Tabibnia, G. und Lieberman, M.D. (2007). Fairness and cooperation are rewarding: evidence from social cognitive neuroscience. *Annals of the New York Academy of Sciences* 1118 (1): 90–101.

[113] Tabibnia, G., Satpute, A.B. und Lieberman, M.D. (2008). The sunny side of fairness: preference for fairness activates reward circuitry (and disregarding unfairness activates self-control circuitry). *Psychological Science* 19 (4): 339–347.

[114] Thaler, R.H., Sunstein, C.R. und Balz, J.P. (2010, April). Choice architecture. *SSRN*. https://papers.ssrn.com/sol3/papers.cfm?abstract_id=1583509 (abgerufen am 5. August 2022).

[115] Kahneman, D. und Tversky, A. (1979). Prospect theory: an analysis of decision under risk. *Econometrica* 47 (2): 263–292.

[116] Dieses »Phänomen des kochenden Frosches« ist eine urbane Legende, genauer gesagt ein weiteres Beispiel für illusory truth, die wir in Teil I angesprochen haben. Offensichtlich existiert der Effekt nicht.

[117] Kahneman, D. und Tversky, A. (1979). Prospect theory: an analysis of decision under risk. *Econometrica* 47 (2): 263–292.

[118] Shampanier, K., Mazar, N. und Ariely, D. (2007). Zero as a special price: the true value of free products. *Marketing Science* 26 (6): 742–757.

[119] Ariely, D., Gneezy, U. und Haruvy, E. (2018). Social norms and the price of zero. *Journal of Consumer Psychology* 28 (2): 180–191.

[120] Fehr, E. und Fischbacher, U. (2003). The nature of human altruism. *Nature*, 425(6960), 785-791.

[121] Camerer, C. (1999). Behavioral economics: reunifying psychology and economics. *Proceedings of the National Academy of Sciences* 96 (19): 10575–10577.

[122] Medvec, V.H., Madey, S.F. und Gilovich, T. (1995). When less is more: counterfactual thinking and satisfaction among Olympic medalists. *Journal of Personality and Social Psychology* 69 (4): 603.

[123] Hsee, C.K. (1998). Less is better: when low-value options are valued more highly than high-value options. *Journal of Behavioral Decision Making* 11 (2): 107–121.

[124] Medvec, V.H., Madey, S.F. und Gilovich, T. (1995). When less is more: counterfactual thinking and satisfaction among Olympic medalists. *Journal of Personality and Social Psychology* 69 (4): 603.

[125] Diese Geschichte basiert auf einer Erzählung aus der Zeit des Kalten Krieges, als die *Prawda* (die offizielle Zeitung der Sowjetunion) angeblich behauptete, dass der sowjetische Ministerpräsident Nikita Chruschtschow bei einem Wettlauf zu Fuß den zweiten Platz belegte, während der viel jüngere und fittere US-Präsident John F. Kennedy den vorletzten Platz belegte. In dem Bericht wurde die Tatsache verschwiegen, dass die beiden Staats- und Regierungschefs die Einzigen waren, die an dem Rennen teilnahmen.

[126] Hsee, C.K. (1998). Less is better: when low-value options are valued more highly than high-value options. *Journal of Behavioral Decision Making* 11 (2): 107–121.

[127] Brough, A.R. und Chernev, A. (2011). When opposites detract: categorical reasoning and subtractive valuations of product combinations. *Journal of Consumer Research* 39 (2): 399–414.

[128] Brough, A.R. und Chernev, A. (2019, May 11). When two products are less than one. *Kellogg Insight.* https://insight.kellogg.northwestern.edu/article/when_two_products_are_less_than_one (abgerufen am 27. Mai 2022).

[129] Mann, T. (2012, February 27). More decide to charge a taxi ride. *The Wall Street Journal.* https://www.wsj.com/articles/SB10001424052970204520204577247850694349844 (abgerufen am 28. Mai 2022).

[130] Zellermayer, O. (1996). *The pain of paying.* PhD thesis. Carnegie Mellon University.

[131] Simonson, I. und Tversky, A. (1992). Choice in context: tradeoff contrast and extremeness aversion. *Journal of Marketing Research* 29 (3): 281–295.

[132] Chang, C.-C. und Liu, H.-H. (2008). Information format-option characteristics compatibility and the compromise effect. *Psychology & Marketing* 25 (9): 881–900.

[133] Ackermann, T. (2021, February). *An investigation on the compromise effect: does familiarity drive preference for the spatial middle option?* Bachelor thesis. Hochschule Furtwangen.

[134] Grynbaum, M.M. (2009, November 7). New York's cabbies like credit cards? Go figure. *The New York Times.* https://www.nytimes.com/2009/11/08/nyregion/08taxi.html (abgerufen am 28. Mai 2022).

[135] Mann, T. (2012, February 27). More decide to charge a taxi ride. *The Wall Street Journal.* https://www.wsj.com/articles/SB10001424052970204520204577247850694349844 (abgerufen am 28. Mai 2022).

[136] Dieses Beispiel basiert auf einer wahren Begebenheit, aber der Sektor und die Daten wurden geändert, um die Vertraulichkeit zu gewährleisten.

[137] Huber, J., Payne, J.W. und Puto, C. (1982). Adding asymmetrically dominated alternatives: violations of regularity and the similarity hypothesis. *Journal of Consumer Research* 9 (1): 90–98.

[138] Fuller, R. (2014, August 20). 3 behaviours that drive successful salespeople. *Harvard Business Review.* https://hbr.org/2014/08/3-behaviors-that-drive-successful-salespeople (abgerufen am 28. Mai 2022).

[139] Walker, D. und Vul, E. (2014). Hierarchical encoding makes individuals in a group seem more attractive. *Psychological Science*, 25(1), 230–235.

[140] Müller KM, Lehmann SL (2021) The Banker Effect. *Abstracts of TeaP 2021*, 63. Tagung experimentell arbeitender Psychologen, Ulm, Germany.

[141] Lehmann SL, Eisenbichler R, Müller KM (2022) Biased trait judgments in groups vs. isolation suggest a perceptual social intelligence bias. #HBES2022 – Conference of the Human Behavior & Evolution Society.

[142] Rehbock, G. (2022). Hello from the other side! *insights* 37: 10–11. Ein Artikel über die Bedeutung von Protokollen. Erhältlich bei invisiblegame@gabrielerehbock.com.

[143] Loftus, E.F. und Palmer, J.C. (1974). Reconstruction of automobile destruction: an example of the interaction between language and memory. *Journal of Verbal Learning & Verbal Behavior* 13 (5): 585–589.

Stichwortverzeichnis